高职高专"十三五"规划教材

机械基础

- 边秀娟 庞思红 主 编
- 黄 杨 黄 健 副主编
- 张碧波 尚 锐 主 审

第二版

JIXIE JICHU

化学工业出版社
·北京·

本书共 14 章，主要包括机械工程材料和热处理基础、静力学、材料力学、平面机构的自由度、平面连杆机构、凸轮机构、间歇运动机构、带传动与链传动、齿轮传动、蜗杆传动、轮系、螺纹连接与螺旋传动、轴系零部件、轴承。

本书有配套的电子教案，可在化学工业出版社的官方网站上下载。

本书可作为高职高专机械类各专业的通用教材，也可作为职工大学、夜大、函授大学等专科层次的机械类各专业的教学用书。

图书在版编目（CIP）数据

机械基础/边秀娟，庞思红主编．—2 版．—北京：化学工业出版社，2018.8（2023.10重印）
高职高专"十三五"规划教材
ISBN 978-7-122-32247-0

Ⅰ.①机⋯　Ⅱ.①边⋯ ②庞⋯　Ⅲ.①机械学-高等职业教育-教材　Ⅳ.①TH11

中国版本图书馆 CIP 数据核字（2018）第 110490 号

责任编辑：高　钰　　　　　　　　　　　　装帧设计：刘丽华
责任校对：王　静

出版发行：化学工业出版社（北京市东城区青年湖南街 13 号　邮政编码 100011）
印　　装：三河市延风印装有限公司
787mm×1092mm　1/16　印张 17½　字数 447 千字　2023 年 10 月北京第 2 版第 8 次印刷

购书咨询：010-64518888　　　　　　　　　售后服务：010-64518899
网　　址：http://www.cip.com.cn
凡购买本书，如有缺损质量问题，本社销售中心负责调换。

定　　价：42.00 元　　　　　　　　　　　　　　　　　版权所有　违者必究

前　言

  我国的职业教育教学改革正在不断地深入，高职教育应该以学生为主体、以能力为本位，多采用问题教学模式和探究学习方式。本书是在课程改革和总结教师多年教学经验的基础上编写的，适应教学模式和教学方法改革的需要，围绕对学生进行应用能力、创新能力、工程意识培养的教学目标编写而成。本书适用于高职高专机械类各专业，也可作为职工大学、夜大、函授大学等专科层次的机械类各专业的教学用书。

  本书的显著特点是以学生为主体，培养学生解决和处理实际问题的能力，将被动学习变为主动学习，突出学生能力的培养，符合职业教育的特点和规律。

  全书共分十四章，讲述了机械工程材料和热处理基础，静力学，材料力学，平面机构的自由度，平面连杆机构，凸轮机构，间歇运动机构，带传动与链传动，齿轮传动，蜗杆传动，轮系，螺纹连接与螺旋传动，轴系零部件及轴承。

  本书的内容已制作成用于多媒体教学的 PPT 课件，并将免费提供给采用本书作为教材的院校使用。如有需要，请发电子邮件至 cipedu@163.com 获取，或登录 www.cipedu.com.cn 免费下载。

  本书由边秀娟、庞思红担任主编，黄杨、黄健担任副主编，参加本书编写的有：边秀娟（第一章），黄杨（第二章、第三章、第十一章），黄健（第九章、第十四章），庞思红（第四章、第八章、第十章），肖志英（第五～七章），顾兰智（第十二章），滕旭东（第十三章）。全书由边秀娟统稿。

  张碧波、尚锐担任主审并提出了许多宝贵意见和建议，在此表示真诚的感谢。

  限于编者的水平，不足之处恳请广大读者批评指正。

编者

2018 年 3 月

目　录

第一章　机械工程材料和热处理基础 …………………………………… 1
 第一节　金属材料的力学性能及工艺性能 ……………………………… 1
 第二节　热处理基本知识 ………………………………………………… 6
 第三节　常用机械工程材料 ……………………………………………… 13
 小结 ………………………………………………………………………… 28
 综合练习 …………………………………………………………………… 29

第二章　静力学 ……………………………………………………………… 30
 第一节　构件的受力分析、画受力图 …………………………………… 30
 第二节　平面力偶系 ……………………………………………………… 39
 第三节　平面力系平衡方程及应用 ……………………………………… 46
 小结 ………………………………………………………………………… 52
 综合练习 …………………………………………………………………… 53

第三章　材料力学 …………………………………………………………… 55
 第一节　拉伸与压缩 ……………………………………………………… 55
 第二节　剪切和挤压 ……………………………………………………… 61
 第三节　圆轴扭转 ………………………………………………………… 65
 第四节　弯曲变形 ………………………………………………………… 73
 第五节　弯扭组合变形 …………………………………………………… 85
 小结 ………………………………………………………………………… 88
 综合练习 …………………………………………………………………… 88

第四章　平面机构的自由度 ………………………………………………… 92
 第一节　绘制平面机构的运动简图 ……………………………………… 92
 第二节　计算平面机构的自由度 ………………………………………… 96
 小结 ………………………………………………………………………… 99
 综合练习 …………………………………………………………………… 100

第五章　平面连杆机构 ……………………………………………………… 101
 第一节　认识铰链四杆机构 ……………………………………………… 101
 第二节　平面连杆机构的基本特性 ……………………………………… 109
 小结 ………………………………………………………………………… 114
 综合练习 …………………………………………………………………… 114

第六章　凸轮机构 …………………………………………………………… 115
 第一节　认识凸轮机构 …………………………………………………… 115
 第二节　设计凸轮轮廓曲线 ……………………………………………… 122
 小结 ………………………………………………………………………… 127
 综合练习 …………………………………………………………………… 127

第七章　间歇运动机构 128
第一节　棘轮机构 128
第二节　其他间歇运动机构 132
小结 136
综合练习 136

第八章　带传动与链传动 137
第一节　V带传动 137
第二节　V带传动设计 143
第三节　链传动 151
小结 157
综合练习 157

第九章　齿轮传动 158
第一节　认识直齿圆柱齿轮 158
第二节　设计直齿圆柱齿轮传动 164
第三节　其他齿轮传动 171
小结 179
综合练习 180

第十章　蜗杆传动 181
第一节　认识蜗杆传动 181
第二节　蜗杆传动的特点与维护 185
小结 189
综合练习 189

第十一章　轮系 190
第一节　定轴轮系 190
第二节　周转轮系 195
小结 200
综合练习 200

第十二章　螺纹连接与螺旋传动 202
第一节　认识螺纹 202
第二节　认识螺纹连接 206
第三节　螺栓连接的强度计算 212
第四节　螺旋传动 216
小结 219
综合练习 220

第十三章　轴系零部件 221
第一节　轴 221
第二节　键连接 231
第三节　联轴器和离合器 236
小结 240
综合练习 241

第十四章　轴承 243

第一节　滑动轴承 …………………………………………………………… 243
第二节　滚动轴承的代号 …………………………………………………… 253
第三节　滚动轴承的选用 …………………………………………………… 259
小结 ………………………………………………………………………………… 268
综合练习 …………………………………………………………………………… 269

附录 ……………………………………………………………………………… 271

附录1　常用向心轴承的径向基本额定动载荷 C_r 和径向额定静载荷 C_{or} …… 271
附录2　常用角接触球轴承的径向基本额定动载荷 C_r 和径向额定静载荷 C_{or} …… 271
附录3　常用圆锥滚子轴承的径向基本额定动载荷 C_r 和径向额定静载荷 C_{or} …… 272

参考文献 ………………………………………………………………………… 273

第一章 机械工程材料和热处理基础

材料是机械的物质基础,它标志着人类文明的进步和社会发展水平,金属材料在现代工业中是应用最广泛的材料,机械工程中合理选用材料对于保证产品质量、降低生产成本有着极为重要的作用。因此,必须熟悉常用工程材料的力学性能、工艺性能、热处理工艺、特点及其应用,以便合理选择和使用材料。

第一节 金属材料的力学性能及工艺性能

一、金属材料的力学性能

金属材料的力学性能,就是材料在受力过程中在强度和变形方面所表现出的性能,如弹性、塑性、强度、韧性、硬度等。为了进行构件的承载能力计算,必须研究材料的力学性能。

1. 强度指标

金属材料抵抗塑性变形(永久变形)和断裂的能力称之为强度。抵抗能力越大,则强度越高。测定强度高低的方法通常采用试验法,其中拉伸试验应用最普遍。

拉伸试验一般是在万能试验机上进行的。试验时采用标准试件,如图 1-1 所示。其标距 l 有 $l=5d$ 和 $l=10d$ 两种规格。试验时,将试件的两端装卡在试验机上,然后在其上施加缓慢增加的拉力。直到把试件拉断为止。

图 1-1 拉伸圆试件

在整个试验中,可以通过自动记录装置将拉伸力与试样伸长量之间的关系记录下来,并据此分析金属材料的强度。如果以纵坐标表示拉伸力 F,以横坐标表示试样的伸长量 ΔL,按试验全过程绘制出的曲线称为力-伸长曲线或拉伸曲线。图 1-2 所示为某金属材料的力-伸长曲线。

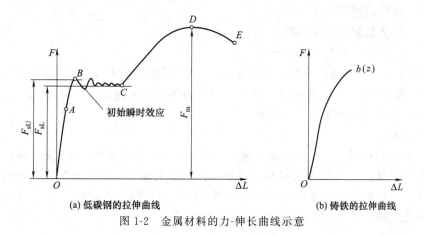

图 1-2 金属材料的力-伸长曲线示意

在图 1-2(a)所示的曲线上,OA 段表示试样在拉伸力作用下均匀伸长,伸长量与拉伸力的大小成正比。在此阶段的任何时刻,如果撤去外力(拉伸力),试样仍能完全恢复到原来的形状和尺寸。在这一阶段中,试样的变形为弹性变形。当拉伸力继续增大超过 B 点所对应的值后,试样除了产生弹性变形外,还开始出现微量的塑性变形,此时如果撤去外力(拉伸力),试样就不能完全复原了,会有一小部分永久变形。拉伸力达到 F_{sU} 和 F_{sL} 时,图上出现近似水平的直线段或小锯齿形线段,这表明在此阶段当外力(拉伸力)保持不变时,试样的变形(伸长)仍在继续,这种现象称之为屈服。过了此阶段后,如果继续增加外力(拉伸力),则试样的身长量又会增加,到达 D 点后,试样开始在某处出现缩颈(即直径变小)、抗拉能力下降,到达 E 点时,试样在缩颈处被拉断。

屈服现象在低碳钢、中碳钢、低合金高强度结构钢和一些有色金属材料中可以观察到。但有些金属材料没有明显的屈服现象,如图 1-2(b)所示铸铁的拉伸曲线,可以看出这些脆性材料不仅没有明显的屈服现象发生,而且也不产生"缩颈"。

为了便于比较,强度判据即表征和判定强度所用的指标和依据,采用应力来度量。金属材料受外力作用时,为保持其不变形,在材料内部作用着与外力相对抗的力,称为内力。单位面积上的内力叫做应力。金属材料受拉伸或压缩载荷时,其横截面上的应力=拉伸力/截面积。

应力常用符号 σ 表示,其单位为 Pa(帕)或 MPa(兆帕)。$1Pa=1N/m^2$,$1MPa=10^6 Pa=1N/mm^2$。

常用的强度指标有两个:抗拉强度 σ_b 和屈服强度 σ_s。材料在断裂前所能承受的最大应力称为抗拉强度。

$$\sigma_b = \frac{F_m}{S_0}$$

式中　σ_b——抗拉强度,MPa;
　　　F_m——试样在屈服阶段后所能抵抗的最大拉力(无明显屈服的材料,为试验期间的最大拉力),N;
　　　S_0——试样原始横截面面积,mm^2。

屈服强度是当金属材料呈现屈服现象时,在试验期间发性塑性变形而力不增加的应力点。屈服强度分为上屈服强度 σ_{sH} 和下屈服强度 σ_{sL}。在金属材料中,一般用下屈服服强度代表其屈服强度 σ_s。

$$\sigma_s = \frac{F_{sL}}{S_0}$$

式中　σ_s——试样的屈服强度,MPa;
　　　F_{sL}——试样屈服时的最小载荷,N;
　　　S_0——试样原始横截面面积,mm^2。

除低碳、中碳钢及少数合金钢有屈服现象外,大多数金属材料没有明显的屈服现象,因此,对这些材料,规定产生 0.2%残余伸长时的应力作为条件屈服强度 $\sigma_{r0.2}$,可以替代 σ_s,称为(名义)屈服强度,其确定方法如图 1-3 所示。

2. 塑性指标

塑性是指金属材料受力后在断裂之前产生不可逆永久变形的能力。塑性好的金属材料便于进行压力加工成形。判断金属材料塑性好坏的主要判据有断后伸长率 δ 和断面收缩率 ψ。它们也可以通过前面提到的拉伸试验进行分析。断后伸长率是指试样拉断后,标距的伸长量与原始标距之比的百分率,即

$$\delta = \frac{L_u - L_0}{L_0} \times 100\%$$

式中 L_0——试样原始标距长度，mm；

L_u——试样拉断后的标距长度，mm。

断面收缩率是指试样拉断后，缩颈处面积变化量与原始横截面面积比值的百分率，即

$$\psi = \frac{S_0 - S_u}{S_0} \times 100\%$$

式中 S_0——试样原始横截面面积，mm²；

S_u——试样拉断后缩颈处的横截面面积，mm²。

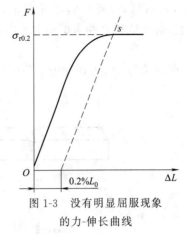

图 1-3 没有明显屈服现象的力-伸长曲线

3. 硬度

硬度是指金属材料抵抗其他更硬物体压入其表面的能力。硬度是表征金属材料性能的一个综合物理量，是反映金属材料软硬程度的性能指标。常用的硬度指标有布氏硬度和洛氏硬度。

(1) 布氏硬度

布氏硬度的测定是在布氏硬度试验机上进行的，其试验原理是用直径为 D 的淬硬钢球和硬质合金球，在规定压力 F 作用下压入被测金属表面至规定时间后，卸除压力，金属表面留有压痕，压力 F 与压痕表面积 S 的比值称为布氏硬度，用符号 HBW（压头为硬质合金球）表示，即

$$HBW = \frac{F}{S} \times 0.102$$

式中 F——试验压力，N；

S——压痕表面积，mm²。

由此可知，压痕越小，布氏硬度值越高，材料越硬。

布氏硬度所测定的数据准确、稳定、重复性强，但压痕较大时，对金属表面损伤大，不宜测定太薄零件及成品件的硬度，常用于测量退火、正火后的钢制零件及铸铁和有色金属零件等的硬度。

(2) 洛氏硬度

洛氏硬度的测定是在洛氏硬度试验机上进行的，是用一个顶角为 120°的金刚石圆锥或直径为 1.5875mm 的淬火钢球为压头，在一定载荷下压入被测金属材料表面，根据压痕深度来确定硬度值。压痕深度越小，硬度值越高，材料越硬。实际测定时，可在洛氏硬度试验机的刻度盘上直接读出洛氏硬度值。洛氏硬度可分为 HRA（120°金刚石圆锥压头）、HRB（φ1.588mm 淬火钢球压头）、HRC（120°金刚石圆锥压头）三种，以 HRC 应用最多。

洛氏硬度试验操作简便、迅速、压痕小、不易损伤零件表面，可用来测量薄片件和成品件，常用来测定淬火钢、工具和模具等。

在常用范围内，布氏硬度值近似等于洛氏硬度值的 10 倍。

4. 冲击韧性

冲击韧性是指金属材料在断裂前吸收变形能量的能力。韧性主要反映了金属抵抗冲击力而不断裂的能力。韧性好的金属抗冲击的能力强。韧性的判据是通过冲击试验确定的。最常用的冲击试验是摆锤式冲击试验，其工作原理如图 1-4 所示。

将待测材料制成标准缺口试样如图 1-4(a)所示。把试样放入试验机支座 c 处，使一定重

量 G 的摆锤自高度 h_1 自由落下，冲断试样后摆锤升到高度 h_2，在此，摆锤冲断试样所消耗的能量等于试样在冲击试验力一次作用下折断时所吸收的功，简称为冲击吸收功，用 A_k 来表示。

$$A_k = G(h_1 - h_2)$$

实际试验时，A_k 可在冲击试验机的刻度盘上指示出来。

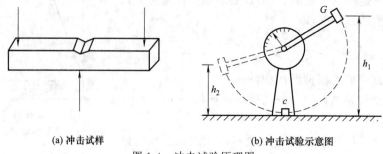

(a) 冲击试样　　(b) 冲击试验示意图

图 1-4　冲击试验原理图

国家标准规定将冲击吸收功 A_k 作为材料韧性的判据。A_k 值越大，表明材料的韧性越好。

工程实际中，也将试样缺口底部单位面积上的冲击吸收功作为材料韧性的判据，称为冲击韧性。

冲击韧性是指金属材料抵抗冲击载荷作用而不破坏的能力，冲击韧性值用 a_k 表示，a_k 越大，材料抗冲击能力越强。

$$a_k = \frac{A_k}{S_0}$$

式中　a_k——冲击韧度，J/cm^2；

　　　A_k——冲击吸收功，J；

　　　S_0——试样缺口处的横截面面积，cm^2。

a_k 值越大，表示材料的韧性越好，在受到冲击时越不容易断裂。

5. 疲劳强度

(1) 疲劳现象

机器和工程结构中有很多零件，如内燃机的连杆、齿轮的轮齿、车辆的车轴，都受到随时间作用周期性变化的应力作用，这种应力称为交变应力。构件在交变应力作用下的破坏称为疲劳破坏。实验表明：在交变应力作用下，构件的破坏形式与静应力作用下完全不同，其主要特点为：破坏时构件内的最大应力远低于强度极限，甚至低于屈服极限；破坏前没有明显的塑性变形；破坏断口表面明显分成光滑区及粗糙区，如图 1-5 所示。因此疲劳破坏无明显的预兆，容易造成严重的后果。所以在设计零件选材时，要考虑金属材料对疲劳断裂的抗力。

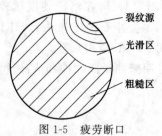

图 1-5　疲劳断口

(2) 疲劳强度

金属材料在无数次交变载荷的作用下而不发生断裂的最大应力称为疲劳强度，用 σ_{-1} 表示。

疲劳强度是通过试验所得到的，图 1-6 所示为钢铁材料在对称循环应力（图 1-7）作用下的疲劳曲线示意图（疲劳曲线是指交变应力与循环次数的关系曲线）。曲线表明，金属承受的交变应力越小，则断裂前的应力循环次数 N 越多；反之，则 N 越少。从图 1-6 可以看出，当应力达到 σ_5 时，曲线与横坐标趋平行，表示应力低于此值时，试样可以经受无数周期循环而不破坏，此应力值即为材料的疲劳强

度 σ_{-1}。显然疲劳强度的数值越大,材料抵抗疲劳破坏的能力越强。

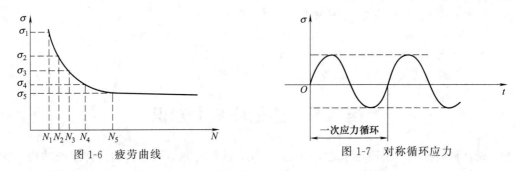

图 1-6 疲劳曲线　　　　　图 1-7 对称循环应力

实际上,金属材料不可能做无数次交变载荷试验。对于黑色金属,一般规定应力循环 10^7 周次而不断裂的最大应力为疲劳强度,有色金属、不锈钢等取 10^8 周次。

(3) 提高疲劳强度的措施

零件的疲劳强度除了与材料的属性有关外,零件表面状态对疲劳强度的影响也很大,如表面擦伤(如刀痕、打记号、磨裂等)、表面粗糙度、加工纹路和腐蚀等。表面很小的伤痕都会造成尖锐的缺口,产生应力集中,使 σ_{-1} 大大下降。通过改善零件的结构形状,避免应力集中,改善表面粗糙度,进行表面热处理和表面强化处理等可以提高材料的疲劳强度。

二、金属材料的工艺性能

工艺性能是指金属材料所具有的能够适应各种加工工艺要求的能力,它标志着制成成品的难易程度,包括铸造性、锻造性、焊接性、切削加工性等。

1. 铸造性

铸造性是指金属在铸造生产中表现出的工艺性能,包括液态流动性、吸气性、冷却时的收缩性和偏析性等。如果金属材料在液态时的流动能力大,不易吸收气体,冷凝过程中收缩小,凝固后化学成分均匀,则这种金属材料的铸造性良好。灰铸铁与青铜具有良好的铸造性。

2. 锻造性

锻造性是指金属材料锻造时的难易程度。锻造性好,表明该金属易锻造成形。金属材料的塑性越好,变形抗力越小,则锻造性越好;反之,锻造性越差。低碳钢的锻造性比中碳钢、高碳钢好;普通质量非合金钢的锻造性比相同含碳量的合金钢好;铸铁则没有锻造性。

3. 焊接性

焊接性是指在一定的焊接工艺条件下金属材料获得优良焊接接头的难易程度。焊接性好的材料,可用一般的焊接方式和工艺获得没有气孔、裂纹等缺陷的焊缝,其强度与母材相近。低碳钢具有良好的焊接性,而高碳钢与铸铁的焊接性则较差。

4. 切削加工性及热处理性能

切削加工性是指金属材料被切削加工的难易程度。切削加工性好的金属材料,加工时刀具不易磨损,加工表面的粗糙度较小。非合金钢(碳钢)硬度为 $150 \sim 250 HBS$ 时,具有较好的切削加工性;灰铸铁具有良好的切削加工性。

热处理性能包括淬透性、淬硬性、过热敏感性、变形开裂倾向、回火脆性倾向、氧化脱碳倾向等(将在钢的热处理中详细论述)。一般情况下,含碳量越高,变形与开裂倾向越大,而碳钢又比合金钢的变形开裂倾向严重。钢的淬硬性主要取决于含碳量,含碳量高,材料的淬硬性好。

思考与练习

1. 试解释强度、硬度、塑性、冲击韧性和疲劳强度。
2. 什么是应力、屈服强度、抗拉强度？衡量材料强度的重要指标有哪些？
3. 试述布氏硬度和洛氏硬度在测试方法及应用上的区别。
4. 试述材料的铸造性、锻造性、焊接性和切削加工性。

第二节 热处理基本知识

金属材料的性能不仅决定于它们的化学成分，而且还决定于它们的内部组织结构。含碳量不同的钢，强度、硬度、塑性各异。即使化学成分相同，组织结构不同时，其性能也会有很大的差别。例如，含碳量为 0.8% 的高碳钢加热到一定温度后，在炉中缓慢冷却，硬度很低，约为150HBS；在水中冷却，硬度则高达 60～62HRC。这种性能的差别是由于两种冷却方法——不同的热处理过程，所获得的组织不同所造成的。可见，要正确选择和使用材料，必须了解金属材料的组织结构及其热处理方式对性能的影响。

一、金属材料的晶体结构

固体物质中原子排列有两种情况：一是原子呈周期性有规则的排列，这种物质称为晶体；二是原子呈不规则的排列，这种物质称为非晶体。固态金属及合金一般都是晶体，不同晶体的原子排列规律不同。

在已知的金属中，除少数金属具有复杂的晶体结构外，大多数金属（占 85%）具有比较简单的晶体结构，常见的金属晶格类型有体心立方晶格、面心立方晶格和密排六方晶格 3 种，常见的金属晶格如图 1-8 所示。

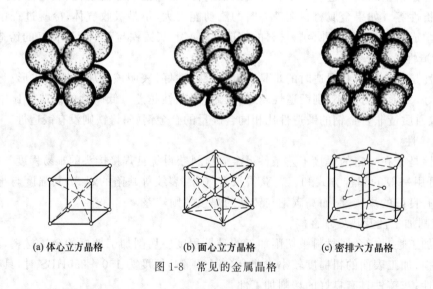

(a) 体心立方晶格　　(b) 面心立方晶格　　(c) 密排六方晶格

图 1-8　常见的金属晶格

多数金属结晶后的晶格类型都保持不变，但有些金属（铁、锰等）在固态下晶格结构会随温度的变化而发生改变。金属在固态下发生晶格变化的过程，称为金属的同素异构转变。

铁是具有同素异构转变的金属。固态的铁有两种晶格，出现在不同的温度范围内。由图

1-9 所示纯铁的冷却曲线中可知，在 1538～1394℃之间具有体心立方晶格，称为 δ-Fe；在 1394～912℃之间具有面心立方晶格，称为 γ-Fe；912℃以下为体心立方晶格，称为 α-Fe。

同素异构转变过程是可逆的，故可将纯铁的同素异构转变概括如下：

$$\delta\text{-Fe} \xrightleftharpoons{1394℃} \gamma\text{-Fe} \xrightleftharpoons{912℃} \alpha\text{-Fe}$$

正是由于纯铁能够发生同素异构转变，生产中才有可能用热处理的方法来改变钢和铸铁的组织和性能。

二、铁碳合金的基本组织

铁碳合金是以铁和碳为基本组元组成的合金，是钢和铸铁的统称。钢铁是工程中应用最广泛的金属材料。铁碳合金中碳的最高含量可达 6.69%，其中含碳量小于 2.11% 的称为钢，含碳量大于 2.11% 的称为铸铁。由于含碳量的差异，造成它们内部组织结构有所不同，使得钢与铸铁的性能有显著的差异。

铁与碳元素可发生相互作用，碳可以溶解在铁中形成一种固溶体的组织，也可以与铁发生化学反应形成铁碳化合物。碳有以下几种存在形式。

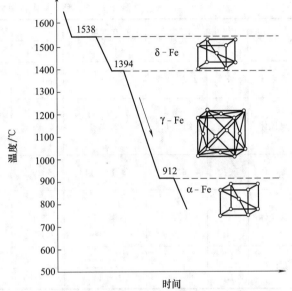

图 1-9 纯铁的冷却曲线及晶格结构变化

1. 铁素体（F）

碳溶解在 α-Fe 中形成的固溶体称为铁素体，用 F 表示。铁素体溶碳能力极弱，最大溶碳量约为 0.02%。故其性能趋于纯铁，强度、硬度低，塑性、韧性很好。

2. 奥氏体（A）

碳溶解在 γ-Fe 中的固溶体称为奥氏体，用 A 表示。奥氏体溶碳能力较大，其最大溶碳量为 2.11%。其强度、硬度不高，塑性、韧性较好，无磁性。

3. 渗碳体（Fe_3C 或 Cm）

碳和铁形成的化合物 Fe_3C 称为渗碳体，渗碳体中含碳量为 6.69%，并且不随温度变化而变化。其硬度高，强度极低，塑性、韧性极差，非常脆。

4. 珠光体（P）

铁素体与渗碳体形成的机械混合物称为珠光体，用 P 表示。珠光体的含碳量为 0.77%，其性能介于铁素体与渗碳体之间，强度、硬度、塑性、韧性适中。

综上所述，铁碳合金钢的室温基本组织为铁素体、渗碳体和珠光体，铁素体的塑性最好，硬度最低；珠光体的强度最高，塑性、韧性和硬度介于渗碳体和铁素体之间。

5. 莱氏体（L_d）

莱氏体是奥氏体和渗碳体的混合物，用符号 L_d 表示。它是含碳量为 4.3% 的液态铁碳合金在 1148℃时的共晶产物。当温度降到 727℃时，由于莱氏体中的奥氏体将转变为珠光体，所以室温下的莱氏体由珠光体和渗碳体组成，这种混合物称为低温莱氏体，用符号 L_d' 表示。由于性能接近于渗碳体，其硬度很高，塑性很差。

以上五种组织中，铁素体、奥氏体和渗碳体都是单相组织，称为铁碳合金的基本相；珠光体和莱氏体则是由基本相组成的多相组织。表1-1所列为铁碳合金基本组织的性能及特点。

三、铁碳合金状态图

铁碳合金状态图是表示在缓慢加热或冷却条件下，不同成分的铁碳合金在不同温度下所具有的状态或组织的图形。它对了解铁碳合金的内部组织随含碳量与温度变化的规律及钢的热处理有重要的指导意义。

表1-1 铁碳合金基本组织的性能及特点

组织名称	符号	含碳量/%	存在温度区间/℃	力学性能			特点
				σ_b/MPa	δ/%	HBW	
铁素体	F	约0.0218	室温~912	180~280	30~50	50~80	具有良好的塑性、韧性，较低的强度、硬度
奥氏体	A	约2.11	727以上	—	40~60	120~220	强度、硬度虽不高，却具有良好的塑性，尤其是具有良好的锻压性能
渗碳体	Fe_3C	6.69	室温~1148	30	0	约800	高熔点，高硬度，塑性和韧性几乎为零，脆性极大
珠光体	P	0.77	室温~727	800	20~35	180	强度较高，硬度适中，有一定的塑性，具有较好的综合力学性能
莱氏体	L_d'	4.30	室温~727	—	0	>700	性能接近于渗碳体，硬度很高，塑性、韧性极差
	L_d		727~1148	—	—	—	

表1-2 $Fe-Fe_3C$ 相图中各特性点的温度、含碳量及含义

符号	温度/℃	含碳量/%	含义
A	1538	0	纯铁的熔点或结晶温度
C	1148	1.3	共晶点，$L \longleftrightarrow A+Fe_3C$
D	1227	6.69	渗碳体的熔点
E	1148	2.11	碳在 γ-Fe 中的最大溶解度
G	912	0	纯铁的同素异构转变点，α-Fe $\longleftrightarrow$ γ-Fe
P	727	0.0218	碳在 α-Fe 中的最大溶解度
S	727	0.77	共析点，$A \longleftrightarrow Fe+Fe_3C$

1. 铁碳合金状态图简介

图1-10为铁碳合金状态图（即 $Fe-Fe_3C$ 相图），其纵坐标表示温度，横坐标表示合金中碳的质量分数。状态图被一些特征性线划分为五个区域，分别标明了不同成分的非合金钢在不同温度时的组织。$Fe-Fe_3C$ 相图中各特性点的温度、含碳量及含义见表1-2。

2. 非合金钢的冷却过程及室温组织

非合金钢冷却时首先由液态冷却为单一的奥氏体组织，然后随含碳量不同，其组织转变情况亦不同。

（1）共析钢

含碳量等于0.77%的非合金钢称为共析钢，共析钢的室温组织是珠光体。

（2）亚共析钢

含碳量小于0.77%的非合金钢称为亚共析钢，亚共析钢的室温组织是铁素体与珠光体。

（3）过共析钢

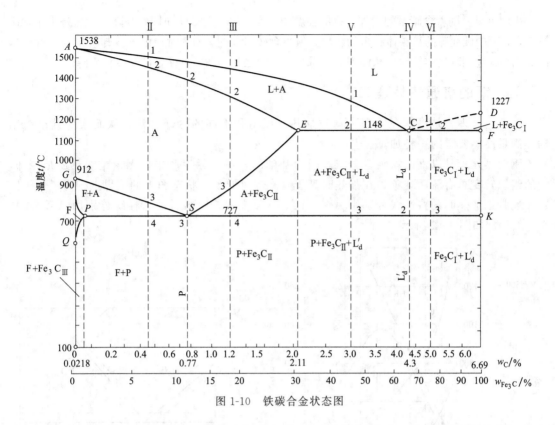

图 1-10 铁碳合金状态图

含碳量大于 0.77% 的非合金钢称为过共析钢，过共析钢的室温组织是珠光体与网状二次渗碳体。

Fe-Fe$_3$C 相图中特性线及其含义见表 1-3。

表 1-3 Fe-Fe$_3$C 相图中的六条特性线及其含义

特性线	含 义
ACD	液相线——此线之上为液相区域，线上点为对应不同成分合金的结晶开始温度
AECF	固相线——此线之下为固相区域，线上点为对应不同成分合金的结晶终了温度
GS	也称 A_3 线，冷却时从不同含碳量的奥氏体中析出铁素体的开始线
ES	也称 A_{cm} 线，碳在奥氏体（γ-Fe）中的溶解度曲线
ECF	共晶线，L⇌A+Fe$_3$C
PSK	共析线，也称 A_1 线，A⇌F+Fe$_3$C

3. 合金相图在选择材料方面的应用

通过铁碳合金相图，可以根据零件的要求来选择材料。

若需要塑性、韧性高的材料，应选择低碳钢（碳的质量分数为 0.10%~0.25%）；若需要塑性、韧性和强度都高的材料，应选择中碳钢（碳的质量分数为 0.3%~0.55%）。

四、含碳量对铁碳合金钢力学性能的影响

铁碳合金钢的室温基本组织为铁素体、珠光体和渗碳体。随着含碳量的增加，铁碳合金钢的室温组织将按如下顺序变化：F+P→P→P+Fe$_3$C$_{II}$，并且随着含碳量的增加，铁素体组织逐渐减少，渗碳体组织逐渐增多，从而造成铁碳合金钢的力学性能随含碳量的变化而变化，如图 1-11 所示。

由图可见，随着含碳量的增加，钢的强度和硬度增加，而塑性和韧性则降低。这是由于含碳量越高，钢中硬而脆的渗碳体越多的缘故，但当含碳量超过0.9%时，由于冷却析出的二次渗碳体形成网状包围珠光体组织，从而削弱了珠光体组织之间的联系，使钢的强度反而降低。

五、钢的普通热处理工艺

钢的热处理就是将钢在固态下通过加热、保温和不同的冷却方法，从而改变其组织结构，满足性能要求的一种加工工艺。

钢的热处理是以钢的铁碳合金状态图为基础的，在实际生产中，无论是加热还是冷却，钢的组织转变总有滞后现象，在加热时高于（冷却时低于）状态图上的临界点。为了便于区别，通常把加热时的特性线分别用 A_{c1}、A_{c3}、A_{ccm} 表示，冷却时的特性线分别用 A_{r1}、A_{r3}、A_{rcm} 表示，如图1-12所示。

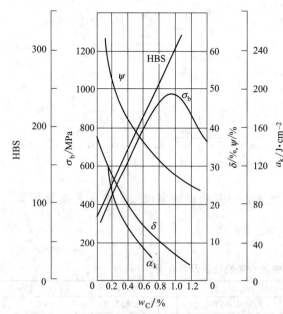
图1-11　含碳量对铁碳合金钢力学性能的影响

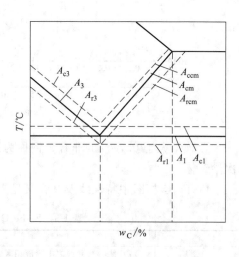
图1-12　钢在加热和冷却时的特性曲线

钢的热处理可分为普通热处理和表面热处理两大类。

普通热处理包括退火、正火、淬火和回火。

表面热处理包括表面淬火（火焰加热、感应加热）和化学热处理（渗碳、渗氮、碳氮共渗、渗金属等）。

根据在零件加工过程中的工序位置不同，热处理又可分为预备热处理（如退火、正火）和最终热处理（淬火、回火）。

1. 退火

退火是把钢加热到工艺预定的某一温度，保温一段时间，随后在炉中或导热性较差的介质中缓慢冷却的热处理方法。

退火的目的是降低钢的硬度、均匀成分、消除内应力、细化组织，从而改善钢的力学性能和加工性能，为后续的机械加工和淬火做好准备。对一般铸件、焊件以及性能要求不高的工件，可作为最终热处理。

常用的退火方法有完全退火、球化退化和去应力退火等。

(1) 完全退火

完全退火简称退火，是将亚共析钢加热到 A_{c3} 以上 30～50℃保温一段时间，随后缓慢冷却以获得接近平衡状态组织的退火方法。主要用于亚共析钢的铸件、锻件、热轧型材及焊接结构，作为一些不重要工件的最终热处理，或作为某些重要件的预先热处理。其目的是细化晶粒、改善组织和提高力学性能。

(2) 球化退火

球化退火是将过共析钢加热到 A_{c1} 以上 20～30℃，保温一段时间，随后缓慢冷却的退火方法，其目的在于降低钢硬度，改善切削加工性，并为以后淬火处理作好组织准备。

(3) 去应力退火

去应力退火又称低温回火，是将钢件加热至 500～650℃，保温一段时间后缓慢冷却的退火方法，其目的是消除由于塑性变形、焊接、切削加工、铸造等形成的残余应力，以稳定尺寸，减少变形。

2. 正火

正火是将钢加热到 A_{c3} 或 A_{ccm} 以上 30～50℃，使钢的组织完全转变为奥氏体后，适当保温，从炉中取出，在静止的空气中冷却至室温的热处理方法。

正火与退火目的相似，明显不同的是正火冷却速度稍快，所得到的组织比退火细，强度、硬度有所提高，这种差别随钢的含碳量和合金元素的增多而增多。同时正火操作简便，生产周期短，能量耗费少。

低碳钢钢件正火可适当提高其硬度，改善其切削加工性能。对于力学性能要求不高的工件，正火可作为最终热处理。一些高碳钢件需经正火来消除网状渗碳体后才能进行球化退火。

上述三种退火和正火的加热温度如图 1-13 所示。

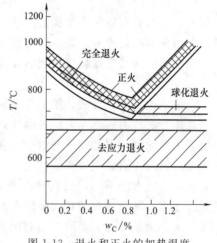

图 1-13 退火和正火的加热温度

3. 淬火

淬火是将钢加热到 A_{c3} 或 A_{c1} 线以上 30～50℃，保温一室时间后，在水、盐水或油中急剧冷却，以获得马氏体组织的一种热处理方法。

淬火目的在于得到马氏体或下贝氏体组织，然后配以适当的回火温度，以获得多样的使用性能，通常作为最终热处理。

4. 回火

回火是把淬火后的钢加热到 A_{c1} 线以下的某一温度，保温一定时间，然后冷却到室温的热处理方法。淬火后提高了工件的强度和硬度，塑性和韧性却显著降低，且存在较大内应力，进一步变形至开裂，为此，淬火后要及时回火。回火的主要目的在于降低脆性，减少内应力，防止变形开裂；获得工件所需求的力学性能；稳定钢件的组织，保证工件的尺寸、形状稳定。

回火通常作为钢件热处理的最后一道工序。随着回火温度的升高，其强度和硬度降低，塑性、韧性则升高。根据回火的温度不同，回火可分为低温回火、中温回火、高温回火。

(1) 低温回火

加热到 150～250℃，保温后空冷，得到组织为回火马氏体。其目的在于降低淬火内应力的脆性，保证高硬度和耐磨性。主要用于刀具、量具、冲压模、滚动轴承等的处理。

(2) 中温回火

加热到 350～450℃，保温后空冷，得到回火屈氏体，这种组织具有高的弹性和屈服极限，并有一定韧性和硬度，主要用于各种弹簧、发条和锻模等的处理。

(3) 高温回火

加热到 500～650℃，保温后空冷，得到回火索氏体，这种组织具有一定强度和硬度，又有良好的塑性和韧性，主要用于处理各种重要的、受力复杂的中碳钢零件，如曲轴、连杆、齿轮、螺栓等。

通常把淬火再进行高温回火的热处理方法称为调质处理。

上述各种普通热处理的示意图如图 1-14 所示。

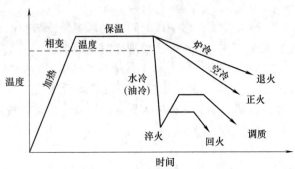

图 1-14　各种普通热处理示意图

六、钢的表面热处理

在机械设备中如齿轮、曲轴等，不仅要求表面具有高的硬度和耐磨性，而且要求心部具有足够的塑性和韧性。要满足这些要求，采用普通热处理方法是难以达到的，而采用表面热处理则能达到。

钢常用的表面热处理包括表面淬火和化学热处理两种。

1. 表面淬火

利用快速加热的方法，使工件表面迅速加热至淬火温度，不等热量传到心部就立即冷却的热处理方法称为表面淬火。表面淬火后，工件表层获得硬而耐磨的马氏体组织，而心部仍保留原来的韧性和塑性较好的组织。表面淬火用钢一般为中碳钢或中碳合金钢，在表面淬火处理前需进行正火处理或调质处理，表面淬火后进行低温回火处理。

根据加热方法不同，表面淬火可分为火焰加热表面淬火、感应加热（高频、中频、工频）表面淬火和电接触加热表面淬火等。工业中应用最多的为火焰加热表面淬火和感应加热表面淬火。火焰加热表面淬火是利用氧-乙炔焰直接加热工件表面，当表面达到淬火温度后，立即喷水或用其他淬火介质进行冷却的淬火方法，一般适用于单件或小批量生产。感应加热表面淬火是将工件放在感应器中，利用感应电流通过工件产生的热效应，使工件表面局部加热，然后快速冷却的淬火方法。感应加热表面淬火易于控制，生产效率高，产品质量好，便于实现机械化、自动化，应用广泛。

2. 化学热处理

化学热处理是将工件置于一定介质中加热和保温，使介质中的活性原子渗入工件表层，以改变表层的化学成分和组织，从而使工件表面具有某些力学或物理化学性能的一种热处理工艺。经过化学热处理后的工件，其表层不仅有组织的变化，而且有成分的变化。常见的化学热处理有渗碳、渗氮、碳氮共渗等。

(1) 渗碳

渗碳是向钢的表层渗入碳原子，提高钢表层含碳量的过程。渗碳主要用于低碳钢和低碳合金钢，渗碳后经过淬火、低温回火，材料表层具有较高的硬度、抗疲劳性和耐磨性，而心部仍保持良好的塑性和韧性。

按照采用的渗碳剂不同，渗碳方法可分为气体渗碳、固体渗碳和液体渗碳三种。气体渗碳法生产率高，劳动条件好，渗碳质量容易控制，易于实现机械化、自动化，故在生产中得到广泛应用。

(2) 渗氮

渗氮是在工件表层渗入氮原子，形成一个富氮硬化层的过程。其目的在于提高材料表面硬度、抗疲劳性、耐磨性和耐蚀能力，并且渗氮性能优于渗碳。渗氮主要用于耐磨性和精度要求很高的精密零件或承受交变载荷的重要零件，以及耐热、耐蚀、耐磨的零件，如各种高速传动精密齿轮、高精度机床主轴、高速柴油机曲轴、发动机的气缸、阀门等。

渗氮分为气体渗氮和液体渗氮，目前工业中广泛应用气体渗氮。气体渗氮用钢以中碳合金钢为主，使用最广泛的钢为38CrMoAlA。

(3) 碳氮共渗

碳氮共渗是指碳、氮同时渗入工件表层的过程。其目的在于提高表面硬度、抗疲劳性、耐磨性和耐蚀能力，并兼具渗碳和渗氮的优点。碳氮共渗广泛应用于汽车、拖拉机变速箱齿轮。

思考与练习

1. 非合金钢的室温基本组织有哪些？其性能如何？
2. 试述非合金钢铁碳合金状态图中特性点及特性线的含义。
3. 试述含碳量对铁碳合金组织和力学性能的影响。
4. 什么是热处理，为什么要对钢材进行热处理？
5. 常用的淬火方法有哪几种？

第三节　常用机械工程材料

常用的机械工程材料可以分为两大类：金属材料和非金属材料。通常把铁、铬、锰以及它们的合金（主要是指合金钢及钢铁）称为黑色金属，而把其他金属及其合金称为有色金属。常用金属材料间的关系如下：

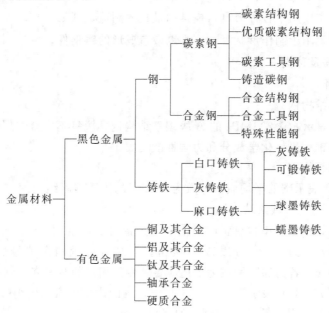

一、碳素钢的种类、牌号

碳钢具有良好的力学性能和工艺性能，冶炼方便，价格低廉，在许多工业部门中得到广泛的应用。

碳钢中除铁和碳两种基本元素之外，常常还存在少量的其他元素，如锰、硅、硫、磷、氧和氢等。它们是冶炼过程中不可避免的杂质元素。其中锰、硅是在炼钢后期为了防止氧化铁的危害，进行脱氧处理而有意识加入的，能提高钢的强度和硬度，属有益元素。硫、磷属有害元素，是从原材料和燃料中带入的。硫具有热脆性，使钢在高温时易脆裂；磷具有冷脆性，使钢在低温时易脆裂。

钢按化学成分可分为碳素钢和合金钢。就钢的生产来讲，世界各国生产碳钢约占80%，合金钢约占20%。碳的质量分数（w_C）小于2.11%的铁碳合金称为碳素钢，简称碳钢。

(一) 碳素钢的分类

1. 根据碳的质量分数分类

低碳钢：$w_C \leqslant 0.25\%$。

中碳钢：$0.25\% < w_C < 0.60\%$。

高碳钢：$w_C \geqslant 0.60\%$。

2. 按品质分类

主要是根据钢中有害元素硫、磷含量分类。

普通钢：$w_S \leqslant 0.050\%$，$w_P \leqslant 0.045\%$。

优质钢：$w_S \leqslant 0.035\%$，$w_P \leqslant 0.035\%$。

高级优质钢：$w_S \leqslant 0.025\%$，$w_P \leqslant 0.025\%$。

3. 根据钢的用途分类

碳素结构钢：主要用于各种工程构件和机械零件的制造，其$w_C < 0.70\%$。

碳素工具钢：主要用于各种刃具、模具和量具的制造，其$w_C \geqslant 0.70\%$。

碳素铸钢：主要用于制作形状复杂、难以锻造成形的铸钢件。

(二) 钢的编号及种类

1. 碳素结构钢

（1）普通碳素结构钢

如Q235AF，表示$\sigma_s \geqslant 235$MPa的A级碳素结构钢，脱氧不完全，属沸腾钢。

常用碳素结构钢牌号、化学成分和力学性能见表1-4。

（2）优质碳素结构钢

如牌号45钢，表示碳的平均质量分数为0.45%的优质碳素结构钢，08钢表示碳的平均质量分数为0.08%的优质碳素结构钢。

优质碳素结构钢根据钢中含锰量的不同，分为普通含锰量钢（w_{Mn}为0.35%~0.80%）和较高含锰量钢（w_{Mn}为0.7%~1.2%）两组。较高含锰量钢在牌号后面标出元素符号"Mn"，例如，50Mn。若为沸腾钢或为了适应各种专门用途的某些专用钢，则在牌号后面标出规定的符号，例如，10F表示平均含碳量为0.10%的优质碳素结构钢中的沸腾钢；20g表示平均含碳量为0.20%优质碳素结构钢中的锅炉用钢。

优质碳素结构钢的牌号、化学成分及力学性能见表1-5。

表1-4 常用碳素结构钢牌号、化学成分和力学性能

牌号	等级	化学成分/%					脱氧方法	力学性能		
		C	Mn	Si	S	P		σ_s /MPa	σ_b /MPa	δ/%
					不大于					
Q195	—	0.06～0.12	0.25～0.50	0.30	0.050	0.045	F、b、Z	195	315～390	33
Q215	A	0.09～0.15	0.25～0.55	0.30	0.050	0.045	F、b、Z	215	335～450	31
	B				0.045					
Q235	A	0.14～0.22	0.30～0.65	0.30	0.050	0.045	F、b、Z	235	375～460	26
	B	0.12～0.20	0.30～0.70		0.045					
	C	≤0.18	0.35～0.80	0.30	0.040	0.040	Z、TZ			
	D	≤0.17			0.035	0.035				
Q255	A	0.18～0.28	0.40～0.70	0.30	0.050	0.045	Z	255	410～550	24
	B				0.045					
Q275	—	0.28～0.38	0.50～0.80	0.35	0.050	0.045	Z	275	490～630	20

注：1. 表中所列力学性能指标为热轧状态试样测得。
2. F—沸腾钢；b—半沸腾钢；Z—镇静钢；TZ—特殊镇静钢。

表1-5　优质碳素结构钢的牌号、化学成分及力学性能

牌号	化学成分/%			力学性能					HBW	
	C	Si	Mn	σ_s /MPa	σ_b /MPa	δ/%	ψ/%	a_k /J·cm^{-2}	热轧钢	退火钢
08F	0.05～0.11	≤0.03	0.25～0.50	175	295	35	60	—	130	
08	0.05～0.12	0.17～0.37	0.35～0.65	195	325	33	60		131	
10F	0.07～0.14	≤0.07	0.25～0.50	185	315	33	55	—	137	
10	0.07～0.14	0.17～0.37	0.35～0.65	205	335	31	55		137	
15F	0.12～0.19	约0.07	0.25～0.50	205	355	29	55		143	
15	0.12～0.19	0.17～0.37	0.35～0.65	225	375	27	55		143	
20	0.17～0.24	0.17～0.37	0.35～0.65	245	410	25	55		156	
25	0.22～0.30	0.17～0.37	0.50～0.80	275	450	23	50	88.3	170	
30	0.27～0.35	0.17～0.37	0.50～0.80	295	490	21	50	78.5	179	
35	0.32～0.40	0.17～0.37	0.50～0.80	315	530	20	45	68.7	187	
40	0.37～0.45	0.17～0.37	0.50～0.80	335	570	19	45	58.8	217	187
45	0.42～0.50	0.17～0.37	0.50～0.80	355	600	16	40	49	241	197
50	0.47～0.55	0.17～0.37	0.50～0.85	375	630	14	40	39.2	241	207
55	0.52～0.60	0.17～0.37	0.50～0.80	380	645	13	35	—	255	217
60	0.57～0.65	0.17～0.37	0.50～0.80	400	675	12	35		255	229
65	0.62～0.70	0.17～0.37	0.50～0.80	410	695	10	30		255	229
70	0.67～0.75	0.17～0.37	0.50～0.80	420	715	9	30		269	229
75	0.72～0.80	0.17～0.37	0.50～0.80	880	1080	7	30		285	241
80	0.77～0.85	0.17～0.37	0.50～0.80	930	1080	6	30		285	241

续表

牌号	化学成分/%			力学性能					HBW	
	C	Si	Mn	σ_s /MPa	σ_b /MPa	δ /%	ψ /%	a_k /J·cm^{-2}	热轧钢	退火钢
85	0.82~0.90	0.17~0.37	0.50~0.80	980	1130	6	30	—	302	255
15Mn	0.12~0.19	0.17~0.37	0.50~0.80	245	410	26	55	—	163	—
20Mn	0.17~0.24	0.17~0.37	0.70~1.00	275	450	24	50	—	197	—
25Mn	0.22~0.30	0.17~0.37	0.70~1.00	295	490	22	50	88.3	207	—
30Mn	0.27~0.35	0.17~0.37	0.70~1.00	315	540	20	45	78.5	217	187
35Mn	0.32~0.40	0.17~0.37	0.70~1.00	335	560	19	45	68.7	229	195
40Mn	0.37~0.45	0.17~0.37	0.70~1.00	355	590	17	45	58.8	229	207
45Mn	0.42~0.50	0.17~0.37	0.70~1.00	375	620	15	40	49	241	217
50Mn	0.48~0.56	0.17~0.37	0.70~1.00	390	645	13	40	39.2	255	217
60Mn	0.57~0.65	0.17~0.37	0.70~1.00	410	695	11	35	—	269	229
65Mn	0.62~0.70	0.17~0.37	0.90~1.20	430	735	9	30	—	285	229
70Mn	0.67~0.75	0.17~0.37	0.90~1.20	450	785	8	30	—	285	229

2. 碳素工具钢

碳素工具钢分优质碳素工具钢和高级优质碳素工具钢，如 T9 表示碳的平均质量分数为 0.9% 的碳素工具钢。若为高级优质碳素工具钢则在数字后加"A"。如 T10A 则表示碳的平均质量分数为 1.0% 的高级优质碳素工具钢。

另外，对于含锰量较高（w_{Mn} 为 0.4%~0.6%）的碳素工具钢，则在数字后面加"Mn"，例如 T8Mn、T8MnA。碳素工具钢的牌号、化学成分及力学性能见表 1-6。

表 1-6 碳素工具钢的牌号、化学成分及力学性能

牌号	化学成分/%					热处理		应用举例
	C	Mn	Si	S	P	淬火温度 /℃	HRC（不小于）	
T7	0.65~0.75	≤0.40	≤0.35	≤0.35	≤0.35	800~820 水淬	62	受冲击、有较高硬度和耐磨性要求的工具，如木工用的錾子、锤子、钻头模具等
T8	0.75~0.84	≤0.40				780~800 水淬		
T8Mn	0.80~0.90	0.40~0.60				780~800 水淬		
T9	0.85~0.94	≤0.40				760~780 水淬		受中等冲击载荷的工具和耐磨机件，如刨刀、冲模、丝锥、板牙、锯条、卡尺等
T10	0.95~1.04							
T11	1.05~1.14							
T12	1.15~1.24							不受冲击、而要求有较高硬度和耐磨机件的工具和耐磨机件，如钻头、锉刀、刮刀、量具等
T13	1.25~1.35							

3. 铸造碳钢

铸造碳钢的含碳量一般在 0.20%~0.60%，如果含碳量过高，则塑性变差，而且铸造时易产生裂纹。

如 ZG230-450 则表示屈服点大于 230MPa，抗拉强度大于 450MPa 的碳素铸钢。铸造碳钢的牌号、化学成分及力学性能见表 1-7。

表 1-7 铸造碳钢的牌号、化学成分及力学性能

牌号	化学成分/%					室温下的力学性能				
	C	Si	Mn	P	S	σ_s 或 $\sigma_{r0.2}$/MPa	σ_b/MPa	δ/%	ψ/%	a_k/J·cm^{-2}
	不大于					不小于				
ZG200-400	0.20	0.50	0.80	0.04		200	400	25	40	60
ZG230-450	0.30	0.50	0.90	0.04		230	450	22	32	45
ZG270-500	0.40	0.50	0.90	0.04		270	500	18	25	35
ZG370-570	0.50	0.60	0.90	0.04		370	570	15	21	30
ZG340-640	0.60	0.60	0.90	0.04		340	640	12	18	20

注：适用于壁厚 10mm 以下的铸件。

【例 1-1】 如图 1-15 所示为 3 种冷冲模具标准件简图，其中压入式模柄选用的钢材是 Q235F，固定挡料销选用的钢材是 45 钢，直导套选用的钢材是 T8A 钢。请解释图中所示钢材牌号的含义。

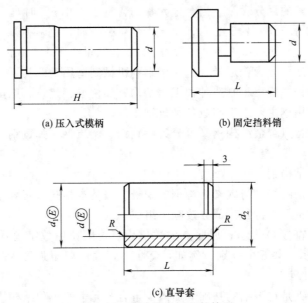

图 1-15 冷冲模具标准件简图

解 根据钢的编号原则可知：

Q235AF 表示屈服强度为 235MPa，A 级质量的碳素结构沸腾钢。

45 钢表示平均含碳量为 0.45% 的优质碳素结构钢。

T8A 表示平均含碳量为 0.8% 的高级优质碳素工具钢。

二、合金钢的种类、牌号

所谓合金钢就是在碳素钢的基础上，在冶炼时有目的地加入一种或数种合金元素的钢。由于合金元素的加入，合金钢具有特殊的化学、物理性能，它比碳钢具有较高的强度、韧性或具有特殊性能。如在钢中加入少量的铜等可以提高钢的抗大气腐蚀能力；加入铬等可以提高钢在氧化介质中的耐腐蚀性；加入硅、铬、铝等元素可以提高钢的抗高温氧化性和高温强度；加入大量的镍、锰能使钢在室温下保持奥氏体组织，消去磁性成

为无磁钢。

（一）合金钢的分类

1. 根据合金元素总质量分数分类

低合金钢：合金元素总质量分数小于5％。

中合金钢：合金元素总质量分数为5％～10％。

高合金钢：合金元素总质量分数大于10％。

2. 根据用途分类

合金结构钢：用于制造机械零件和工程结构的钢。

合金工具钢：用于制造各种工具的钢。

特殊性能钢：主要指具有某种特殊的物理和化学性能的钢种。

（二）常用合金钢的牌号、性能及用途

1. 合金结构钢

合金结构钢的编号由"两位数字（含碳量）＋元素符号（或汉字）＋数字"三部分组成。前面两位数字代表钢中平均含碳量的万分数；元素符号则代表钢中所含的合金元素，元素后面的数字则代表该元素的百分含量。当合金元素的含量小于1.5％时，一般只标明元素而不标明数值；当含量为1.5％～2.5％、2.5％～3.5％……时，则相应以2、3……表示。如60Si2Mn钢，表示含碳量为0.6％，含硅量为2％，含锰量小于1.5％的合金结构钢。

合金结构钢按用途可分为普通低合金结构钢和机械制造用钢两类。

普通低合金结构钢主要用于制造各种工程结构，如桥梁、建筑、船舶、车辆、锅炉、化工容器等，机械制造用钢主要用于制造各种机械零件。

按用途和热处理特点合金结构钢又可分为渗碳钢、调质钢、弹簧钢、滚动轴承钢和超高强度钢。

(1) 普通低合金结构钢

普通低合金结构钢的编号与碳素结构钢的编号方法基本相同，其牌号由代表屈服点的字母、屈服点数值、质量等级符号三部分按顺序组成。

屈服点的字母用符号Q表示；屈服点的数值用三位阿拉伯数字表示；质量等级用符号A、B、C、D、E表示，共五个级别。例如，Q345A，表示屈服强度为345MPa，质量等级为A级的低合金结构钢。

普通低合金结构钢是在碳钢的基础上加入少量合金元素的工程结构用钢。为保证较好的韧性、塑性和焊接性能，其含碳量一般为0.10％～0.25％。合金元素的总含量一般小于3％，常加入的合金元素有Mn、Si、Nb、Mo、Ti、Cu等。这类钢中加入锰、硅用以提高钢的强度；加入钛、钒等元素用以细化晶粒，提高钢的强度和塑性；加入适量的铜以提高耐蚀性。在强度级别较高的低合金结构钢中，也加入铬、钼、硼等元素，主要是为了提高钢的淬透性，以便在空冷条件下得到比碳素钢更高的力学性能。

常用低合金高强度结构钢的牌号、力学性能及应用见表1-8。

(2) 合金渗碳钢

渗碳钢具有优良的耐磨性、耐疲劳性，又具有足够的韧性和强度。通常用来制造各种机械零件，如汽车、拖拉机中的变速齿轮、内燃机上凸轮轴和活塞销等。

渗碳钢中碳的质量分数一般控制在0.10％～0.25％之间，目的是为了保证零件的心部具有足够的塑性和韧性。渗碳钢中加入镍、锰、硅、硼等合金元素以提高钢的淬透性，使零件在热处理后，表面和心部得到强化。另外，为了降低钢的过热敏感性和细化晶粒，常常加

表 1-8 常用低合金高强度结构钢的牌号、力学性能及应用

牌号	σ_s/MPa	σ_b/MPa	δ/%	特性及应用举例
Q295	235～295	390～570	23	具有优良的韧性、塑性、冷弯性和焊接性均良好,冲压成形性能良好,一般在热轧或正火状态下使用,适用于制造各种容器、螺旋焊管、车辆用冲压件、建筑用结构件、农机结构件、储油罐、低压锅炉汽包、输油管道、船舶及金属结构件等
Q345	275～345	470～630	21	具有良好的综合力学性能,塑性和焊接性良好,冲击韧性较好,一般在热轧或正火状态下使用,适用于制造桥梁、船舶、车辆、管道、锅炉、各种容器、油罐、电站、厂房、低温压力容器等结构件
Q390	330～390	490～650	19	具有良好的综合力学性能,塑性和冲击韧性良好,一般在热轧状态下使用,适用于制造锅炉汽包、中高压石油化工容器、桥梁、船舶、起重机及较高负荷的焊接件、连接构件等
Q420	360～420	520～680	18	具有良好的综合力学性能,优良的低温韧性,焊接性好,冷热加工性良好,一般在热轧或正火状态下使用,适用于制造高压容器、重型机械、桥梁、船舶、机车车辆、锅炉及其他大型焊接结构件
Q460	400～460	550～720	17	淬火、回火后用于大型挖掘机、起重运输机械、钻井平台等

入少量钒、钛等合金元素。

常用合金渗碳钢的牌号、热处理、力学性能和用途见表 1-9。

表 1-9 常用合金渗碳钢的牌号、热处理、力学性能和用途

类别	牌号	热处理/℃			力学性能(不小于)			用途
		渗碳	第一次淬火	回火	σ_b/MPa	σ_s/MPa	δ/%	
低淬透性	20Cr	930	880 水油	200 水空	835	540	10	截面不大的机床变速箱齿轮、凸轮、滑阀、活塞、活塞环、联轴器等
低淬透性	20Mn2	930	850 水油	200 水空	785	590	10	代替 20Cr 钢制造小齿轮、小轴、汽车变速箱操纵杆等
低淬透性	20MnV	930	880 水油	200 水空	785	590	10	活塞销、齿轮、锅炉、高压容器等焊接结构件
中淬透性	20CrMn	930	850 油	200 水空	930	735	10	截面不大,中高负荷的齿轮、轴、蜗杆、调速器的套筒等
中淬透性	20CrMnTi	930	880 油	200 水空	1080	835	10	截面直径在 30mm 以下,承受调速、中或重负荷以及冲击、摩擦的渗碳零件,如齿轮轴、爬行离合器等
中淬透性	20MnTiB	930	860 油	200 水油	1100	930	10	代替 20CrMnTi 钢制造汽车、拖拉机上的小截面、中等载荷的齿轮
中淬透性	20SiMnVB	930	900 油	200 水油	1175	980	10	可代替 20CrMnTi
高淬透性	12Cr2Ni4A	930	880 油	200 水油	1175	1080	10	在高负荷下工作的齿轮、蜗轮、蜗杆、转向轴等
高淬透性	18Cr2Ni4WA	930	950 空	200 水油	1175	835	10	大齿轮、曲轴、花键轴、蜗轮等

其典型热处理工艺为渗碳+淬火+低温回火。

（3）合金调质钢

调质钢具有良好的综合力学性能，既具有很高的强度，又具有良好的塑性和韧性。常用于制造一些受力比较复杂的重要零件，如机床的主轴、电动机轴、汽车齿轮轴等各种轴类零件。

调质钢的含碳量一般在 0.25%～0.50%之间，以确保调质钢有一定的强度、硬度和良好的塑性、韧性。另外，调质钢中常常加入少量的铬、锰、硅、镍、硼等合金元素以增加钢的淬透性，且使铁素体得到强化并提高韧性。加入少量的钼、钒、钨、钛等合金元素，可起到细化晶粒、提高钢的回火稳定性，进一步改善钢的性能的作用。

调质钢的预备热处理通常是正火或退火，最终热处理是调质处理，即淬火加高温回火，获得回火索氏体组织。若要求零件表面有很高的硬度及良好的耐磨性，可在调质处理后进行表面淬火及低温回火处理。常用合金调质钢的牌号、热处理、力学性能和用途见表 1-10。

表 1-10　常用合金调质钢的牌号、热处理、力学性能和用途

类别	牌号	热处理/℃		力学性能（不小于）			用途
		渗碳	回火	σ_b/MPa	σ_s/MPa	δ/%	
低淬透性	40Cr	850 油	520 水油	980	785	9	中等载荷、中等转速机械零件，如汽车的转向节、后半轴、机床上的齿轮、轴、蜗杆等。表面淬火后制造耐磨零件，如套筒、心轴、销子、连杆螺钉、进气阀等
	40CrB	850 油	500 水油	980	785	10	主要代替40Cr，如汽车的车轴、转向轴、花键轴及机床的主轴、齿轮等
	35SiMn	900 油	500 水油	885	735	15	中等负荷、中等转速零件，如传动齿轮、主轴、转轴、飞轮等，可代替40Cr
中淬透性	40CrNi	820 油	550 水油	980	785	10	截面尺寸较大的轴、齿轮、连杆、曲轴、圆盘等
	42CrMn	840 油	550 水油	980	835	9	在高速及弯曲负荷下工作的轴、连杆等，在高速、高负荷且无强冲击负荷下工作的齿轮、离合器等
	42CrMo	850 油	560 水油	1080	930	12	机车牵引用的大齿轮、增压器传动齿轮、发动机气缸、负荷极大的连杆及弹簧类等
	38CrMoAlA	940 油	740 水油	980	835	14	镗杆、磨床主轴、自动车床主轴、精密丝杠、精密齿轮、高压阀杆、气缸套等
高淬透性	40CrNiMo	850 油	600 水油	980	835	12	重型机械中高负荷的轴类、大直径的汽轮机轴、直升机的旋翼轴、齿轮喷气发动机的蜗轮轴等
	40CrMnMo	850 油	600 水油	980	785	10	40CrNiMo的代用钢

（4）滚动轴承钢

在牌号前面加"滚"字汉语拼音的首位字母"G"，后面数字表示铬元素的质量分数的千分之几，其碳的质量分数不标出。如 GCr15 钢，则表示铬的平均质量分数为 1.5%的滚动轴承钢。铬轴承钢中若含有除铬之外的其他元素时，这些元素的表示方法同一般合金结构

钢。滚动轴承钢都是高级优质钢，但牌号后不加"A"，常用滚动轴承钢的牌号、热处理及应用范围见表1-11。

表1-11 常用滚动轴承钢的牌号、热处理及应用范围

牌 号	热处理/℃		回火后的硬度（HRC）	用 途
	淬火	回火		
GCr9	810～830	150～170	62～66	10～20mm的滚动体
GCr15	825～845	150～170	62～66	壁厚小于20mm的中小型套圈，直径小于50mm的钢球
GCr15SiMn	820～840	150～170	≥62	壁厚小于30mm的中大型套圈，直径为50～100mm的钢球
GSiMnVRE	780～810	150～170	≥62	可代替GCr15SiMn
GSiMnMoV	770～810	150～175	≥62	可代替GCr15SiMn

2. 合金工具钢

合金工具钢的编号由"一位数（或不标数字）＋元素符号＋数字"三部分组成。前面一位数字代表平均含碳的千分数。当碳的平均质量分数大于或等于1.0%，则不予标出。合金元素及含量的表示与合金结构钢相同。如9SiCr钢，表示碳的含量为0.90%、硅的含量和铬的含量均小于1.5%的合金工具钢。高速钢平均碳的质量分数小于1.0%时，其含碳量也不标出。

合金工具钢与碳素工具钢相比，合金工具钢具有淬透性与回火稳定性好，耐磨性与热硬性较高，热处理变形和开裂趋向小，广泛用于碳素工具钢不能满足性能要求的各种工具。按用途可以分为合金量具钢、合金刃具钢和合金模具钢。

(1) 合金量具钢

合金量具钢是指用于制造测量工具（即量具）的合金钢，这类钢具有高硬度、高耐磨性、高尺寸稳定性，用于制造高精度的量规和量块。常用的合金量具钢有Cr12、9Mn2V、CrWMn等。其最终热处理为淬火后低温回火。

(2) 合金刃具钢

合金刃具钢指主要用于制造金属切削刀具的合金钢，其含碳量一般在0.8%～1.4%。常用的合金刃具钢有9SiCr、9Mn2V、Cr2、CrMn、CrWMn和CrW5等。这类钢的预备热处理是球化退火，最终热处理为淬火后低温回火。主要用于制造铰刀、丝锥、板牙等。

(3) 合金模具钢

合金模具钢是指用于制造冲压、热锻、压铸等成形模具的合金钢。根据工作条件不同分为冷作模具钢和热作模具钢。

冷作模具钢用于制造使金属在冷态下变形的模具，如冷冲模、冷挤压模等。这类钢应具有硬度、耐磨性高和一定的韧性以及热处理变形小等特点。常用的牌号有Cr12、Cr12W、Cr12MoV、9SiCr、9Mn2V和CrWMn等。

热作模具钢用于制造使金属在高温下成形的模具，如热锻模、压铸模等，其含碳量在0.3%～0.6%。这类钢应在高温下能保持足够的强度、韧性和耐磨性以及较高的抗热疲劳性和导热性。常用的热作模具钢有5CrMnMo、5CrNiMo和3Cr2W8等，其最终热处理为淬火后中温或高温回火。

(4) 高速钢

高速钢是一种含钨、铬、钒等多种元素的高合金刃具钢，加入的主要合金元素为钨、钼、钒等，其合金总含量达到10%～15%。用高速钢制成的刃具，在切削时显得

比一般低合金刃具钢刃具更加锋利，因此俗称为"锋钢"。高速钢具有较高的淬透性，经适当热处理后具有高的硬度、强度、耐磨性和热硬性，当切削刃的温度高达 600℃ 时，高硬度和耐磨性仍无明显下降，能以比低合金刃具钢更高的切削速度进行切削，故称为高速钢。

高速钢的品种很多，主要有 W18Cr4V 和 W6Mo5Cr4V2。前者应用广泛，适于制造一般切削用车刀、刨刀、铣刀、钻头。后者的热塑性、使用状态的韧性、耐磨性等优于 W18Cr4V 钢，而热硬性不相上下，并且其碳化物细小、分布均匀，价格低，应用日益广泛，可用于制造要求耐磨性和韧性配合很好的高速切削刀具，如丝锥、钻头等，特别适宜于采用轧制、扭制热变形加工成形工艺制造的钻头等。

3. 特殊性能钢

不锈钢与耐热钢均属于特殊性能钢，这些钢牌号前面的数字表示碳的质量分数的千分之几。如 3Cr13 钢，表示平均含碳量为 0.3%，平均铬的含量为 13%。当碳的质量分数小于等于 0.03% 及小于等于 0.08% 时，则在牌号前面分别冠以"00"及"0"表示，如 00Cr17Ni14Mo2、0Cr19Ni9 等。

不锈钢属于具有特殊物理、化学性能的特殊性能钢，它是在空气、水、弱酸、碱和盐溶液或者其他腐蚀介质中具有高度化学稳定性的合金钢的总称。在酸、碱、盐溶液等强腐蚀性介质中能抵抗腐蚀的钢称为耐蚀钢（或称为耐酸钢）。大多数不锈钢的含碳量为 0.1%～0.2%。耐蚀性越高，碳的含量应越低。为了提高金属的耐蚀性，在不锈钢中常常加入 Cr、Ti、Mo、Nb、Ni、Mn、N 等合金元素。加入 Cr 的主要作用是形成致密的氧化铬保护膜，同时提高铁素体的电极电位，另外，Cr 还能使钢呈单一的铁素体组织。所以 Cr 是不锈钢中的主要元素，应适当提高 Cr 的含量。加入 Ti 元素能优先同碳形成碳化物，使 Cr 保留在基体中，从而减轻钢的晶间腐蚀倾向；加入 Ni、Mn、N 可获得奥氏体组织，并能提高铬不锈钢在有机酸中的耐蚀性能。

【例 1-2】 如图 1-16 所示为冷冲模具标准件，其中冷冲模选用的钢材是 Cr12 钢，模具弹簧选用的是 60Si2MnA 钢。请解释这两种合金钢牌号的含义。

(a) 冷冲模　　　　　　　　　　　(b) 模具弹簧

图 1-16　冷冲模具标准件

解　根据钢的编号原则可知：

制造冷冲模的 Cr12 钢牌号的含义是平均含碳量大于等于 1%、主要合金元素 Cr 的含量为 12% 的合金工具钢。

制造冷模具弹簧的 60Si2MnA 钢牌号的含义是平均含碳量为 0.60%、主要合金元素 Si 的平均含量为 2%、Mn 的含量小于 1.5% 的高级优质合金结构钢。

三、铸铁的种类、牌号

铸铁通常是指含碳量大于2.11%的铁碳合金,并且含有较多的硅、锰、磷等元素。铸铁具有良好的减振、减摩作用,良好的铸造性能及切削加工性能,且价格低,因而在各种机械中得到广泛的应用。

在铸铁中,碳可以以游离态的石墨(G)形式存在,也可以以化合态的渗碳体形式存在。根据碳在铸铁中存在的形式不同,铸铁可分为以下几类。

(一) 灰铸铁

在灰铸铁中碳主要以石墨形式存在,其断口呈暗灰色,故称灰铸铁。

灰铸铁中碳以片状石墨分布在基体组织上。因石墨的强度、硬度很低,塑性、韧性几乎为零。灰铸铁的抗拉强度、塑性和韧性都较差。但石墨对灰铸铁的抗压强度影响不大,所以灰铸铁的抗压强度与相同基体的钢差不多。由于石墨的存在,也使灰铸铁获得了良好的耐磨性、抗振性、切削加工性和铸造性能。

由于以上优良性能和低廉的价格,灰铸铁在生产上得到了广泛的应用。常用于制造形状复杂而力学性能要求不高的工件,承受压力、要求消振的工件,以及一些耐磨工件。

常用的热处理工艺有去应力退火,消除白口组织的退火和表面淬火。

灰铸铁的牌号、力学性能及主要用途见表1-12。牌号中"HT"是"灰铁"两字汉语拼音的首字母,其后数字表示其最低抗拉强度。

表1-12 灰铸铁的牌号、力学性能及主要用途

灰铸铁牌号	抗拉强度 σ_b/MPa≥	相当于旧牌号 (GB 976—1967)	硬度 (HBS)	主要用途
HT100	100	HT10-26	143~229	受低载荷的不重要的零件,如盖、手轮、支架等
HT150	150	HT15-33	163~229	受一般载荷的铸件,如底座、机箱、刀架座等
HT200	200	HT20-40	170~240	承受中等载荷的重要零件,如气缸、齿轮、齿条、一般机床床身等
HT250	250	HT25-47	170~241	承受较大载荷的重要零件,如气缸、齿轮凸轮、油缸、轴承座、联轴器等
HT300	300	HT30-54	187~255	有承受高强度、高耐磨性、高度气密性要求的重要零件,如重型机床床身、机架、高压液压筒、车床卡盘、高压油泵、泵体等
HT350	350	HT35-41	197~269	

注:1. 本表灰铸铁牌号和抗拉强度值摘自 GB 9439—1988。
2. 抗拉强度用 $\phi 30$ 的单铸试棒加工成试样进行测定。

(二) 可锻铸铁

可锻铸铁是将一定成分的白口铸铁经长时间退火处理,使渗碳体分解,形成团絮状石墨的铸铁。因此,与灰铸铁相比,可锻铸铁具有较高的强度和较好的塑性、韧性,并由此得名"可锻",但实际上并不可锻。可锻铸铁可分为铁素体可锻铸铁(用"KTH"来表示)和珠光体可锻铸铁(用"KTZ"来表示)两种。

铁素体可锻铸铁的断口呈黑灰色,故又称为黑心可锻铸铁,其基体组织为铁素体,具有良好的塑性和韧性。如 KTH330-08 表示 σ_b≥330MPa、δ≥8%的铁素体可锻铸铁。

珠光体可锻铸铁的断口呈黑灰色，基体组织为珠光体，具有一定的塑性和较高的强度。如 KTZ650-02 表示 $\sigma_b \geqslant 650\text{MPa}$、$\delta \geqslant 2\%$ 的珠光体可锻铸铁。

可锻铸铁可用来制造承受冲击较大、强度或耐磨性要求较高的薄壁小型铸件，如汽车和拖拉机的后桥外壳、曲轴、连杆、齿轮、凸轮等。由于可锻铸铁的铸造性较灰铸铁差，生产效率低，工艺复杂并且成本高，故已逐渐被球墨铸铁取代。

（三）球墨铸铁

铁液经球化处理和孕育处理，使石墨全部或大部分呈球状的铸铁称为球墨铸铁。

球状石墨对铸铁基体的割裂作用及应力集中很小，球墨铸铁的基本性能可得到改善，即使得球墨铸铁有较高的抗拉强度和抗疲劳强度，塑性、韧性也比灰铸铁好得多，可与铸钢媲美。此外，球墨铸铁的铸造性能、耐磨性、切削加工性都比钢好。因此球墨铸铁常用于制造载荷较大且受磨损和冲击作用的重要零件，如汽车、拖拉机的曲轴，连杆和机床的蜗杆、蜗轮等。

生产中球墨铸铁常用的热处理方式有退火、正火、调质及等温淬火。

如 QT400-15 表示球墨铸铁，其最低抗拉强度为 400MPa，最低伸长率为 15%。球墨铸铁的牌号、力学性能和用途见表 1-13。

表 1-13 球墨铸铁的牌号、力学性能和用途

牌号	σ_b/MPa	σ_s/MPa	δ/%	HBW	用途
	不 小 于				
QT400-18	400	250	18	130~180	汽车轮毂、驱动桥壳体、差速器壳体、离合器壳体、拨叉、阀体、阀盖
QT400-15	400	250	15	130~180	
QT450-10	450	310	10	160~210	
QT500-7	500	320	7	170~230	内燃机的油泵齿轮、铁路车辆轴瓦、飞轮
QT600-3	600	370	3	190~270	柴油机曲轴、轻型柴油机凸轮轴、连杆、气缸盖、进排气门座、磨床、铣床、车床的主轴、矿车车轮
QT700-2	700	420	2	225~305	
QT800-2	800	480	2	245~335	
QT900-2	900	600	2	280~360	汽车锥齿轮、转向节、传动轴、内燃机曲轴、凸轮轴

（四）蠕墨铸铁

蠕墨铸铁是近代发展起来的一种新型结构材料，蠕墨铸铁的力学性能介于灰铸铁与球墨铸铁之间，其铸造性、切削加工性、吸振性、导热性和耐磨性接近于灰铸铁，抗拉强度和疲劳强度相当于球墨铸铁。常用于制造复杂的大型铸件、高强度耐压件和冲击件，如立柱、泵体、机床床身、阀体、气缸盖等。

蠕墨铸铁的牌号是用"蠕铁"两字中"蠕"的汉语拼音和"铁"的汉语拼音字首"RuT"与一组数字表示，数字表示最低抗拉强度极限 σ_b 的兆帕值。例如 RuT420 表示最低抗拉强度极限为 420MPa 的蠕墨铸铁。

四、有色金属

在工业生产中，通常把钢铁以外的金属及其合金称为有色金属。有色金属具有许多钢铁材料不具备的优良的特殊性能，是现代工业中不可缺少的材料，在国民经济中占有十分重要的地位。

有色金属通常指除钢铁之外的其他金属（又称非铁金属），常用的有色金属有铜及其合金、铝及其合金、钛及其合金等。

（一）铜及其合金

1. 纯铜

纯铜又称紫铜，通常呈紫红色，无同素异构转变，密度为 $8.96g/cm^3$，熔点为 $1083℃$。纯铜具有良好的导电性、导热性及抗大气腐蚀性能，其导电性和导热性仅次于金和银，是常用的导电、导热材料。纯铜还具有强度低、塑性好、便于冷热压力加工的优点。常用于制造导线、散热器、铜管、防磁器材及配制合金等。

工业纯铜的牌号有 T1、T2、T3、无氧铜四种。序号越大，纯度越低。

2. 铜合金

因纯铜的强度较低，不适于制作结构件，所以常加入适量的合金元素制成铜合金。

根据加入合金元素的不同，铜合金可分为黄铜、青铜和白铜。其中黄铜和青铜在生产中应用普遍。

（1）黄铜

黄铜是以锌为主要合金元素的铜合金，因其颜色呈黄色，故称黄铜。依据化学成分的不同，黄铜可分为普通黄铜和特殊黄铜两类。

① 普通黄铜：当铜中加入锌时所组成的合金称为普通黄铜。

黄铜不但有较高的力学性能，而且有良好的导电、导热性能，以及良好的耐腐蚀性能。但当黄铜产品中有残余应力时，黄铜的耐蚀性能将下降，如果处在腐蚀介质中时，则会开裂。因此，冷加工后的黄铜产品要进行去应力退火。

② 特殊黄铜：在普通黄铜中加入铅、铝、硅、锡等元素所组成的合金称为特殊黄铜。加入铅、铝等元素的目的是为改善黄铜的某些性能，如加入铅，能改善切削加工性和耐磨性；加入硅可提高强度和硬度；加入锡可提高强度和在海水中的抗蚀性。

（2）青铜

青铜是指黄铜和白铜以外的所有铜合金。按成分不同，青铜又分为锡青铜和特殊青铜等；按加工方式不同，可分为压力加工青铜和铸造青铜两大类。

① 锡青铜：以锡为主加元素的铜合金。锡青铜分为压力加工锡青铜和铸造青铜。

压力加工锡青铜的含锡量一般小于 10%，塑性较差，流动性小，易形成疏松，铸件致密性差，所以铸造锡青铜只适合用来制造强度和密封性要求不高、但形状较复杂的铸件，如制造阀、泵壳、齿轮、蜗轮等零件。

锡青铜在淡水、海水中的耐蚀性高于纯铜和黄铜，但在氨水和酸中的耐蚀性较差，锡青铜还有良好的耐磨性。因此，锡青铜常用于制造耐磨、耐蚀工件。

② 特殊青铜：特殊青铜有铍青铜、铝青铜等。

铍青铜是以铍为主加元素的铜合金，铍的含量一般为 $1.6\%\sim2.5\%$，常用代号为 QBe2。

因铍在铜中的溶解度变化较大，所以淬火后进行人工时效可获得较高的强度、硬度、抗蚀性和抗疲劳性。另外，其导电性、导热性也特别好。铍青铜主要用于制造仪器仪表中重要的导电弹簧、精密弹性元件、耐磨工件和防爆工具。

铝青铜是以铝为主加元素的铜合金，铝的含量一般为 $5\%\sim11\%$，常用代号有 QAl9-4、ZCuAl10Fe3 等。

铝青铜比黄铜和锡青铜具有更好的耐磨性、耐蚀性和耐热性，且具有更好的力学性能，常用来制造承受重载荷、耐蚀和耐磨零件，如齿轮、轴套、蜗轮等。

(二) 铝及其合金

1. 纯铝

纯铝呈银白色，是一种密度仅为 $2.72g/cm^3$ 的轻金属，是自然界中储量最为丰富的金属元素，产量仅次于钢铁。

铝具有面心立方晶格，无同素异构转变，熔点为 $660.4℃$。其特点是导电性和导热性好、抗蚀性好。纯铝还具有塑性好、强度低的特性，所以能通过各种压力加工，制成板材、箔材、线材、带材及型材。纯铝的主要用途是制作导线，配制铝合金及制作一些器皿垫片等。

根据 GB/T 3190—1996 标准，工业纯铝的牌号有 1070A、1060A、1050A 等。

2. 铝合金

纯铝的强度较低，不宜制作承受重载荷的结构件，当纯铝中加入适量的硅、铜、锰、镁、锌等合金元素，可形成强度较高的铝合金。铝合金密度小，导热性好，比强度高，再进一步经过冷变形和热处理，其强度还可进一步提高，故铝合金应用较为广泛。

根据成分和生产工艺特点不同，铝合金可分为变形铝合金和铸造铝合金两大类。

(1) 变形铝合金

常用变形铝合金的类型有防锈铝合金、硬铝合金、超硬铝合金、锻铝合金等。

防锈铝合金的主加元素是锰和镁，典型牌号有 5A05、3A21。硬铝合金的主加元素为铜和镁，典型牌号有 2A01、2A11。超硬铝合金主加元素为铜、镁、锌等，是目前强度最高的铝合金。超硬铝合金典型牌号有 7A04。锻铝合金的主加元素为铜、镁、硅等，锻铝合金典型牌号有 2A50、2A70。

(2) 铸造铝合金

按加入主元素的不同，铸造铝合金主要有铝硅系、铝铜系、铝镁系及铝锌系四类，其中铝硅系应用最为广泛。

铸造铝合金的代号用"ZL"及后面三位数字表示。第一位数字表示合金类别（1 为铝硅合金；2 为铝铜合金；3 为铝镁合金；4 为铝锌合金）；后两位数表示合金顺序号。

① 铝硅铸造铝合金（俗称硅铝明）：铸造性能较好，但铸造组织粗大，在浇注时应进行变质处理细化晶粒，以提高其力学性能。

② 铝铜铸造铝合金：具有较好的高温性能，但铸造性和抗蚀性较差，而且密度大。主要用于制造要求高强度或在高温条件下工作的零件。

③ 铝镁铸造铝合金：具有较高的强度和良好的耐腐蚀性能，密度小，铸造性能差。主要用于制造在腐蚀性介质中工作的零件。

④ 铝锌铸造铝合金：具有较高的强度，热稳定性和铸造性能也较好，但密度大，耐蚀性差。主要用于制造结构形状复杂的汽车、飞机零件等。

五、非金属材料

工程材料分为金属材料和非金属材料两大类。由于金属材料具有良好的力学性能和工艺性能，所以工程材料一直以金属材料为主。近年来，随着科学技术的发展，许多非金属材料得到了迅速的发展，越来越多的非金属材料被应用在各个领域，取代部分金属材料获得了巨大的经济效益，并已成为科学技术革命的重要标志之一。

常用的非金属材料可分为三大类型：高分子材料（如塑料、胶黏剂、合成橡胶、合成纤维等）、陶瓷（如日用陶瓷、金属陶瓷）、复合材料（如钢筋混凝土、轮胎、玻璃钢）。

高分子材料是以高分子化合物为主要组成的材料。高分子化合物是指相对分子质量大于

5000 的化合物，它是由一种或几种简单的低分子化合物聚合而成的。高分子化合物按其来源不同可分为天然高分子化合物（如蚕丝、天然橡胶等）和合成高分子化合物（如塑料、合成橡胶和合成纤维等）两大类。其中塑料是应用最广的有机高分子材料，也是最主要的工程结构材料之一。所以，这里仅介绍机械中常用的塑料。

1. 塑料的组成

塑料是以有机合成树脂为主要成分，并加入多种添加剂的高分子材料。添加剂的种类有填料、增强材料、增塑剂、润滑剂、稳定剂、着色剂、阻燃剂等。

在塑料中加入填料是为了改善塑料的性能并扩大它的使用范围；加入增塑剂是为了提高树脂的可塑性和柔软性；加入稳定剂是为了防止某些塑料在光、热或其他因素作用下过早老化，以延长制品的使用寿命；加入润滑剂是为了防止塑料在成形过程中产生粘模，便于脱模，并使制品表面光洁美观；着色剂常加入装饰用的塑料制品中。

2. 塑料的性能

（1）物理性能

塑料密度较小，仅为钢铁的 $1/8\sim1/4$；泡沫塑料更轻，密度为 $0.02\sim0.20 \mathrm{g/cm^3}$。绝缘性能较好，是理想的电绝缘材料，常用于要求减轻重量的车辆、飞机、船舶、电器、电机、无线电等方面。

（2）化学性能

塑料一般具有良好的耐酸、碱、油、水及大气等的腐蚀性能。如聚四氟乙烯能承受"王水"的侵蚀。

（3）力学性能

塑料具有良好的耐磨和减摩性能，大部分塑料摩擦系数较低，另外，塑料还具有自润滑性能，所以特别适合制造在干摩擦条件下工作的工件。

塑料的缺点是强度和刚度低；耐热性差，大多数塑料只能在 100℃ 以下使用；易老化等。

3. 常用的工程塑料

根据树脂的热性能，塑料可分为热塑性塑料和热固性塑料两大类。

（1）热塑性塑料

热塑性塑料是受热时软化而冷却后固化，再受热时又软化，具有可塑性和重复性。常用的热塑性塑料有聚烯烃、聚氯乙烯、聚苯乙烯、ABS、聚酰胺、聚甲醛、聚碳酸酯、聚四氟乙烯和聚甲基丙烯酸甲酯等。

（2）热固性塑料

热固性塑料大多数是以缩聚树脂为基础，加入多种添加剂而成。其特点是：初加热时软化，可注塑成形，但冷却固化后再加热时不再软化，不溶于溶液，也不能再熔融或再成形。

常用的有环氧塑料和酚醛塑料等。

环氧塑料（EP）是由环氧树脂加入固化剂后形成的热固性塑料。它强度较高，韧性较好，并具有良好的化学稳定性、绝缘性以及耐热、耐寒性，形成工艺性好。可制作塑料模具、船体、电子工业零件。

酚醛塑料（PF）是由酚类和醛类经缩聚反应而制成的树脂，根据不同性能要求加入各种填料便制成各种酚醛塑料。常用的酚醛树脂是由苯酚和甲醛为原料制成的，简称 PF。

思考与练习

1. 试述非合金钢中锰、硅、硫、磷杂质对钢性能的影响。
2. 试述非合金钢的分类。说明下列钢号的含义及钢材的主要用途：45、60Mn、T12A、ZG200-400。
3. 试比较低碳钢、中碳钢及高碳钢的力学性能。
4. 说明碳在白口铸铁、灰铸铁、可锻铸铁、球墨铸铁中的存在形态，并说明它们的特点和用途。
5. 什么是合金钢？与非合金钢相比，合金钢具有哪些特点？
6. 什么是合金渗碳钢、合金调质钢？试说明它们的热处理、性能和用途。
7. 试说明轴承钢、高速钢的特点。
8. 说明下列牌号所表示的钢材及其主要用途：Q390、09Mn2、20Mn2B、40Cr、60Si2Mn、GCr15SiMn、9SiCr、W18Cr4V、W6Mo5Cr4V2、Cr12MoV。
9. 什么是不锈钢、耐热钢？并简述其用途。
10. 什么是铸铁？它分为哪几类？
11. 说明下列牌号的含义：HT250、KTH330-08、KTZ650-02、QT450-10、RuT420。

小 结

1. 金属材料的力学性能包括强度、塑性、硬度、韧性和疲劳强度五项。

（1）强度是指材料抵抗塑性变形和断裂的能力，用应力来表示。应力符号是 σ，其单位为 Pa，其最常用判据有抗拉强度 σ_b 和屈服强度 σ_s。一般情况下，材料的应力值越大，越不容易使其发生永久变形或断裂。

（2）塑性是指材料断裂前发生不可逆永久变形的能力，用断后伸长率 δ 或断面收缩率 ψ 来表示。一般情况下，材料的 δ 或 ψ 值越大越便于压力加工。

（3）硬度是指材料抵抗局部变形，特别是局部塑性变形、压痕或划痕的能力，常用布氏硬度或洛氏硬度来表示，其值越大，材料越"硬"。

（4）韧性是指金属材料在断裂前吸收变形能量的能力，主要反映了金属抵抗冲击力而不断裂的能力，用冲击吸收功 A_k 或冲击韧度 a_k 来表示，其值大表示抗冲击的能力强。

（5）疲劳强度可以理解为材料在交变应力作用下抵抗塑性变形和断裂的能力，用疲劳极限 σ_r 来表示（在脉动循环交变应力情况下，σ_r 写成 σ_0；在对称循环交变应力情况下，σ_r 写成 σ_{-1}）。

2. 应用较多的金属材料的加工工艺性能包括焊接性能、切削性能、压力加工性能、铸造性能、热处理性能五项。

3. 热处理对钢的性能影响非常大。钢的常用热处理方法有退火、正火、淬火、回火、调质、表面淬火、渗碳、渗氮等。

4. 金属材料在机械工程中应用最多。其中的钢铁材料由于力学性能较高、价格低廉，应用较多。非铁金属材料因有各自的特性，也广泛应用于适宜的场合。金属材料的性能主要取决于其内部的成分和热处理方式。

5. 非金属材料由于不断改进性能，在机械工程和日常生活中的应用越来越多。

综合练习

1-1 测定某钢的力学性能时,已知试棒的直径是 10mm,其标距长度是直径的 5 倍,$F_{eL}=38$kN,$F_m=77$kN,拉断后的标距长度是 65mm,试求此钢的 σ_s、σ_b 及 δ 值各是多少?

1-2 测量金属材料的韧性时,先将冲击试验机的质量为 50kg 的摆锤抬至 35cm 的高度,当摆锤下落时,把试样冲断后又升至 12cm 的高度,若方形截面的断口处长为 8m,试求被测材料的 a_k 值。

1-3 常用的热处理的方法有哪些?试说明退火、正火、淬火、回火、表面淬火的作用。

1-4 什么是淬透性?为什么低碳钢一般不直接淬火?

1-5 试述化学热处理的基本过程。

1-6 简述纯铜的特性和用途。

1-7 什么是黄铜、青铜和白铜?说明下列牌号的含义及材料的用途:H96、HSn62-1、QSn4-3、ZCuZn33Pb2。

1-8 简述纯铝的特性和用途。

1-9 说明下列牌号的铝合金的用途并判别属于哪一类铝合金:3A21、2A12、7A04、2A70、ZL109。

第二章 静 力 学

静力学主要研究两个基本问题，一是力系的简化，二是物体在力系作用下的平衡条件及其应用。

物体的平衡是指物体相对于地面保持静止或匀速直线运动的状态。物体若处于平衡状态，则作用于物体上的力系应满足一定的条件，这些条件称为力系的平衡条件。平衡时作用于物体上的力系称为平衡力系。

第一节 构件的受力分析、画受力图

一、力的概念

人们在日常生活和生产劳动中，通过推、拉、掷、举、提物体时，由于肌肉紧张收缩，感到对物体施加了力的作用。通过进一步观察，物体与物体间也有这种作用。人们经过长期的观察分析和生产实践，逐步建立了力的概念：力是物体间相互的机械作用，这种作用会使物体的运动状态发生改变，或使物体产生变形。力使物体运动状态发生改变的效应，称为力的外效应，力使物体产生变形的效应，称为力的内效应。

实践证明，力对物体的作用效果取决于三个因素：力的大小、力的方向、力的作用点。这三个因素称为力的三要素。当三要素中的任何一个发生改变时，力的作用效果就会改变。

在国际单位制（SI）中，力的单位是牛顿（N）或千牛顿（kN）。

在工程单位制中，力的单位是千克力（kgf）或吨力（tf）。

两者的换算关系为：1kgf=9.8N。本书采用国际单位制。

力学中有两种量：标量和矢量。只考虑大小的量称为标量，例如：长度、时间、质量都是标量；既考虑大小又考虑方向的量称为矢量。

力对物体的作用效应，不仅取决于它的大小，而且还决定于它的方向，所以力是矢量，可以用带箭头的有向线段把力的三要素表示出来，如图 2-1 所示。线段 AB 的长度按一定的比例代表力的大小，线段的方位和箭头的指向表示力的方向，线段的起点或终点表示力的作用点，通过力的作用点沿力方向的直线称为力的作用线。书中用黑体字母表示力矢量 **F**，普通字母表示力的大小 F。书写时则在表示力的字母上加一横线，即 $\overline{F}$ 表示力矢。

力的作用形式有：集中力和分布力。当力的作用范围很小时，可以把力简化为集中作用在物体的某个点上，这种力称为集中力，如图 2-2（a）所示，重力 **P**、拉力 F_T 等可视为集中力；若力的作用范围较大时称为分布力，如高大的塔器受风载作用可看成是受分布力的作用，如图 2-2（b）所示；如果力连续均匀分布就称为均布力或均布载荷，如图 2-2（c）所示。均布力的大小用载荷集度 q 表示，即单位长度上所受的力，均布力的合力 F_Q 由图 2-2（c）中的虚线表示，作

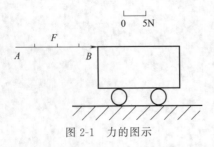

图 2-1 力的图示

用在受力部分的中点上,合力的大小为 $F_Q = ql$。

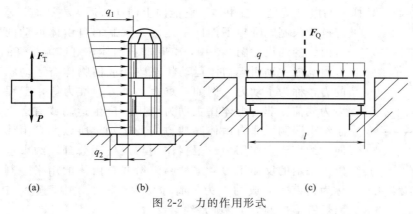

图 2-2 力的作用形式

二、刚体的概念

任何物体在力的作用下,或多或少地都会产生变形。而工程实际中构件的变形通常都是非常微小的,在许多情形下可以忽略不计。例如:高大的塔器在风载的作用下,塔器轴线最大水平位移一般不超过塔高的 $1/1000 \sim 1/500$。因此,对塔器进行受力分析时,变形就成为次要的因素,可以忽略不计。

在研究物体的受力情况时,为了使问题简化,忽略物体的变形,把物体用一理想化的模型——刚体来代替。所谓刚体,指在力的作用下不会发生变形的物体。

三、力系与平衡

静力分析是研究物体在力系作用下的平衡规律的科学。

作用在物体上的一组力称为力系。

如果一个力系对物体的作用效果与另外一个力系对物体的作用效果相同,这两个力系彼此称为等效力系。等效力系可以相互代换。

如果一个力 F 对物体的作用效果与一个力系的作用效果相同,则此力 F 称为该力系的合力;力系中每一个力都称为合力的分力。

由已知力系求合力叫力系的合成;反之,由合力求分力就叫力的分解。

一个力作用在物体上会使物体的运动状态发生改变。当物体在力系作用下,各力对物体的作用效果恰好相互抵消,物体处于静止状态或匀速直线运动状态,我们称物体处于平衡状态。

所以,凡是处于静止或做匀速直线运动的物体,都是平衡物体。

物体在力系作用下处于平衡状态,则称该力系为平衡力系。作用于物体上的力系若使物体处于平衡状态,就必须满足一定的条件,这些条件称为力系的平衡条件。

在确定物体的平衡条件时,要将一些比较复杂的力系用作用效果完全相同的简单力系或一个力来代替,这种方法称为力系的简化。

应用力系的平衡条件,分析平衡物体的受力情况,判明物体上受哪些力的作用,确定未知力的大小、方向和作用点,这种分析称为静力分析。

四、约束与约束反力的概念

不受任何限制能在空间作任意运动的物体称为自由体。如:空中飘浮的气球,飞行的飞机、炮弹等。如果物体受到其他物体的限制,而在某些方向不能自由运动时,这种物体就称为非自由体。如:悬挂着的电灯就是非自由体,它能向上向前、后、左、右运动,由于受到灯链的限制,唯独不能向下运动。限制非自由体运动的物体称为非自由体的约束。图2-3中,灯是非自由体,灯链就是灯的约束。

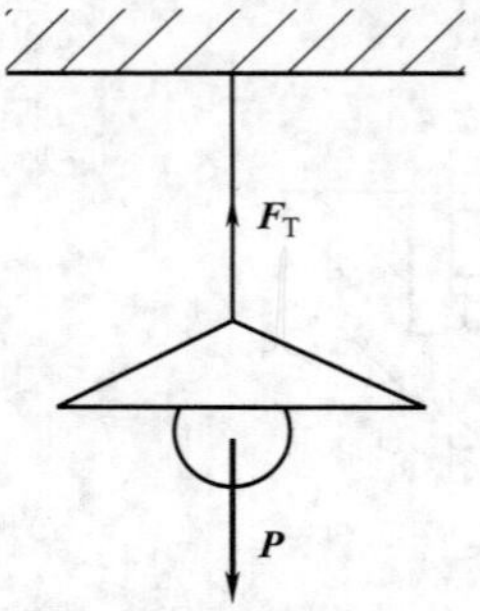

凡能主动引起物体运动状态改变或使物体有运动状态改变趋势的力,称为主动力。例如:重力、风力、推力等,工程上常称主动力为载荷。非自由体在主动力作用下产生运动或有运动趋势时,由于约束限制了非自由体某些方向的运动,所以非自由体必定沿此方向对约束产生作用力。根据作用与反作用公理,约束也必将给非自由体一定的反作用力,这种约束给非自由体的用来限制它运动的力称为约束反力或约束力,简称反力。图2-3中,重力 P 是主动力,而灯链给灯的力 F_T 则是约束反力。

图2-3 柔体约束

物体所受的主动力往往是给定的或可测的,物体所受的约束反力通常是未知的,必须根据约束性质进行分析。由于约束反力是限制物体运动的力,所以它的作用点应在约束与被约束物体的相互接触处,它的方向总是与约束所能限制的运动方向相反,这是确定约束反力方向和作用点的基本原则。

五、柔体约束

由柔软的绳索、皮带、链条等构成的约束称为柔体约束,如图2-3、图2-4所示。由于柔体只能承受拉力,不能承受压力,所以,柔体只能限制非自由体沿柔体中心线伸长方向的运动,而不能限制其他方向的运动。因此,柔体给非自由体的约束反力方向沿柔体中心线背离非自由体。这种约束反力通常用 F_T 表示。

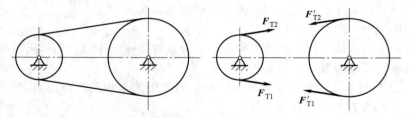

图2-4 柔体约束实例

六、光滑面约束

若两物体接触面间的摩擦力很小,与其他作用力相比可忽略不计时,则认为接触面是"光滑"的。图2-5中,物体可以自由地沿接触面切线方向运动,或沿接触面在接触点的公法线方向背离接触面运动,但不能沿公法线方向压入接触面运动。因此,光滑面约束反力沿接触点的公法线指向非自由体。这种约束反力通常用 F_N 表示。

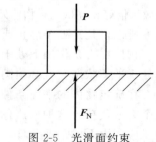

图2-5 光滑面约束

工程上光滑面约束的实例很多。图2-6中,滚筒放置在 A、B 两个滚轮上,则滚轮可视为光滑面约束。若不计钢轨的摩擦,则钢轨对车轮的约束也可视为光滑面约束,如图2-7所示。

七、受力图

如前所述,静力分析研究的中心问题是:物体在力系作用下的平衡条件,以及如何应用平衡条件去解决工程实际问题。为此需要明确两点:第一,确定研究对象,这就需要根据已知条件或题意明确研究哪个物体。研究对象可以是一个物体,也可以是几个物体的组合,甚至是整个物体系统。第二,对研究对象进行受力分析,分析它在哪些力的作用下处于平衡状态,哪些力是已知的,哪些力是未知的。

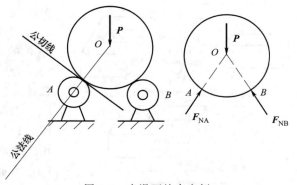

图 2-6 光滑面约束实例

为了清楚表示研究对象的受力情况,我们把研究对象从周围的约束物体中分离出来,这种解除约束后的物体称为分离体。表示分离体及其所受各力(包括主动力和约束反力)的图称为受力图。

【例 2-1】 重量为 P 的圆球用绳拉住而靠在光滑的斜面上,如图 2-8 所示,试分析球的受力情况,并画出球的受力图。

解 ① 取球为研究对象,画分离体图。

② 受力分析。球受到铅垂向下的重力 P,沿绳索方向的约束反力 F_T 及垂直斜面指向圆心的法向反力 F_N。

③ 画球的受力图。重力 P、柔体约束反力 F_T、光滑面约束反力 F_N 三力作用线汇交于圆心,如图 2-9 所示。

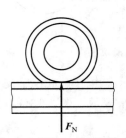

图 2-7 钢轨对车轮的约束

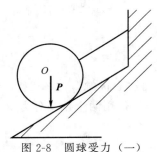

图 2-8 圆球受力(一)

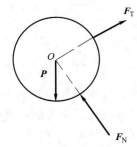

图 2-9 圆球受力(二)

八、光滑铰链约束

光滑铰链约束是一个抽象化的力学模型。其常见结构是:用圆柱形销钉 C 将两个零件 A、B 连在一起如图 2-10(a)、(b) 所示。如果销钉和销钉孔是光滑的,则销钉只能限制两零件的相对移动,但不能限制两零件的相对转动,具有这种特点的约束在力学上称为铰链。

光滑铰链在工程中有多种具体形式,现将主要的几种分述如下。

(1) 中间铰链

其结构如图 2-10(a)、(b) 所示,圆柱形销钉插入两个零件的孔内。由图可见:如果销钉与零件孔间的摩擦力很小,可以略去,销钉与零件实际上是以两个光滑圆柱面相接触,如图 2-11 所示。按照光滑面约束反力的特点,销钉给零件的反力 F 应沿圆柱面在接触点 K 的

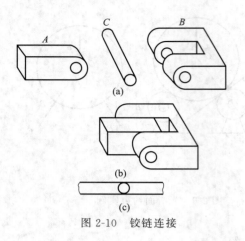

图 2-10 铰链连接

公法线,即通过 K 点的半径方向(通过圆销中心)。但因接触点 K 有时不能预先确定,所以,反力 F 的方向也不能预先确定,通常将圆柱形销钉的反力用两个正交分力 F_x、F_y 表示。这种约束用如图 2-10(c) 所示的简图来表示。

工程上,采用圆柱形销钉连接的实例很多。如图 2-12(a) 所示曲柄滑块机构,连杆与活塞间就采用圆柱形销钉连接,该机构的运动简图如图 2-12(b) 所示。

(2) 固定铰链支座

在生产实践中,常用铰链把桥梁、起重机等结构与支承面或机架连接起来,如图 2-13(a) 所示。这种用销钉把构件与固定机架或固定支承面的连接,称为固定铰链支座。

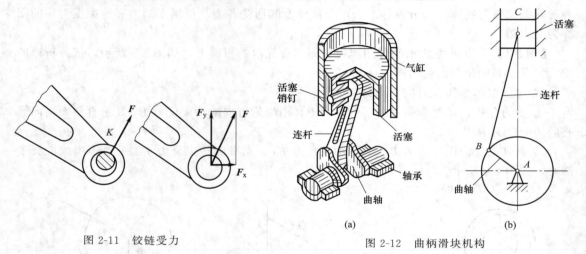

图 2-11 铰链受力

图 2-12 曲柄滑块机构

销钉与构件孔的接触是两个光滑圆柱面接触,如图 2-13(b) 所示。由于固定铰链支座的反力方向往往也不能预先确定,所以,仍用两个正交分力 F_x、F_y 来表示。图 2-13(c) 是固定铰链支座的简图。

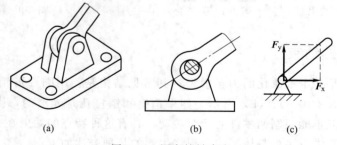

图 2-13 固定铰链支座

(3) 活动铰链支座

工程上,为了适应某些构件变形的需要,往往在铰链支座下面安装上几个辊轴,就构成了活动铰链支座,如图 2-14(a) 所示。这种支座只能限制构件垂直于支承面的运动,由于有了辊轴的作用，不能阻止构件沿支承面切线方向的运动和绕销钉的转动。因此，活动铰链支座的约束反力通过销钉中心垂直于支承面。常用 F 表示。图 2-14（b）为活动铰链支座简图。活动铰链支座常常应用于桥梁或卧式容器的支座上，如图 2-15、图 2-16 所示，支座的一端用固定铰链，另一端用活动铰链。当容器或桥梁因热胀冷缩长度稍有变化时，一端的活动铰链支座可沿支承面滑动，从而避免了温差应力。

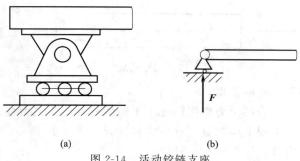

图 2-14 活动铰链支座

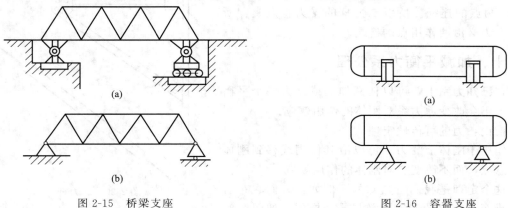

图 2-15 桥梁支座　　　　图 2-16 容器支座

【例 2-2】 如图 2-17 所示水平梁 AB，其上作用有均布载荷 q 和集中力 F。A 端为固定铰链支座，B 端为活动铰链支座，梁重不计，试画梁 AB 的受力图。

解 ① 取梁 AB 为研究对象，画出分离体。

② 先画主动力。作用在梁 AB 上的主动力有集中力 F 和均布载荷 q，均布载荷的合力大小为 $F_Q=qa$，作用在距 A 点的 $a/2$ 处。

③ 画约束反力。A 处为固定铰链约束，约束反力用一对正交分力 F_{Ax}、F_{Ay} 表示，B 处为活动铰链约束，约束反力垂直于支承面并通过铰链中心，用 F_B 表示。如图 2-18 所示。

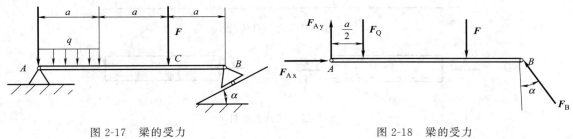

图 2-17 梁的受力　　　　图 2-18 梁的受力

九、二力平衡公理与二力杆

刚体在两个力作用下处于平衡状态的充分必要条件是：这两个力大小相等、方向相反、

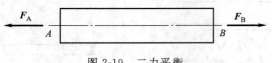

图 2-19 二力平衡

作用在同一直线上（等值、反向、共线），如图 2-19 所示。

该公理揭示了作用于物体上最简单力系的平衡所必须满足的条件。是推证各种力系平衡条件的依据。

只受两个力作用而处于平衡的杆件称为二力杆。

工程上经常见到这一类构件，如图 2-20 所示，三角托架中的撑杆 BC，若不计自重就是二力杆。

根据二力平衡公理，BC 所受二力 F_{CB}、F_{BC} 应等值、反向、共线，即：F_{CB}、F_{BC} 的作用线一定沿 B、C 两点的连线。所以二力杆的受力特点是：所受两个力必沿两作用点的连线。

十、加减平衡力系公理

在已知力系上，可以任意加上或减去一个平衡力系，不会改变原力系对刚体的作用效应。

推论：力的可传性定理

作用于刚体上的力，可以沿其作用线移到刚体内任意点，而不改变它对刚体的作用效应。

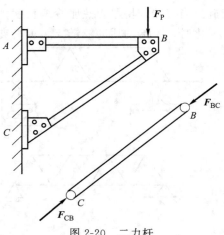

图 2-20 二力杆

这个定理是我们所熟知的。例如：人们在车后 A 点推车与在 B 点拉车，效果是一样的，如图 2-21 所示。力的可传性定理可以通过二力平衡公理、加减平衡力系公理来推证，请读者自己证明。根据力的可传性定理，作用于刚体上的力的三要素是：力的大小、方向和作用线。

应该指出：力的可传性定理只适用于刚体，而不适用于变形体。如图 2-22 所示一直杆，受到一对平衡拉力 F 和 F' 的作用时，将沿轴线伸长，如图 2-22(a) 所示；若将两拉力分别沿作用线移到杆的另一端，则杆将沿轴线缩短，如图 2-22(b) 所示。显然，伸长与缩短是两种完全不同的效应，因此，力的可传性不适用于研究力对物体的内效应。

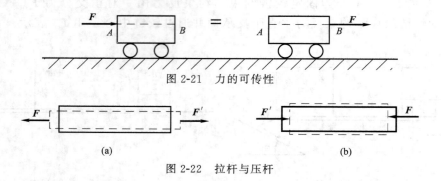

图 2-21 力的可传性

图 2-22 拉杆与压杆

十一、作用与反作用公理

两物体间的作用与反作用力，总是大小相等、方向相反、沿同一直线，分别作用在两个相互作用的物体上。

例如：重量为 P 的圆球，放在光滑的地面上。地面给球的支承力 F_N 和球给地面的压力 F'_N 就构成一对作用力与反作用力，如图 2-23 所示。

作用与反作用公理，概括了自然界中物体间相互作用的关系。它表明所有力都是成对出现的，有作用力必有反作用力。在研究几个物体构成的系统——物系的受力关系时，常常用到这个公理。

必须注意：作用力与反作用力不能与二力平衡公理中的一对平衡力相混淆。一对平衡力是作用在同一物体上的，而作用力与反作用力则是分别作用在两个相互作用的物体上，这与二力平衡公理有本质的区别。

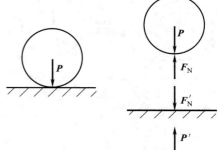

图 2-23 作用力与反作用力

【例 2-3】 如图 2-24 所示，有一支架由 AB 杆和 BC 杆用铰链连接而成。由于杆重比载荷 F_P 小得多，故忽略杆的自重，杆的另一端 A 和 C 分别用铰链固定于墙上。载荷 F_P 作用在销钉上，试分析 AB、BC 杆及销钉的受力图。

解 ① 分析 AB、BC 杆的受力情况，并画出它们的受力图。

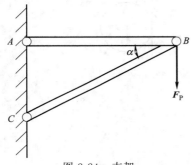

图 2-24 支架

分别取 AB 杆和 BC 杆为研究对象，画出简单的轮廓图。若不计 AB 杆和 BC 杆的自重，则 AB、BC 两杆都只分别受到两端铰链约束反力的作用而处于平衡，显然，AB 杆和 BC 杆皆为二力杆。由经验判断，此处 AB 杆受拉，受到铰链 A 和铰链 B 处的约束反力 F_{AB} 和 F_{BA} 作用，这对力大小相等、方向相反、作用线共线（沿两铰链中心连线），受力图如图 2-25 所示。同理 BC 杆受压，受到铰链 B 和铰链 C 处的约束反力 F_{BC} 和 F_{CB} 作用，这对力必等值、反向、共线（沿两铰链中心连线），受力图如图 2-25 所示。

② 分析销钉 B 受力情况并画出其受力图。

取销钉 B 为研究对象，其受到主动力 F_P、二力杆 AB 给它的约束反力 F'_{BA} 及二力杆 BC 给它的约束反力 F'_{BC} 作用，在三力的作用下处于平衡，符合三力平衡汇交定理。

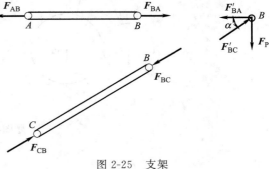

图 2-25 支架

根据作用与反作用公理，$F_{BA} = -F'_{BA}$、$F_{BC} = -F'_{BC}$。销钉 B 受力图如图 2-25 所示。

思考与练习

1. 判断题图 2-1 的受力图是否正确。
2. 画出题图 2-2 中圆球的受力图。
3. 试绘出题图 2-3 中圆球、杆（自重不计）及整体的受力图。
4. 画出题图 2-4 中 AB 杆（自重不计）的受力图。
5. 画出题图 2-5 中 AB 杆（自重不计）的受力图。

题图 2-1

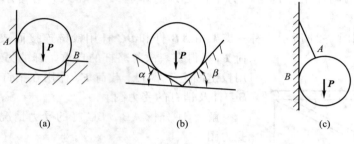

题图 2-2

6. 试画出题图 2-6 中杆 AB、CD 的受力图（CD 自重不计）。

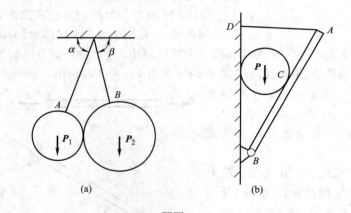

题图 2-3

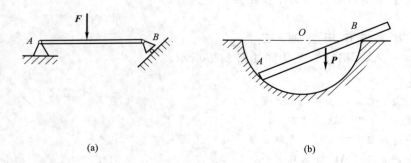

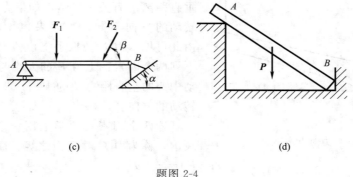

(c)   (d)

题图 2-4

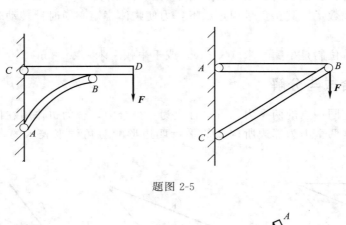

题图 2-5

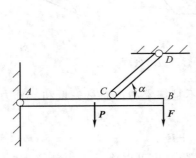 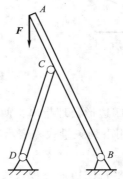

题图 2-6

第二节　平面力偶系

一、力对点之矩

  一般情况下，力对物体的作用可以产生移动和转动两种效应。我们已经知道，力的移动效应取决于力的三要素，为了度量力的转动效应，我们介绍力矩的概念和计算。

  如图 2-26 所示，观察扳手拧螺母的情况。当我们在扳手上施加一力 F（设力在垂直螺母轴线的平面内）拧紧螺母时，扳手与螺母一起绕螺母轴线转动。转动的效应不仅与力 F

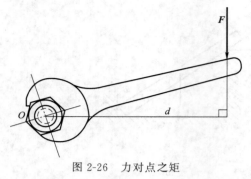

图 2-26 力对点之矩

的大小有关，还与转动中心 O 点到该力作用线的垂直距离 d 有关。显然，如果力 F 使扳手绕 O 点转动的方向不同，其效果也不相同（松或紧）。由此可见，力 F 使扳手绕 O 点转动的效应取决于下列两个因素：①力 F 的大小与该力作用线到转动中心的垂直距离 d 的乘积；②力使扳手绕 O 点转动的方向。

这两个因素在力学上用一个物理量 $\pm Fd$ 来表示，称为力 F 对 O 点之矩，简称力矩，记为：

$$m_O(F) = \pm Fd \tag{2-1}$$

O 点称为力矩中心；O 点到力 F 作用线的垂直距离 d 称为力臂。

力矩是一个代数量。其正负号规定如下：力使物体绕矩心逆时针转动时，力矩为正，反之为负。

力矩的国际单位制是牛顿·米（N·m）或千牛顿·米（kN·m）。

二、力的合成与分解

作用于物体上同一点的两个力，可以合成为一个合力，合力也作用在该点上，合力的大小和方向，是以这两个力为邻边所构成的平行四边形的对角线来表示的，如图 2-27(a) 所示。

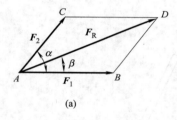
(a)

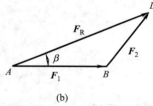
(b)

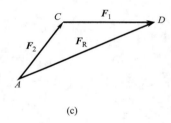
(c)

图 2-27 力的平行四边形公理

力的平行四边形公理指出：两个力的合成不是算术和，而是矢量和。分力 F_1、F_2 合成的合力 F_R 可用下列矢量式来表示：

$$F_R = F_1 + F_2$$

利用力的平行四边形公理（或力三角形法则），也可以将一个力分解为两个分力，分力与合力作用于同一点上。由于同一条对角线可以作出无穷多个不同的平行四边形，如果不附加其他条件，一个力分解为相交的两个分力就有无穷多个解，如图 2-28(a) 所示。工程上，常常把一个力分解为相互垂直的两个分力，这种分解称为正交分解，所得的两个分力称为正交分力，如图 2-28(b) 所示。

$$\left. \begin{array}{l} F_1 = F_R \sin\alpha \\ F_2 = F_R \cos\alpha \end{array} \right\}$$

三、合力矩定理

设在物体 A 点上作用有力 F_1、F_2，其合力 F_R 可由平行四边形公理求得，如图 2-29 所示。任取一点 O 为矩心，OA 为 x 轴，各力与 x 轴夹角分别为 α_1、α_2、α，则各力对 O 点之

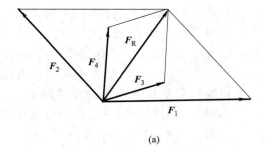
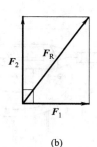

(a)   (b)
图 2-28 力的分解

矩分别有：

$$m_o(F_1) = F_1 d_1 = F_1 OA \sin\alpha_1$$
$$m_o(F_2) = F_2 d_2 = F_2 OA \sin\alpha_2$$
$$m_o(F_R) = F_R d = F_R OA \sin\alpha$$

由图可知，各力在 y 轴上的投影分别为

$$F_{1y} = F_1 \sin\alpha_1$$
$$F_{2y} = F_2 \sin\alpha_2$$
$$F_{Ry} = F_R \sin\alpha$$

根据合力投影定理 $F_{Ry} = F_{1y} + F_{2y}$，有 $F_R \sin\alpha = F_1 \sin\alpha_1 + F_2 \sin\alpha_2$，等式两边同乘 OA，于是有

$$F_R OA \sin\alpha = F_1 OA \sin\alpha_1 + F_2 OA \sin\alpha_2$$

即

$$m_o(F_R) = m_o(F_1) + m_o(F_2)$$

图 2-29 合力矩定理

推广到多个汇交于一点的力系，上述关系仍成立。所以有合力矩定理：合力对某点之矩，等于各分力对该点之矩的代数和。其数学表达式为：

$$m_o(F_R) = m_o(F_1) + m_o(F_2) + \cdots + m_o(F_n) = \sum m_o(F) \tag{2-2}$$

【例 2-4】 直齿圆柱齿轮受到的啮合力 $F_n = 980\text{N}$，如图 2-30 所示，齿轮的压力角 $\alpha = 20°$，节圆直径 $D = 160\text{mm}$，试求啮合力 F_n 对齿轮轴心 O 之矩。

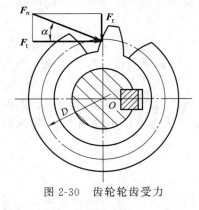

图 2-30 齿轮轮齿受力

解 解法一 如图 2-30 所示，先将啮合力 F_n 分解为圆周力 F_t 和径向力 F_r，则有

$$F_t = F_n \cos\alpha \quad F_r = F_n \sin\alpha$$

根据合力矩定理并将有关数据代入得

$$m_o(F_n) = m_o(F_t) + m_o(F_r)$$
$$= -F_n \cos\alpha \times \frac{D}{2} + 0$$
$$= -73.67 \text{N} \cdot \text{m}$$

解法二 运用力矩计算公式求力矩

$$m_o(F_n) = -F_n \cos\alpha \times \frac{D}{2} = -73.67 \text{N} \cdot \text{m}$$

四、力偶的概念

在日常生活和生产实际中，常常看到物体同时受到大小相等、方向相反、作用线相互平

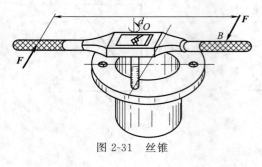

图 2-31 丝锥

行的两个力作用。如图 2-31 所示钳工用丝锥攻螺纹，图 2-32 所示汽车司机双手转动方向盘，以及拧水龙头时人手作用在阀门上的两个力等。

力学上，我们把大小相等、方向相反、作用线相互平行的两个力组成的力系称为力偶，力偶中两力所在的平面称为力偶作用面，力偶中两力之间的垂直距离 d 称为力偶臂，如图 2-33所示。实践证明，力偶只可以使物体产生转动效应。

五、力偶矩

既然力对物体的转动效应用力矩来度量，而力偶又只可以使物体产生转动效应。因此，我们用力偶中两个力对其作用面内任一点之矩的代数和来度量力偶对物体的转动效应。如图 2-33 所示在力偶作用面内任取一点 O 为矩心，该点到力 F' 的距离为 x，则力偶中的两个力 F、F' 对 O 点力矩的代数和为

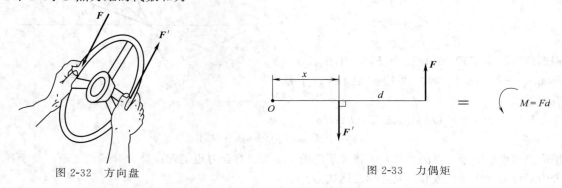

图 2-32　方向盘　　　　　　　　图 2-33　力偶矩

$$m_o(F)+m_o(F')=F(x+d)-F'x=Fx+Fd-F'x=Fd$$

上述结果表明：力偶对作用面内任一点之矩恒等于力偶中一力的大小和力偶臂的乘积，与力偶的转向有关，而与矩心的位置无关。因此，力学上以乘积 $\pm Fd$ 表示力偶对物体转动效应的度量，称为力偶矩，记为 $m(FF')$，或简写为 M，即

$$m(FF')=M=\pm Fd \tag{2-3}$$

式中正负号表示力偶的转向，规定如下：力偶逆时针转动时，力偶矩为正；反之为负。力偶矩的单位同力矩的单位，也是牛顿·米（N·m）。

所以，力偶对物体的转动效应取决于下列三个因素：力偶矩的大小；力偶的转向；力偶作用面的方位。我们把上述三个因素称为力偶三要素。因此力偶也可以用如图 2-33 所示的带箭头的圆弧线表示。

六、平面力偶的性质

力偶是由一对等值、反向、平行不共线的力组成的，这样的一对力不可能合成为一个合力，所以力偶不能用单个力去等效。另外，力偶在任意直角坐标轴上的投影之和恒等于零，所以力偶对物体也没有移动效应。

力偶对物体的转动效应决定于力偶三要素，力偶对作用面内任意点之矩恒等于力偶矩，

而与力偶和矩心的位置无关。

综上所述，力偶具有如下性质：

① 力偶没有合力，也不是平衡力系，只可以使物体产生转动。

② 力偶对物体的转动效应决定于力偶三要素；力偶对作用面内任意点之矩恒等于力偶矩。

③ 力偶的等效性。既然力偶不能与单独的一个力等效，所以只能与力偶等效。同时，力偶对物体的转动效果唯一决定于力偶三要素。因此，我们可以在力偶作用面内任意移动和转动力偶，而不改变它对物体的作用效果；也可以在保证力偶矩大小和转向不变的条件下，同时改变力偶中力的大小和臂的长短，而不改变它对物体的作用效果。所以，凡是三要素相同的力偶，都是等效力偶，等效力偶可以互相代换。图2-34为力偶的几种等效代换表示法。

图 2-34　力偶的等效表示

七、力的平移定理

前面我们已经指出，一个力和一个力偶不能等效，也不能相互平衡，但两者都能使物体产生转动，说明两者对物体的作用效果彼此是有联系的。另外，力可沿其作用线任意移动，不会改变它对物体的作用效应，但是，如果将该力平行其作用线移到任意点时，作用效果是否发生改变？力的平移定理将解答这些问题，并为力系的简化提供依据。

力的平移定理：作用于刚体上的力可以平移到刚体内任意点，但必须同时附加一力偶，附加力偶的力偶矩等于原力对该点之矩。

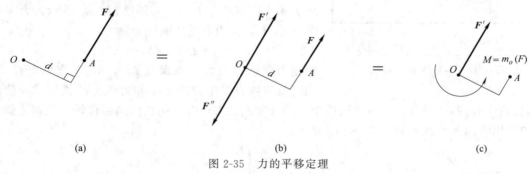

图 2-35　力的平移定理

证明：设有一力 F 作用于刚体的 A 点，如图 2-35(a) 所示。为了将该力平移到任意点 O，在 O 点施加一对平衡力 F' 和 F''，且 $F'=-F''=F$，如图 2-35(b) 所示，在 F、F'、F'' 三力中，F 与 F'' 构成一个力偶，力偶臂为 d，力偶矩恰好等于原力 F 对 O 点之矩。即：

$$m(FF'')=Fd=M=m_o(F)$$

如图 2-35(c) 中的 $M=m_o(F)$ 即为附加力偶的力偶矩。力 F'、M 对刚体的作用效果与力 F 在原位置时对该刚体的作用效果是等效的。

工人攻螺纹或铰孔时，要求用双手握住丝锥铰杠的两端，一推一拉如图 2-36(a)，均匀用力，这一对力大小相等、方向相反、作用线相互平均，形成力偶，使物体产生转动效果。

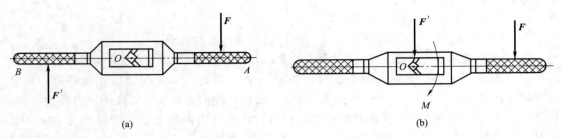

图 2-36 丝锥受力

如果钳工用单手操作铰杠丝锥攻螺纹时，如图 2-36(b)，在铰杠手柄上有作用力 F，则力 F 对铰杠中心 O 点产生力矩 $M_o(F)$，可使铰杠和丝锥垂直于图面的轴线转动。但根据力的平移定理，为 F 对丝锥的作用效应相应于力偶 M 使丝锥转动，力 F' 则会使丝锥杆产生变形甚至折断。如果用双手操作，两手的作用力若保持等值、反向和平行，则两力平移到铰杠中心上的两平移力等值、反向、共线相互抵消，丝锥只产生转动。所以，用铰杠丝锥攻螺纹时，要求用双手操作且均匀用力，而不能单手操作。

八、平面力偶系的概念

如图 2-37 所示，在多轴钻床上加工一水平工件的三个孔。工作时每个钻头作用于工件的切削力构成一个力偶，这些作用在物体上同一平面内的若干个力偶，称为平面力偶系。

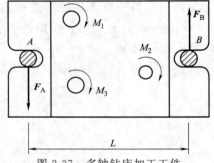

图 2-37 多轴钻床加工工件

九、平面力偶系的合成

设在物体的某一平面内作用有两个力偶 $m(F_1$、$F_1')$ 和 $m'''(F_2$、$F_2')$，如图 2-38(a) 所示，力偶臂为 d_1、d_2，两力偶的力偶矩分别为：

$$M_1 = F_1 d_1, \quad M_2 = -F_2 d_2$$

根据力偶的等效性，在保证 M_1、M_2 不变的条件下，同时改变两力偶中力的大小和力偶臂的长短，并使两力偶具有相同的力偶臂，然后将这两个力偶臂相同的力偶在作用面内适当移转，使两力偶中力的作用线两两重合，如图 2-38(b) 所示。

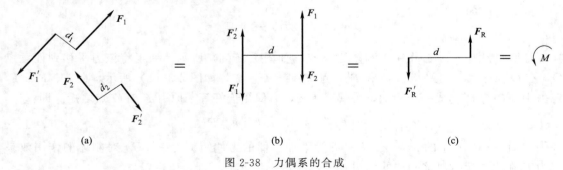

图 2-38 力偶系的合成

经过变换后的力偶中，力 F_1、F_2 的大小由下式计算

$$F_1 = \frac{M_1}{d} \quad F_2 = -\frac{M_2}{d}$$

将 F_1、F_2 和 F_1'、F_2' 分别合成（设 $F_1 > F_2$），得合力 F_R、F_R'，其大小为 $F_R = F_1 - F_2$、$F_R' = F_1' - F_2'$，显然 F_R、F_R' 等值、反向、平行但不共线，组成一个新的力偶 $m(F_R, F_R')$，这就是原来两个力偶的合力偶，如图 2-38(c) 所示，合力偶矩为：

$$M = F_R d = (F_1 - F_2)d = \left[\frac{M_1}{d} - \left(-\frac{M_2}{d}\right)\right]d = M_1 + M_2$$

推广到任意多个力偶构成的平面力偶系，则有

$$M = M_1 + M_2 + \cdots + M_n = \sum M \tag{2-4}$$

上式表明：平面力偶系合成的结果是一个合力偶，合力偶矩等于各分力偶矩的代数和。

十、平面力偶系的平衡方程

同前所述，平面力偶系合成的结果是一个合力偶，合力偶矩等于各分力偶矩的代数和。即：$M = \sum m$。当平面力偶系的合力偶矩等于零时，该力偶系中各分力偶对物体的作用效果相互抵消，物体处于平衡状态。所以，平面力偶系平衡的充分与必要条件是：力偶系中各分力偶矩的代数和等于零。即

$$\sum M = 0 \tag{2-5}$$

【例 2-5】 如图 2-37 所示，在多轴钻床上加工一水平工件的三个孔。工作时每个钻头作用于工件的切削力构成一个力偶，各力偶矩的大小分别为 $M_1 = M_2 = 10 \text{N} \cdot \text{m}$，$M_3 = 20 \text{N} \cdot \text{m}$，转向如图 2-37 所示。工件在 A、B 两处用两个螺栓卡在工作台上，两螺栓间的距离为 $L = 200 \text{mm}$。试求两个螺栓对工件的水平约束反力 F_A 和 F_B 的大小。

解 ① 选择工件为研究对象，分析受力情况。

工件在水平面内受三个钻头对它的三个主动力偶的作用和两个螺栓的水平反力的作用。根据力偶系的合成定理，三个主动力偶合成后仍为一力偶 M，其力偶矩大小为：

$$M = \sum M_i = M_1 + M_2 + M_3 = (-10) + (-10) + (-20) = -40 \text{ (N} \cdot \text{m)}$$

负号表示合力偶矩为顺时针方向。

② 求两个螺栓对工件的水平约束反力 F_A 和 F_B。

由力偶性质可知，力偶只能与力偶平衡，因此工件受三个主动力偶的作用和两个螺栓的水平反力的作用而平衡，则两个螺栓的水平反力 F_A 与 F_B 必然组成一力偶与主动合力偶 M 平衡。故两个螺栓的水平反力 F_A 与 F_B 必大小平等、方向相反、作用线互相平行。设它们的方向如图 2-37 所示，根据平面力偶系的平衡条件 $\sum M_i = 0$ 得：

$$F_A L + M = 0$$

可解得

$$F_A = (-M)/L = -(-40)/0.2 = 200 \text{ (N)（图设方向正确）}$$

$$F_B = F_A = 200 \text{N（方向与 } F_A \text{ 相反）}$$

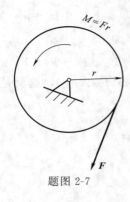

题图 2-7

思考与练习

1. 怎样选择一个点，使力对该点之矩等于零？
2. 什么是力偶？力偶是否是平衡力系？
3. 力偶中的两个力在坐标轴上投影的代数和是多少？
4. 平面力偶系合成的结果是什么？
5. 力偶中的二力是等值反向的，作用力与反作用力也是等值反向的，而二力平衡条件中的两个力也是等值反向的，试问三者有何区别？
6. 既然力偶只能用力偶去平衡，那么怎样解释如题图 2-7 所示轮子的平衡呢？
7. 计算题图 2-8 中各力 F 对 O 点之矩。

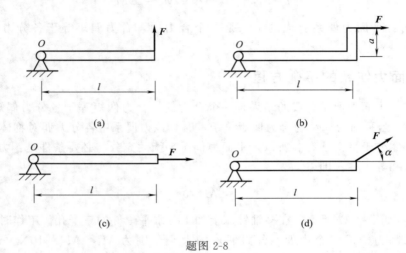

题图 2-8

第三节 平面力系平衡方程及应用

一、平面汇交力系

作用在物体上的一组力称为力系。

力系分平面力系和空间力系。各力作用线位于同一平面的力系称为平面力系。在平面力系中，如果各力的作用线汇交于一点，该力系称为平面汇交力系；如果各力作用线相互平行，称为平面平行力系；若各力作用线既不汇交也不完全平行，而是任意分布，则称为平面任意力系。

（一）力在平面直角坐标轴上的投影与分解

设力 F 作用在物体 A 点，如图 2-39(a) 所示。在力 F 作用线所在的平面内，取一直角坐标 oxy，从力 F 的始点 A 和终点 B 分别向 x 轴引垂线，得到垂足 a、b，线段 ab 称为力 F 在 x 轴上的投影，用 F_x 表示。同理，从 A、B 两点分别向 y 轴引垂线，得到垂足 a'、b'，线段 $a'b'$ 称为力 F 在 y 轴上的投影，用 F_y 表示。

力在坐标轴上的投影是个代数量，其正负号规定如下：由 a 到 b 的方向与 x 轴的正向一致时，力的投影为正，反之取负值。图 2-39(a) 中，F_x、F_y 均为正值。

若已知力 F 的大小及力 F 与 x 轴的夹角 α（α 取锐角），力 F 在 x、y 轴上的投影 F_x、F_y 可按下式计算：

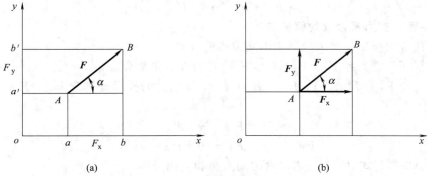

图 2-39 力的投影与分解

$$\left.\begin{array}{l}F_x = \pm F\cos\alpha \\ F_y = \pm F\sin\alpha\end{array}\right\} \tag{2-6}$$

若已知力 F 在 x、y 轴上的投影 F_x、F_y，则力 F 的大小和方向分别表示为：

$$F = \sqrt{F_x^2 + F_y^2} \tag{2-7}$$

$$\tan\alpha = \left|\frac{F_y}{F_x}\right| \tag{2-8}$$

如果把力 F 沿 x、y 轴分解，得到两个正交分力 F_x、F_y，如图 2-39(b) 所示，由图可知：投影 F_x、F_y 的绝对值分别等于分力 F_x、F_y 的大小，投影 F_x、F_y 的正负号反映了分力 F_x、F_y 的方向，若力沿坐标轴的分力方向与坐标轴的正向一致，则力在该轴上的投影为正，反之为负。

这样，知道了力在某一坐标轴上的投影，就可完全确定该力沿同一轴的分力的大小和方向。利用这种直角坐标轴下的力的投影与分力间的关系，我们可以把力的较复杂的矢量运算转化为投影的较简单的代数运算。

（二）合力投影定理

设有一平面汇交力系 F_1、F_2 作用在刚体 A 点，如图 2-40 所示。其合力 F_R 可应用平行四边形公理求得，写成矢量式为 $F_R = F_1 + F_2$。在力作用线所在的平面内取一直角坐标系 oxy，从各力的起点和终点分别作 x 轴的垂线，得分力 F_1、F_2 及合力 F_R 在 x 轴上的投影 F_{1x}、F_{2x} 和 F_{Rx}；同理可得各力在 y 轴上的投影为 F_{1y}、F_{2y} 和 F_{Ry}，由图可见：$F_{1x} = ab$，$F_{2x} = ac = bd$，$F_{Rx} = ad$。而

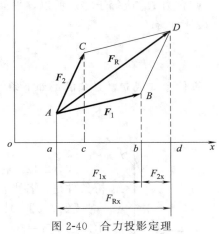

图 2-40 合力投影定理

$$ad = ab + bd$$

即：
$$F_{Rx} = F_{1x} + F_{2x}$$

同理有：
$$F_{Ry} = F_{1y} + F_{2y}$$

将上述关系式推广到有多个力 F_1、F_2、…、F_n 构成的平面汇交力系，得出合力投影定

理：合力在某轴上的投影，等于各分力在同一轴上投影的代数和。其数学表达式为：

$$\left.\begin{array}{l}F_{Rx}=F_{1x}+F_{2x}+\cdots+F_{nx}=\sum F_x\\F_{Ry}=F_{1y}+F_{2y}+\cdots+F_{ny}=\sum F_y\end{array}\right\} \quad (2-9)$$

（三）平面汇交力系合成的解析法

现在利用合力投影定理来求平面汇交力系的合力。

设有一平面汇交力系 F_1、F_2、$\cdots$、F_n，各力在直角坐标轴 x、y 上的投影分别为 F_{1x}、F_{2x}、$\cdots$、F_{nx} 及 F_{1y}、F_{2y}、$\cdots$、F_{ny}，合力在 x、y 轴上的投影分别为 F_{Rx}、F_{Ry}，根据合力投影定理有：

$$F_{Rx}=F_{1x}+F_{2x}+\cdots+F_{nx}=\sum F_x$$
$$F_{Ry}=F_{1y}+F_{2y}+\cdots+F_{ny}=\sum F_y$$

然后应用式（2-7）、式（2-8），求出合力的大小和方向。即：

$$F_R=\sqrt{(\sum F_x)^2+(\sum F_y)^2} \quad (2-10)$$

$$\tan\theta=\left|\frac{\sum F_y}{\sum F_x}\right| \quad (2-11)$$

式中，θ 为合力 F_R 与 x 轴所夹锐角。

所以，平面汇交力系可以合成为一个合力，合力也作用在汇交点上。利用式（2-9）~式（2-11）求合力 F_R 的大小和方向，这种方法称为平面汇交力系合成的解析法。

（四）平面汇交力系的平衡方程

已经知道，平面汇交力系合成的结果是一个合力，合力等于力系中各力的矢量和，即：$\boldsymbol{F}_R=\sum \boldsymbol{F}$。显然，如果合力 $\boldsymbol{F}_R$ 等于零，物体便处于平衡状态，反之，如果物体处于平衡状态，则合力 $\boldsymbol{F}_R$ 应等于零。所以，平面汇交力系平衡的充分与必要条件是：合力等于零。由式（2-10）有

$$F_R=\sqrt{(\sum F_x)^2+(\sum F_y)^2}=0$$

欲使上式成立，必须满足如下条件：

$$\left.\begin{array}{l}\sum F_x=0\\\sum F_y=0\end{array}\right\} \quad (2-12)$$

式（2-12）称为平面汇交力系的平衡方程。平面汇交力系平衡的解析条件是：各力在直角坐标轴上投影的代数和都等于零。

【例 2-6】 球重 $P=10N$，用绳悬挂于光滑的墙壁上，如图 2-41 所示。已知 $\alpha=30°$。试求绳所受的拉力及墙所受的压力。

解 ① 取球为研究对象，画出球的受力图。

球除了受重力 P 作用外，还受到绳的柔体约束反力 $\boldsymbol{F}_T$ 和墙的光滑面约束反力 $\boldsymbol{F}_N$ 的作用。因为球处于平衡状态，所以 P、$\boldsymbol{F}_T$、$\boldsymbol{F}_N$ 三力汇交于 O 点，受力如图 2-42 所示。

② 建立坐标系 oxy，列出平衡方程

$$\sum F_x=0 \quad F_T\sin\alpha-F_N=0$$
$$\sum F_y=0 \quad F_T\cos\alpha-P=0$$

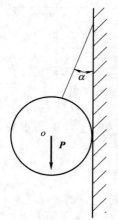

图 2-41 圆球受力

③ 解方程求未知量

$$F_T=11.55N \quad F_N=5.77N$$

绳受的拉力和墙受的压力分别与 F_T 和 F_N 互为作用力与反作用力，分别等于 11.55N 和 5.77N。

二、平面任意力系

（一）平面任意力系的简化

应用力的平移定理可以将平面任意力系向一点简化。

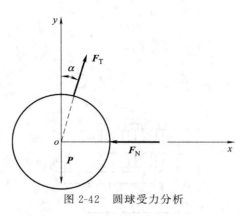

图 2-42 圆球受力分析

设有一平面任意力系 F_1、F_2、…、F_n 作用在刚体上，如图 2-43（a）所示。在力系所在的平面内任选一点 o，称为简化中心。根据力的平移定理，将各力分别向 o 点平移，于是得到汇交于 o 点的力系 F'_1、F'_2、…、F'_n 和力偶矩分别为 M_1、M_2、…、M_n 的附加力偶系，如图 2-43（b）所示。

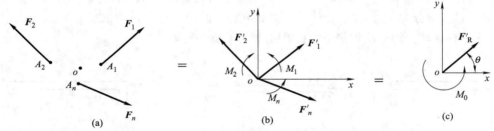

图 2-43 平面任意力系的简化

平面汇交力系中各力的大小和方向分别与原力系中对应的各力相同，即：

$$F'_1=F_1 \quad F'_2=F_2 \cdots F'_n=F_n$$

各附加力偶的力偶矩分别等于原力系中各力对简化中心 o 点之矩，即：

$$M_1=m_o(F_1) \quad M_2=m_o(F_2) \cdots M_n=m_o(F_n)$$

如前所述，平面汇交力系可以进一步合成为一个合力 F'_R，其作用线也通过 o 点，这个合力矢 F'_R 称为原平面任意力系的主矢，它等于原力系中各力的矢量和。有：

$$F'_R=F'_1+F'_2+\cdots+F'_n=F_1+F_2+\cdots+F_n=\sum F$$

利用式（2-9）～式（2-11）可以进一步求出主矢 F'_R 的大小和方向：

$$\left.\begin{array}{r} F'_R=\sqrt{(\sum F_x)^2+(\sum F_y)^2} \\ \tan\theta=\left|\dfrac{\sum F_y}{\sum F_x}\right| \end{array}\right\} \quad (2-13)$$

式中，θ 为主矢 F'_R 与 x 轴所夹的锐角。

（二）固定端约束

现在利用力系向一点简化的方法，分析固定端约束反力。在工程实际中，常常遇到物体或构件受到固定端的约束。例如：图 2-44 所示固定在刀架中的车刀；图 2-45 所示埋入地下的电线杆等。这些构件的一端既不能向任何方向移动，也不能向任何方向转动，而另一端自由，这种约束称为固定端约束，力学模型用图 2-46（a）所示的悬臂梁表示。

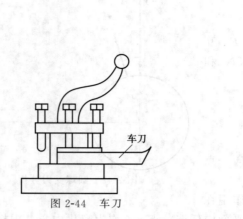
图 2-44 车刀

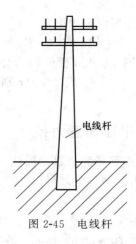
图 2-45 电线杆

在主动力 F 作用下,构件插入端部分受到墙的约束,插入端与墙接触的每一点都受到约束反力的作用,其大小、方向不同,杂乱分布,构成一平面任意力系,如图 2-46(b) 所示。将该力系向 A 点简化,得到一个约束反力 F_R 和力偶矩为 M_A 的约束反力偶,约束反力 F_R 可用一对正交分力 F_{Rx}、F_{Ry} 表示,如图 2-46(c) 所示。显然,约束反力 F_{Rx}、F_{Ry} 限制构件的上下左右移动,约束反力偶 M_A 限制构件绕 A 点的转动。

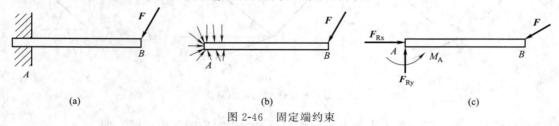
图 2-46 固定端约束

(三) 平面任意力系的平衡方程

如前所述,平面任意力系向作用面内任一点简化后,若主矢 $F'_R = 0$,说明力系对物体无任何方向的移动效应;主矩 $M_o = 0$,说明力系使物体绕任一点的转动效应为零,物体保持平衡,故该力系为平衡力系。反之,如果物体保持平衡,作用于物体上的力系必然是平衡力系,其力系简化结果一定满足 $F'_R = 0$,$M_o = 0$。所以,平面任意力系平衡的充分必要条件是:力系的主矢及对任一点的主矩都等于零。即

$$F'_R = \sqrt{(\sum F_x)^2 + (\sum F_y)^2} = 0$$
$$M_o = \sum m_o(F) = 0$$

由此得平面任意力系的平衡方程为

$$\left.\begin{aligned} \sum F_x &= 0 \\ \sum F_y &= 0 \\ \sum m_o(F) &= 0 \end{aligned}\right\} \quad (2\text{-}14)$$

平面任意力系平衡的解析条件为:力系中各力在两个任选的直角坐标轴上的投影的代数和分别等于零,以及各力对任一点之矩的代数和也等于零。

式 (2-14) 中,前两个称为投影方程,后一个称为力矩方程。平面任意力系的平衡方程,除上述的基本形式外,还可表示为:

二力矩式 (一个投影方程和两个力矩方程)

$$\left.\begin{array}{l}\sum m_A(F)=0\\ \sum m_B(F)=0\\ \sum F_x=0\end{array}\right\} \quad (2\text{-}15)$$

A、B 连线不能垂直 x 轴。

三力矩式

$$\left.\begin{array}{l}\sum m_A(F)=0\\ \sum m_B(F)=0\\ \sum m_C(F)=0\end{array}\right\} \quad (2\text{-}16)$$

A、B、C 三点不能共线。

【例 2-7】 某工厂自行设计的简易起重吊车如图 2-47 所示。横梁采用 22a 号工字钢，长为 3m，重量 $P=0.99$kN，作用于横梁的中点 C，$\alpha=20°$。电机与起吊工件共重 $F_P=10$kN，试求吊车运行到图示位置时，拉杆 DE（自重不计）所受的力及销钉 A 处的约束反力。

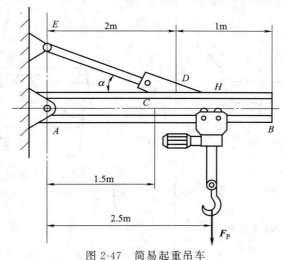

图 2-47　简易起重吊车

解 ① 取横梁 AB 研究，画出受力图。

由于拉杆 DE 分别在 D、E 两点用销钉连接，所以 DE 为二力杆，受力沿杆的轴线，销钉处 A 的约束反力用一对正交分力 F_{Ax}、F_{Ay} 表示，如图 2-48 所示。

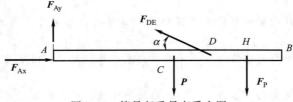

图 2-48　简易起重吊车受力图

② 列平衡方程，求未知量。

$$\sum m_A(F)=0 \quad F_{DE}\times AD\sin\alpha - P\times AC - F_P\times AH = 0$$
$$\sum F_x=0 \quad F_{Ax} - F_{DE}\cos\alpha = 0$$
$$\sum F_y=0 \quad F_{Ay} + F_{DE}\sin\alpha - P - F_P = 0$$

解方程组并将有关数据代入得：$F_{DE}=38.72$kN

$$F_{Ax} = 36.38 \text{kN}$$
$$F_{Ay} = -2.25 \text{kN}$$

负号说明 F_{Ay} 的实际指向与图示假设方向相反。

思考与练习

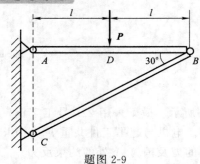

题图 2-9

1. 一结构如题图 2-9 所示，A、B、C 三处均为铰链约束。AB 长为 $2l$，D 为 AB 中点，并作用有集中力 P，各杆重量不计。试求 A 处约束反力及 BC 杆受力。

2. 一悬臂梁如题图 2-10 所示。已知：$F = 2\sqrt{2}$ kN，$l = 2$m。试求固定端 A 处的约束反力。

3. 直角钢杆 $ABCD$ 尺寸及载荷如题图 2-11 所示，杆自重不计。试求支座 A、B 处的约束反力。

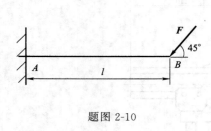

题图 2-10

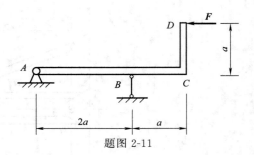

题图 2-11

小　结

1. 构件的受力分析、画受力图

(1) 静力学基础知识

二力平衡公理：它阐明了作用在一个物体上的最简单力系的平衡条件。

加减平衡力系公理：它阐明了任意力系等效代换的条件。

力的平行四边形法则：它阐明了作用在一个物体上的两个力的合成规则。

作用与反作用公理：它阐明了力是两个物体之间的相互作用，确定了力在物体之间的传递关系。

(2) 约束和约束反力

约束力总是作用在被约束体与约束的接触处，其方向也总是与该约束所能限制的运动或运动趋势的方向相反。

约束和约束反力的类型有柔性约束、光滑面约束、铰链约束、固定端约束。

(3) 画受力图

画物体受力图时应注意如下事项：作图时对象要明确，分离要彻底；画出全部外力，而不画内力；在分析两物体之间的相互作用力时，要注意应满足作用与反作用公理；若机构中有二力构件，应先分析二力构件的受力，然后再分析其他作用力。

2. 平面力偶系

(1) 力对点之矩的概念

(2) 力偶和力偶矩的概念

(3) 合力矩定理

平面汇交力系的合力对平面内任意一点之矩，等于其所有分力对同一点的力矩的代数和。

利用这一定理可以求出合力作用线的位置以及用分力矩来计算合力矩等。

(4) 平面力偶系的合成与平衡

平面力偶系的合力偶矩等于各分力偶矩的代数和。

平面力偶系合成的结果为一个合力偶,因而要使力偶系平衡就必须使合力偶矩等于零。

3. 平面任意力系

(1) 平面汇交力系

根据力在坐标轴上的投影和合力投影定理可以求出平面汇交力系合力的大小和方向。

平面汇交力系平衡的充分与必要条件是:合力等于零。

平面汇交力系平衡的解析条件是:各力在直角坐标轴上投影的代数和都等于零。

$$\left.\begin{array}{l}\sum F_x=0\\ \sum F_y=0\end{array}\right\}$$

(2) 力的平移定理

力的平移定理是任意力系向一点简化的依据,也是分析力对物体作用效应的一个重要方法。

(3) 平面任意力系的平衡条件与平衡方程

平面任意力系平衡的充要条件是:平面任意力系向作用面内任一点简化得到的主矢和主矩都为零。

平面任意力系平衡的解析条件为:力系中各力在两个任选的直角坐标轴上的投影的代数和分别等于零,以及各力对任一点之矩的代数和也等于零。

平面任意力系的平衡方程为

$$\left.\begin{array}{l}\sum F_x=0\\ \sum F_y=0\\ \sum m_o(F)=0\end{array}\right\}$$

综 合 练 习

2-1 压缩机中的曲柄滑块机构如题图 2-12 所示,试画出图示位置时滑块的受力图。

2-2 化工设备中的塔器竖起过程如题图 2-13 所示。下端放置在基础上,在 C 处系以钢丝绳,并用绞盘拉住。上端 B 处系以钢绳通过定滑轮 D 连接到卷扬机 E 上。设塔重为 **P**,试画出塔器的受力图。

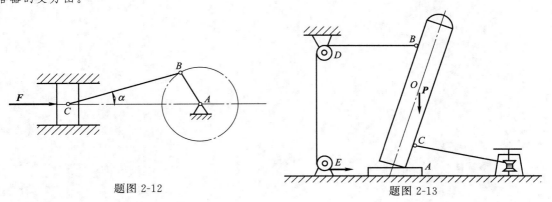

题图 2-12   题图 2-13

2-3 圆桶形容器重量为 **P**,置于托轮 A、B 上,如题图 2-14 所示。试求托轮对容器的约束反力。

2-4 化工厂中起吊反应器时为了不致破坏栏杆,施加一水平力 F 使反应器与栏杆相离开,如题图 2-15 所示。已知此时牵引绳与铅垂线的夹角为 30°，反应器重量 $P=30\text{kN}$，试求水平力 F 的大小和绳子的拉力。

2-5 起重机用绕过滑轮 A 的钢丝绳吊起重为 $P=20\text{kN}$ 的重物，如题图 2-16 所示，试求杆 AB、AC 所受的力（杆重不计）。

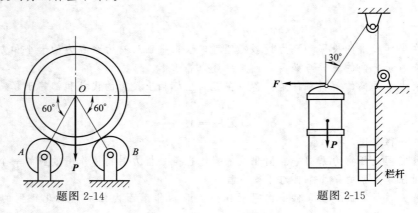

题图 2-14   题图 2-15

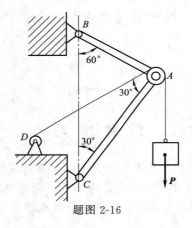

题图 2-16

第三章 材料力学

材料力学是研究结构构件和机械零件承载能力的基础学科。其基本任务是：将工程结构和机械中的简单构件简化为一维杆件，计算杆中的应力、变形，以保证结构能承受预定的载荷；选择适当的材料、截面形状和尺寸，以便设计出既安全又经济的结构构件和机械零件。

为了确保设计安全，通常要求多用材料和用高质量材料，而为了使设计符合经济的原则，又要求少用材料和用廉价材料，这就产生了矛盾。材料力学的目的之一就是合理地解决这一矛盾，为完成既安全又经济的设计提供理论依据和计算方法。

第一节 拉伸与压缩

在工程实际中，有很多构件在工作时会发生拉伸或压缩变形。如图 3-1(a) 所示的装载车自卸装置，车头下面的活塞杆在工作时的受力简图如图 3-1(b) 所示，活塞杆是承受压缩的。

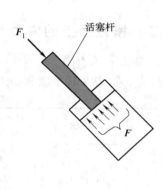

(a) (b)

图 3-1 装载车自卸装置及活塞杆受力简图

一、拉伸和压缩的概念

在工程实际中，有很多受到轴向拉伸和压缩的构件。如图 3-2(a) 的螺栓连接结构，当对其中的螺栓进行受力分析时，便得图 3-2(b)，可见螺栓承受沿轴线方向作用的拉力（此时外力用合力代替分布力），沿杆轴线产生伸长变形。

又如图 3-3(a) 表示设备安装在支架上，图 3-3(b) 为支架任一立柱的受力分析，可见立柱承受轴线方向的压力作用，沿轴线方向产生缩短变形。此外，如起吊重物的钢索、桁架的杆件及压缩机中的活塞杆等均属此列。这些杆件虽然形状不同，加载和连接方式各异，但都可以简化成如图 3-4 所示的计算简图。其共同特点为：作用于直杆两端的两个外力等值、反向,且作用线与杆的轴线重合,杆件产生沿轴线方向的伸长(或缩短)。这种变形形式称为轴向拉伸(或轴向压缩),这类杆件称为拉杆(或压杆)。

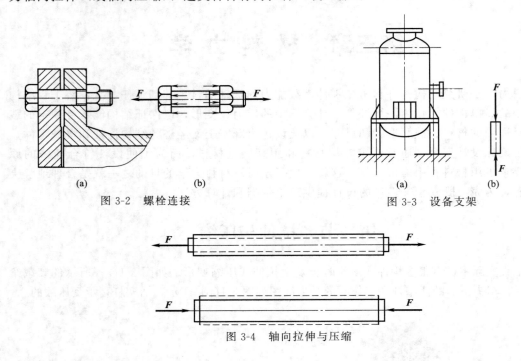

图 3-2 螺栓连接　　　　　图 3-3 设备支架

图 3-4 轴向拉伸与压缩

二、横截面上的内力和应力

1. 轴力和轴力图

内力、轴力及其求法和轴力图见表 3-1。

表 3-1　内力、轴力及其求法和轴力图

内力	定义	杆件受到外力作用而变形时,其内部颗粒之间,因相对位置改变而产生的相互作用力,称为内力	
	内力特点	(1)内力是因外力而引起的,内力随外力产生和消失 (2)内力随外力增大而增大,但是是有限度的,不可能无限增大。例如,拉伸弹簧时,其内部产生的阻止弹簧伸长的抵抗力就是内力。拉伸必须在弹簧的弹性限度之内,即拉伸弹簧的外力是有限度的,因此内力就有限度了 (3)内力随外力减小而减小	
轴力	定义	因轴向拉、压杆的外力的作用线一定与杆的轴线重合,所以内力的作用线也一定与杆的轴线重合,我们把这个内力称为轴力。因此,轴力也就是杆件横截面上的内力	
	轴力正、负的判断	拉力为正,压力为负	
截面法求内力	定义	取杆件的一部分作为研究对象,利用静力平衡方程求内力的方法称为截面法,截面法是材料力学中求内力的基本方法	
	步骤	(1)切:假想沿某横截面将杆切开 (2)留:留下左半段或右半段作为研究对象 (3)代:将抛掉部分对留下部分的作用用内力代替 (4)平:对留下部分写平衡方程求出内力,即轴力的值	
轴力图	概述	轴力沿杆轴线方向变化的图形称为轴力图。轴力图表示轴力随截面位置的变化规律	
	特点	横轴表示截面位置,纵轴表示轴力大小拉力为正,画在横轴以上;压力为负,画在横轴以下	

下面结合一实例来进一步解释截面法求内力的方法和轴力图的画法。

【例 3-1】 图 3-5(a) 所示为一活塞杆。作用于活塞上的力分别简化为 $F_1=3\text{kN}$，$F_2=1.4\text{kN}$，$F_3=1.6\text{kN}$，见图 3-5(b)。试作活塞杆的轴力图。

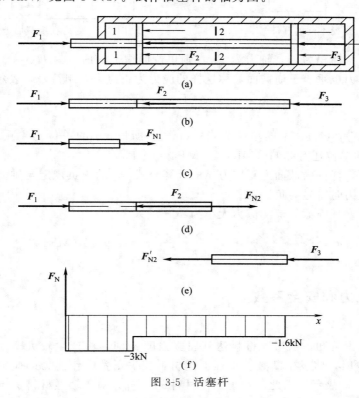

图 3-5 活塞杆

解 ① 内力分析：先沿截面 1—1 将杆件截成两段，取左段为研究对象，如图 3-5(c) 所示。截面 1—1 的轴力为 F_N，由左段的平衡方程

$$\sum F_x = 0 \qquad F_{N1} + F_1 = 0$$

得
$$F_{N1} = -F_1 = -3\text{kN}$$

同样应用截面法沿截面 2—2 截开，如图 3-5(d) 所示，求得轴力 F_{N2}：

$$\sum F_x = 0 \qquad F_{N2} + F_1 - F_2 = 0$$

得
$$F_{N2} = F_2 - F_1 = -1.6\text{kN}$$

N2 也可取右侧为研究对象，如图 3-5(e)：

$$F'_{N2} = -F_3 = -1.6\text{kN}$$

② 画轴力图，见图 3-5(f)。

通过此例题可以归纳出轴力的计算方法：某一截面上轴力的大小等于截面一侧所有外力的代数和，外力背离截面取正，外力指向截面取负。

2. 横截面上的正应力

如图 3-6 所示，杆件的两部分直径不同，拉伸外力 F 增大到一定程度时，哪一段先断裂呢？由经验可知，应该是直径小的一段断裂，原因是两段轴的强度不同。构件强度的大小用应力来表示，应力是指构件在外力作用下，单位面积上的内力。应力描述了内力在截面上的分布情况和密集程度，用来衡量构件受力强弱程度。杆件受拉（压）时的内力在横截面上是均匀分布的，如图 3-7 所示。

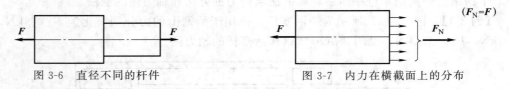

图 3-6 直径不同的杆件 　　　　图 3-7 内力在横截面上的分布

假设杆件的横截面积为 A，轴力为 F_N，则单位面积上的内力为 F_N/A。由于内力垂直于横截面，因而应力也垂直于横截面，称这样的应力为正应力，用符号 σ 表示。于是有

$$\sigma = \frac{F_N}{A} \tag{3-1}$$

F_N 的单位为牛顿（N），A 的单位为米^2（m^2），所以，σ 的单位为牛顿/米^2（N/m^2），称为帕（Pa），σ 的单位还有兆帕（MPa），$1\text{MPa}=10^6\text{Pa}$。

这就是拉（压）杆件横截面上正应力 σ 的计算公式。σ 的正负规定与轴力相同，拉应力时符号为正；压应力时符号为负。

任务描述中活塞杆横截面上的应力大小为：

$$\sigma = \frac{F_N}{A} = \frac{235 \times 10^3}{\frac{\pi d^2}{4}} = \frac{4 \times 235 \times 10^3}{\pi \times 50^2} = 119.75 \text{（MPa）}$$

三、许用应力和安全系数

1. 极限应力 σ^0

由金属材料知识可知，当塑性材料达到屈服强度 σ_s 时，将产生较大塑性变形；脆性材料达到抗拉强度 σ_b 时，将发生断裂。工程上把材料丧失正常工作能力的应力，称为极限应力或危险应力，以 σ^0 表示。因此，对于脆性材料 $\sigma^0 = \sigma_b$；对于塑性材料 $\sigma^0 = \sigma_s$。

2. 工作应力 σ

构件工作时，由载荷引起的应力称为工作应力。构件拉伸或压缩变形时，其横截面上的工作应力为：

$$\sigma = \frac{F_N}{A}$$

显然，要使构件能安全地工作，其最大工作应力不能超过自身的极限应力 σ^0。

3. 安全系数和许用应力

我们把极限应力除以大于 1 的系数 n，作为材料的许用应力，用符号 $[\sigma]$ 表示，n 称为安全系数。即：

$$[\sigma] = \frac{\sigma^0}{n} \tag{3-2}$$

实际生产中，应满足工作应力

$$\sigma \leqslant [\sigma] = \frac{\sigma^0}{n} \tag{3-3}$$

四、拉（压）杆的强度条件

最大工作应力不超过许用应力，即

$$\sigma_{\max} = \frac{F_N}{A} \leqslant [\sigma] \tag{3-4}$$

这就是拉（压）时的强度条件。

根据强度条件可解决以下三类问题。

（1）强度校核

此时杆件的截面面积 A，杆件的许用应力 $[\sigma]$ 以及载荷均为已知，计算出危险截面上的工作应力 σ，比较是否满足 $\sigma \leqslant [\sigma]$。

（2）设计截面

就是根据已知的载荷和许用应力，确定截面的面积，即 $A \geqslant F_N / [\sigma]$，然后根据其他工程要求确定截面形状，最后确定截面的具体几何尺寸。

（3）确定承载能力

若杆件的截面面积 A 与材料的许用应力 $[\sigma]$ 是已知的，则可算出杆件所能承受的最大轴力，即 $F_N \leqslant [\sigma] A$，根据 F_N 可计算出许可载荷。

【例 3-2】 如图 3-1 所示，假如装载车的额定载重量是 12t，活塞杆选用钢件，直径为 50mm，$F_1 = 235$kN，活塞杆的许用应力为 120MPa。那么活塞杆的强度是否满足使用要求？若 $F_1 = 200$kN，活塞杆直径至少应为多大？

解 1. 校核强度

① 求活塞杆的内力

$$F_N = F_1 = 235\text{kN}$$

② 求活塞杆的应力

$$\sigma = \frac{F_N}{A} = \frac{235 \times 10^3}{\frac{\pi \times 50^2}{4}} = 119.75 \text{（MPa）}$$

③ 强度校核

$$\sigma = 119.75\text{MPa} < 120\text{MPa}$$

所以活塞杆强度足够。

2. 设计截面直径

若图 3-1 中的 $F_1 = 200$kN，活塞杆的许用应力 $[\sigma] = 120$MPa，应用公式：

$$A \geqslant \frac{F_N}{[\sigma]}$$

设活塞的直径为 d，则有 $A = \frac{\pi d^2}{4}$，即

$$d \geqslant \sqrt{\frac{4F_N}{\pi [\sigma]}} = \sqrt{\frac{4 \times 200 \times 10^3}{\pi \times 120}} = 46 \text{（mm）}$$

所以活塞杆的直径至少应为 46mm。

五、应力集中的概念

常见的油孔、沟槽等均有构件尺寸突变，突变处将产生应力集中现象，如图 3-8 所示。构件尺寸变化越急剧、角越尖、孔越小，应力集中的程度越严重。应力集中对塑性材料的影响不大，而对脆性材料的影响严重，应特别注意。式（3-5）中的 σ_m 为平均应力，K_t 称为理论应力集中因数，表示应力集中的程度。

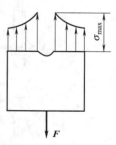

图 3-8 应力集中

$$K_t = \frac{\sigma_{\max}}{\sigma_m} \tag{3-5}$$

思考与练习

1. 作用于杆上的载荷如题图 3-1 所示。用截面法求各杆指定截面的轴力，并作出各杆的轴力图。

2. 气动夹具如题图 3-2 所示。已知气缸内径 $D=140\text{mm}$，缸内气压 $p=0.6\text{MPa}$，活塞杆材料为 45 钢，$[\sigma]=80\text{MPa}$，活塞杆直径 $d=14\text{mm}$，试校核活塞杆的强度。

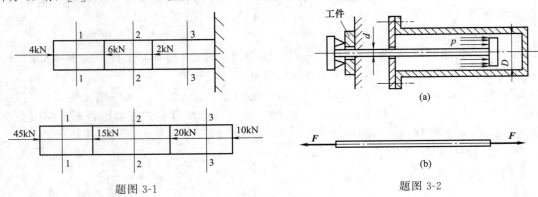

题图 3-1 题图 3-2

3. 题图 3-3(a) 所示某冷锻机的曲柄滑块机构。锻压工作时，当连杆接近水平位置时锻压力 F 最大，$F=3780\text{kN}$。连杆的横截面为矩形，高宽之比 $h/b=1.4$，材料的许用应力 $[\sigma]=90\text{MPa}$。试设计连杆的尺寸 h 和 b。

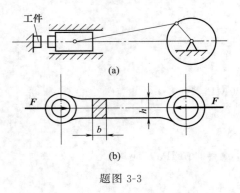

题图 3-3

4. 简易旋臂式吊车如题图 3-4(a) 所示，$\alpha=30°$，斜杆 BC 由两根 5 号等边角钢组成，每根角钢的横截面面积 $A_1=4.80\times10^2\text{mm}^2$；水平横杆 AB 由两根 10 号槽钢组成，每根槽钢的横截面面积 $A_2=1.274\times10^3\text{mm}^2$。材料都是 Q235，许用应力为 $[\sigma]=120\text{MPa}$。电葫芦能沿水平横杆移动，当电葫芦在图示位置时，求此旋臂吊车允许起吊的最大重量（两杆的自重不计）。

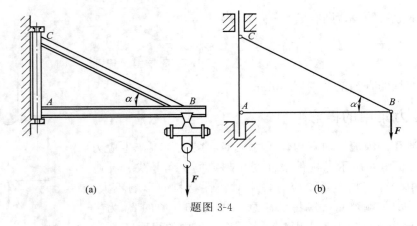

题图 3-4

第二节 剪切和挤压

一、剪切和挤压的概念

剪切变形，是工程实际中常见的一种基本变形。用剪床剪钢板时，钢板在上下刀刃两个力的作用下，在 $m-m$ 截面的左右两侧沿截面 $m-m$ 发生相对错动，直到最后被剪断，如图3-9所示。杆变形时，这种截面间发生相对错动的变形，称为剪切变形。剪切变形的受力特点是外力大小相等，方向相反，作用线相距很近；变形特点是截面沿外力的方向发生相对错动。产生相对错动的截面，称为剪切面。

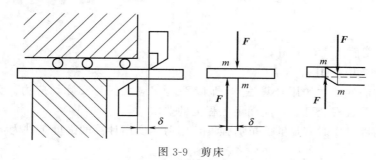

图 3-9 剪床

从剪切的受力和变形特点可知，剪切面总是与作用力平行，而位于相邻两反向外力作用线之间。机械中常用的连接件销钉、键和铆钉等，都是承受剪切的零件。

一般情况下，连接件在发生剪切变形的同时，它与被连接件传力的接触面上将受到较大的压力作用，从而出现局部变形，这种现象称为挤压。如图 3-10 所示的铆钉连接，上钢板孔左侧与铆钉上部左侧，下钢板孔右侧与铆钉下部右侧相互挤压。如果挤压力过大，就会使构件在接触的局部区域产生塑性变形或起皱压陷现象，而造成挤压破坏。

构件上发生挤压变形的表面称为挤压面。挤压面就是两构件的接触面，一般垂直于外力方向。

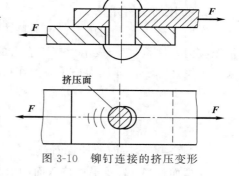

图 3-10 铆钉连接的挤压变形

二、剪切和挤压的实用计算

1. 剪切的实用计算

下面以图 3-11 螺栓连接为例，说明剪切的实用计算方法。

假想沿剪切面 $m-m$ 将螺栓分为两段，如图3-11所示，任取一段为研究对象。由平衡条件可知，两个截面上必有与截面相切的内力，由于内力作用线切于截面，故称为剪力，用符号 F_Q 表示。剪力 F_Q 的大小由平衡条件得

$$F_Q = F$$

构件受剪切时，剪切面上的应力称为切应力，用符号 τ 表示。由于剪力 F_Q 切于截面，τ 也切于截面。切应力在剪切面上的分布复杂，为了计算简便，工程中通常采用以试验、经验为基础的实用计算，即近似地认为切应力在剪切面上均匀分布，其计算公式为：

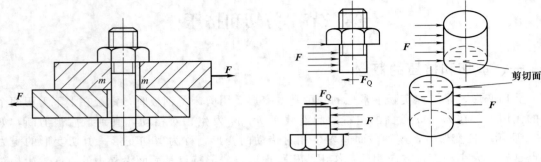

图 3-11 螺栓连接

$$\tau = \frac{F_Q}{A} \tag{3-6}$$

式中　A——剪切面面积，mm^2；

　　　τ——切应力，MPa。

这种简化方法称为"实用计算法"，即以平均切应力代替实际切应力。此法切合实际，不但计算简便，并且安全可靠，能满足工程上的要求。

为了保证构件工作时有足够的抗剪强度，则剪切实用计算的强度条件为：

$$\tau = \frac{F_Q}{A} \leqslant [\tau] \tag{3-7}$$

式中，$[\tau]$为材料的许用切应力，其大小由试验测得。

试验表明，金属材料的许用切应力$[\tau]$与许用拉应力$[\sigma]$之间有如下关系：

对塑性材料　$[\tau] = (0.6 \sim 0.8)[\sigma]$

对脆性材料　$[\tau] = (0.8 \sim 1.0)[\sigma]$

与轴向拉伸或压缩一样，应用抗剪强度条件也可解决工程上剪切变形的三类强度计算问题。

2. 挤压的实用计算

作用于挤压面上的压力，称为挤压力，用符号F_{jy}表示。单位挤压面积上的挤压力称为挤压应力，用符号σ_{jy}表示。挤压应力的分布情况也比较复杂，所以和剪切一样，工程中也采用实用计算法，即认为挤压应力在挤压面上是均匀分布的，于是有：

$$\sigma_{jy} = \frac{F_{jy}}{A_{jy}} \tag{3-8}$$

式中　F_{jy}——挤压力；

　　　A_{jy}——挤压面的计算面积。

计算面积A_{jy}需要根据挤压面的形状来确定。如图 3-12(a) 所示的键连接中，挤压面为平面，则该接触平面的面积就是挤压面的计算面积；对于销钉、铆钉等圆柱形连接件，其挤压面为圆柱面，挤压应力的分布如图 3-12(b) 所示，则挤压面的计算面积为半圆柱面的正投影面积，即$A_{jy} = dt$，如图 3-12(c) 所示。这时按式(3-8)计算所得的挤压应力，近似于最大挤压应力σ_{jymax}。

为了保证连接件具有足够的挤压强度，则挤压实用计算的强度条件为：

$$\sigma_{jy} = \frac{F_{jy}}{A_{jy}} \leqslant [\sigma_{jy}] \tag{3-9}$$

式中，$[\sigma_{jy}]$ 为材料的许用挤压应力。

$[\sigma_{jy}]$ 的数值可由试验获得。常用材料的 $[\sigma_{jy}]$ 仍可从有关手册中查得。对于金属材料，许用挤压应力和许用拉应力之间有如下关系：

对塑性材料　$[\sigma_{jy}]=(1.7\sim2.0)[\sigma]$

对脆性材料　$[\sigma_{jy}]=(0.9\sim1.5)[\sigma]$

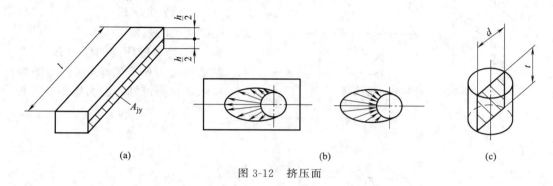

图 3-12　挤压面

应该注意，如果互相挤压构件的材料不同，则应对许用挤压应力 $[\sigma_{jy}]$ 值较小的材料进行挤压强度核算。

对于连接件，一般都是首先进行抗剪强度计算，然后再进行挤压强度校核。

【例 3-3】 电机车挂钩用销钉连接，如图 3-13 所示。已知挂钩厚度 $t=8\text{mm}$，销钉材料的 $[\tau]=60\text{MPa}$，$[\sigma_{jy}]=200\text{MPa}$，电机车的牵引力 $F=15\text{kN}$。试选定销钉的直径（挂钩与插销的材料相同）。

解　① 销钉的受力情况如图 3-14 所示，根据剪切强度条件设计销钉直径

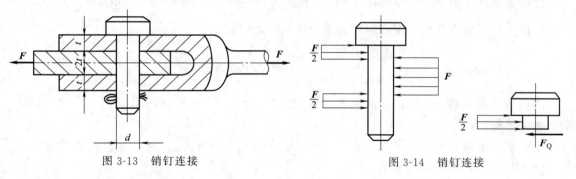

图 3-13　销钉连接　　　　　　　　图 3-14　销钉连接

$$\tau = \frac{F/2}{\frac{\pi d^2}{4}} = \frac{4\times 7500}{\pi d^2} \leqslant 60$$

$$d \geqslant \sqrt{\frac{4\times 7500}{60\pi}} = 13 \text{ (mm)}$$

② 根据挤压强度条件校核销钉的挤压强度

$$\sigma_{jy} = \frac{F/2}{dt} = \frac{7500}{13\times 8} = 72 \text{ (MPa)} < [\sigma_{jy}]$$

所以，取销钉直径 $d=13\text{mm}$，可同时满足剪切和挤压的强度要求。

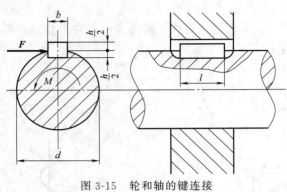

图 3-15 轮和轴的键连接

【例 3-4】 如图 3-15 所示为齿轮与轴用平键连接。已知轴的直径 $d=35\text{mm}$，键的尺寸为 $b\times h\times l=10\times 8\times 60$，传递的力矩 $M=420\text{N}\cdot\text{m}$，键和轴的材料为 45 钢，其 $[\tau]=60\text{MPa}$，$[\sigma_{jy}]=100\text{MPa}$。带轮材料为铸铁，其 $[\sigma_{jy}]_1=53\text{MPa}$。试校核键连接的强度。

解 ① 计算键所受的外力 F

取轴和键为研究对象，其受力图如图 3-15 所示，根据对轴心的力矩平衡方程

$$\sum M_O(F)=0 \quad F\frac{d}{2}-M=0$$

可得

$$F=\frac{2M}{d}=\frac{2\times 420\times 10^3}{35}=24000(\text{N})=24\text{kN}$$

② 校核键的抗剪强度

键的剪切面积 $A=bl=10\times 60=600$（mm^2），剪力 $F_Q=F=24\text{kN}$，所以

$$\tau=\frac{F_Q}{A}=\frac{24000}{600}=40\,(\text{MPa})<[\tau]$$

故剪切强度足够。

③ 校核键的挤压强度

键所受的挤压力 $F_{jy}=F=24\text{kN}$，挤压面积 $A_{jy}=\frac{h}{2}l=\frac{8}{2}\times 60=240$（$\text{mm}^2$），由于带轮材料的许用挤压应力较低，因此对轮毂进行挤压强度校核。

$$\sigma_{jy}=\frac{F_{jy}}{A_{jy}}=\frac{24000}{240}=100\,(\text{MPa})>[\sigma_{jy}]_1$$

故挤压强度不够，该键连接的强度不够。

思考与练习

1. 一螺栓连接件如题图 3-5 所示。已知 $F=180\text{kN}$，$t=20\text{mm}$，螺栓材料的许用剪应力 $[\tau]=80\text{MPa}$，试求螺栓的直径。

2. 两块厚度为 10mm 的钢板，用两个直径为 17mm 的铆钉搭接在一起，钢板受拉力 $F=40\text{kN}$，设两个铆钉受力相同，如题图 3-6 所示。已知：$[\tau]=80\text{MPa}$，$[\sigma_{jy}]=280\text{MPa}$，试校核铆钉的强度。

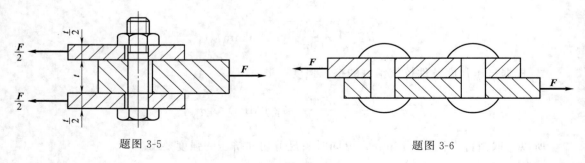

题图 3-5　　　　　　　　　　　题图 3-6

3. 题图 3-7 所示为冲压机冲孔的情况，已知钢板厚度 $t=5\text{mm}$，冲头直径 $d=18\text{mm}$，钢板剪断时的剪切强度极限 $\tau_\text{b}=300\text{MPa}$，求冲床所需的冲力 F。

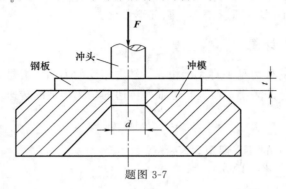

题图 3-7

4. 键连接如题图 3-8 所示，轴的直径 $d=80\text{mm}$，键的尺寸 $b=24\text{mm}$，$h=14\text{mm}$，键的许应力 $[\tau]=40\text{MPa}$，$[\sigma_\text{jy}]=90\text{MPa}$，若轴通过键所传递的力矩为 $T=2.8\text{kN}\cdot\text{m}$，求键的长 l。

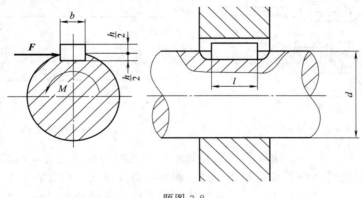

题图 3-8

第三节 圆轴扭转

工程实际中的轴类零件在工作时往往发生扭转变形，承受力偶矩的作用，如图 3-16 所示。受扭转变形杆件通常为轴类零件，其横截面大多数是圆形的，所以我们只介绍圆轴扭转。

一、扭转的概念

扭转是杆的一种基本变形。如图 3-17 所示钳工攻螺纹时加在手柄两端上大小相等，方向相反的力，在垂直于丝锥轴线的平面内构成一个力偶矩为 M 的力偶，使丝锥转动。下面丝扣的阻力则形成转向相反的力偶，阻碍丝锥的转动，丝锥在这一对力偶的作用下将产生变形。它的受力特点是构件的两端都受

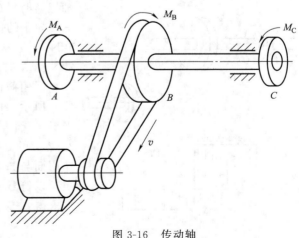

图 3-16 传动轴

到一对数值相等、转向相反、作用面垂直于杆轴线的力偶作用。它的变形特点是：各杆截面绕轴线产生相对转动，这种变形称为扭转变形，如图 3-18 所示。以扭转变形为主的构件称为轴，工程上轴的横截面多用圆形截面或圆环形截面。

二、外力偶矩的计算

扭转时作用在轴上的外力是一对大小相等、转向相反的力偶。但是，在工程实际中，常常是并不直接给出外力偶矩的大小，而是知道轴所传递的功率和轴的转速，它们之间的关系是：

$$M = 9549 \frac{P}{n} \tag{3-10}$$

式中　M——作用在轴上的外力偶矩，N·m；
　　　P——轴传递的功率，kW；
　　　n——轴的转速，r/min。

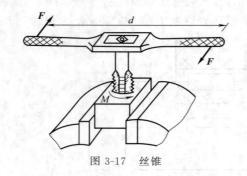

图 3-17　丝锥

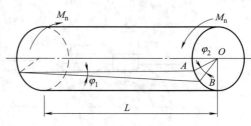

图 3-18　扭转变形

从式（3-10）可以看出，轴所承受的力偶矩与传递的功率成正比，与轴的转速成反比。因此，在传递同样的功率时，低速轴所受的力偶矩比高速轴大。所以在一个传动系统中，低速轴的直径要比高速轴的直径粗一些。

三、圆轴扭转时横截面上的内力和扭矩图

1. 扭转时横截面的内力

若已知轴上作用的外力偶矩，可用截面法研究圆轴扭转时横截面上的内力。如图 3-19(a)，表示装有三个轮子的传动轴，作用于主动轮上的外力偶矩 $M_B = 6$ kN·m，从动轮上的外力偶矩 $M_A = 4$ kN·m，$M_C = 2$ kN·m，求 2—2 截面的内力。

运用截面法，取左段轴为研究对象，如图 3-19(b) 所示。由于整个轴是平衡的，所以左段轴也必然平衡。又因为力偶只能用力偶来平衡，显然，截面 2—2 上的分布内力合成的结果应是一力偶，且力偶作用面与 2—2 截面重合，此内力偶的力偶矩称为扭矩，以符号 T 表示。扭矩的大小可以用静力平衡条件求得：

$$\sum M_x(F) = 0$$
$$T - M_A + M_B = 0$$

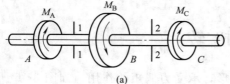

图 3-19　扭转的内力分析

$$T = M_A - M_B = -2\text{kN}\cdot\text{m}$$

若取右段轴研究,如图 3-19(c) 所示,同样可得:
$$\sum M_x(F) = 0$$
$$T' + M_C = 0$$
$$T' = -M_C = -2\text{kN}\cdot\text{m}$$

T 与 T' 同为 2—2 截面的扭矩,它们互相为作用与反作用关系,大小相等,转向相反。扭矩的正负符号按右手螺旋法则规定:用右手四指弯向表示扭矩的转向,大拇指的指向离开截面时,扭矩规定为正,反之为负,如图 3-20 所示。

据以上分析可知:某一截面上的扭矩,等于该截面一侧所有外力偶矩的代数和。外力偶矩的正负号规定与扭矩的正负号规定相反。按此规定,外力偶矩为正,则产生的扭矩也为正;外力偶矩为负,产生的扭矩也为负。

例如,求图 3-19(a) 中 1—1 截面的扭矩,则:
$$T_1 = M_A = 4\text{kN}\cdot\text{m}$$
或
$$T'_1 = M_B - M_C = 4\text{kN}\cdot\text{m}$$

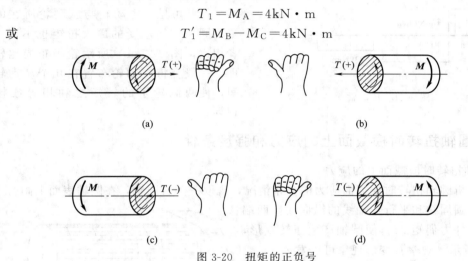

图 3-20 扭矩的正负号

2. 扭矩图

为了形象地表示各截面扭矩的大小和正负,以便分析危险截面,常把扭矩随截面位置变化的规律绘成图,称为扭矩图。其画法与轴力图画法类似。取平行于轴线的横坐标 X 表示各截面位置,垂直于轴线的纵坐标 T 表示相应截面上的扭矩值,正值画在横坐标轴上方,负值画在下方。图 3-19(a) 所示传动轴的扭矩图如图 3-19(d) 所示。

【例 3-5】 传动轴如图 3-21(a) 所示,主动轮 A 输入功率 $P_A = 20\text{kW}$,从动轮 B、C、D 输出功率分别为 $P_B = 10\text{kW}$,$P_C = P_D = 5\text{kW}$,轴的转速 $n = 200\text{r/min}$。试绘制该轴的扭矩图。

解 ① 计算外力偶矩:
$$M_A = 9549 \frac{P_A}{n} = 9549 \times \frac{20}{200} = 955 \text{ (N}\cdot\text{m)}$$

$$M_B = 9549 \frac{P_B}{n} = 9549 \times \frac{10}{200} = 477 \text{ (N}\cdot\text{m)}$$

$$M_C = M_D = 9549 \frac{P_C}{n} = 9549 \times \frac{5}{200} = 239 \text{ (N}\cdot\text{m)}$$

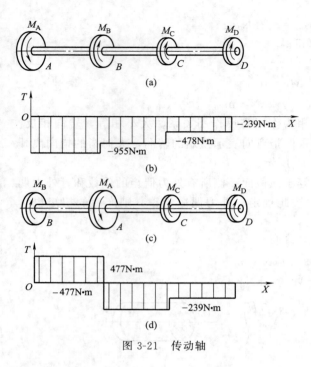

② 计算各段截面扭矩值：
$T_{AB} = -M_A = -955\text{N}\cdot\text{m}$
$T_{BC} = -M_A + M_B = -478\text{N}\cdot\text{m}$
$T_{CD} = -M_D = -239\text{N}\cdot\text{m}$

③ 画扭矩图如图 3-21(b) 所示。由图可知，最大扭矩（绝对值）发生在 AB 段，其值为：

$|T|_{max} = 955\text{N}\cdot\text{m}$

讨论 若将轮 A 放在中间如图 3-21(c) 所示，再作出扭矩图见图 3-21(d)，则最大扭矩发生在 BA、AC 两段：

$|T|_{max} = 477.5\text{N}\cdot\text{m}$

由此可见，主动轮与从动轮所在的位置不同，轴所承受的最大扭矩也不同，两者相比，图 3-21(c) 所示轮子布局比较合理。一般应将主动轮布置在几个从动轮中间，使两侧轮子的转矩之和相等或接近相等。

图 3-21 传动轴

四、圆轴扭转时横截面上的应力和强度条件

1. 圆轴扭转时横截面上的应力

为了分析圆轴扭转时横截面应力的分布情况，现取一等直圆轴，在圆轴表面上画若干垂直于轴线的圆周线和平行于轴线的纵向线。两端分别作用一外力偶矩 M，使圆轴产生扭转变形，如图 3-22 所示。观察其变形现象可以发现：

① 圆周线的形状、大小以及两圆周线间的距离均保持不变，仅绕轴线旋转了不同的角度；纵向线近似地为直线，只是倾斜了一角度 γ，原来的小矩形变成了平行四边形。

② 上述变形现象表明，圆轴扭转时，轴的横截面仍保持平面，其形状和大小不变，半径仍为直线。其各横截面像刚性平面一样，绕轴线发生不同角度的转动。这就是圆轴扭转的平面假设。

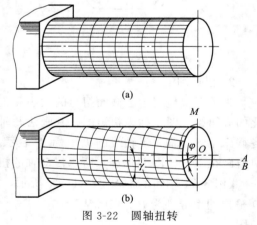

图 3-22 圆轴扭转

③ 由上述可知，由于横截面间的距离不变，线应变 $\varepsilon = 0$，所以横截面上没有正应力。横截面间产生绕轴线的相对转动，使小矩形沿圆周方向的两侧发生相对错动，出现了剪切变形，故横截面上必有切应力存在；又因圆截面半径长度不变，切应力方向必与半径垂直。

④ 在横截面绕轴线转动的过程中，因为截面边缘上各点位移量最大，且相等；越接近圆心，位移量越小，而圆心处位移为零，即横截面上各点的切应变与该点至截面形心的距离成正比。据剪切虎克定律知，圆轴扭转时，横截面上各点的扭转切应力的大小与各点到圆心

的距离成正比,垂直于半径方向呈线性分布。圆心处切应力为零,轴表面处切应力最大,与圆心等距的点切应力均相等,扭转切应力在横截面上的分布规律如图 3-23(a) 所示。空心圆轴横截面上的应力分布规律如图 3-23(b) 所示。

可以推导出圆轴扭转时横截面上任一点切应力的计算公式:

$$\tau_\rho = \frac{T\rho}{I_p} \tag{3-11}$$

式中 τ_ρ——横截面上任意一点的切应力;

T——横截面上的扭矩;

ρ——计算切应力的点到圆心的距离;

I_p——横截面对圆心的极惯性矩,它表示截面的几何性质,是一个仅与截面形状和尺寸有关的几何量,反映了截面的抗扭能力,常用单位有 m^4、cm^4、mm^4。

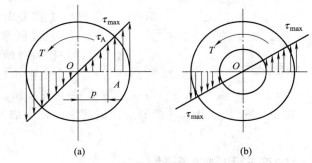

图 3-23 扭转时横截面上的应力分布

当 $\rho = \rho_{max} = R$ 时,$\tau = \tau_{max}$,故可得圆轴扭转时横截面上最大切应力公式为:

$$\tau_{max} = \frac{TR}{I_p}$$

式中的 R 与 I_p 都是与截面尺寸有关的几何量,令:

$$W_p = \frac{I_p}{R}$$

则有

$$\tau_{max} = \frac{T}{W_p} \tag{3-12}$$

式中,W_p 是仅与截面形状和尺寸有关的几何量,它反映截面尺寸对扭转强度的影响,称为抗扭截面系数,常用单位为 m^3、cm^3 和 mm^3。

注意:式 (3-11)、式 (3-12) 只适用于圆轴的弹性扭转变形。

2. 截面极惯性矩和抗扭截面系数的计算

工程中,轴的横截面通常采用实心圆和空心圆两种形状。图 3-24(a) 所示实心圆形截面对圆心 O 的极惯性矩为:

$$I_p = \frac{\pi d^4}{32} \tag{3-13}$$

抗扭截面系数

$$W_p = \frac{I_p}{d/2} = \frac{\pi d^3}{16} \tag{3-14}$$

图 3-24(b) 所示空心圆截面的极惯性矩为

$$I_p = \frac{\pi D^4}{32} - \frac{\pi d^4}{32} = \frac{\pi}{32}(D^4 - d^4) = \frac{\pi D^4}{32}(1-\alpha^4) \tag{3-15}$$

式中，$\alpha = \dfrac{d}{D}$ 即为空心圆轴内外径之比。空心圆截面的抗扭截面系数为

$$W_p = \frac{I_p}{D/2} = \frac{\pi D^3}{16}(1-\alpha^4) \tag{3-16}$$

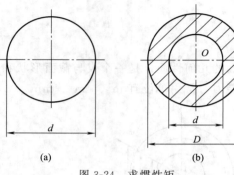

图 3-24　求惯性矩

3. 强度条件

为了使轴能安全正常的工作，必须要求轴的最大工作切应力 τ_{max} 不超过材料的许用切应力 $[\tau]$，即：

$$\tau_{max} = \frac{T_{max}}{W_p} \leqslant [\tau] \tag{3-17}$$

式中　T_{max}——危险截面上的扭矩（绝对值）；
　　　W_p——危险截面的抗扭截面系数。

式（3-17）称为圆轴扭转时的强度条件。许用切应力 $[\tau]$ 值由扭转试验测定，设计计算时可查有关手册选择。至于阶梯轴，由于 W_p 各段不同，τ_{max} 不一定发生在 T_{max} 所在的截面上，因此需综合考虑 W_p 和 T 两个因素来确定。

五、圆轴扭转时的变形和刚度条件

如图 3-18 所示，圆轴扭转时，扭转变形是以任意两截面相对转过的角度 φ 来表示的，称为扭转角，单位为弧度（rad）。

理论分析证明：扭转角 φ 与扭矩 T 及轴长 L 成正比，而与材料的切变模量 G 及轴的横截面的极惯性矩 I_p 成反比，即：

$$\varphi = \frac{TL}{GI_p} \tag{3-18}$$

式中，GI_p 反映了圆轴的材料和横截面的尺寸两方面抵抗圆轴扭转变形的能力，称为圆轴的抗扭刚度。其值越大，圆轴抗扭转变形能力越强。

当两截面间的扭矩有变化或轴的直径不同时，需分别计算各段的扭转角，然后求代数和，扭转角的正负与扭矩相同。

为了消除轴长 L 的影响，工程中常用单位长度扭转角 θ 来度量扭转变形的程度，即：

$$\theta = \frac{\varphi}{L} = \frac{T}{GI_p}$$

上式中，单位长度扭转角 θ 的单位是弧度/米（rad/m），而工程中常用度/米 $[(°)/m]$ 作为 θ 的单位，则：

$$\theta = \frac{T}{GI_p} \times \frac{180}{\pi} \tag{3-19}$$

设计轴类零件时，不仅要满足强度条件，还应有足够的刚度，工程上通常要求轴的最大单位长度扭转角 θ 不超过许用的单位长度扭转角 $[\theta]$，即：

$$\theta_{max} = \frac{T}{GI_p} \times \frac{180}{\pi} \leqslant [\theta] \tag{3-20}$$

式（3-20）为圆轴扭转时的刚度条件，T 是危险截面上的扭矩。$[\theta]$ 值根据轴的工作条件和机器的精度要求等因素确定，具体值可查阅有关工程手册，一般规定：

精密机器的轴　　　　　　　　$[\theta]=0.25°\sim 0.5°/\text{m}$
一般传动轴　　　　　　　　　$[\theta]=0.5°\sim 1.0°/\text{m}$
精度要求不高的轴　　　　　　$[\theta]=1.0°\sim 2.5°/\text{m}$

应用圆轴扭转的强度和刚度条件可以解决三类问题：强度、刚度校核；设计截面尺寸；求许可载荷或许可的传递功率。

【例 3-6】 如图 3-16 所示，传动轴的转速 $n=208\text{r/min}$，主动轮 B 输入的功率 $P_B=6\text{kW}$，两个从动轮 A、C 输出的功率分别为 $P_A=4\text{kW}$，$P_C=2\text{kW}$。已知轴的材料 $[\tau]=30\text{MPa}$，许用扭转角 $[\theta]=1°/\text{m}$，剪切弹性模量 $G=80\text{GPa}$，若设计成等截面圆轴，则轴的直径应为多大？

解 ① 计算轴上的外力偶矩：

$$M_B=9549\frac{P_B}{n}=9549\times\frac{6}{208}=275.4\,(\text{N}\cdot\text{m})$$

$$M_A=9549\frac{P_A}{n}=9549\times\frac{4}{208}=183.6\,(\text{N}\cdot\text{m})$$

$$M_C=9549\frac{P_C}{n}=9549\times\frac{2}{208}=91.8\,(\text{N}\cdot\text{m})$$

② 计算各段截面扭矩，画扭矩图。
AB 段各截面扭矩：$T_{AB}=-183.6\text{N}\cdot\text{m}$；
BC 段各截面扭矩：$T_{BC}=91.8\text{N}\cdot\text{m}$
画扭矩图，如图 3-25 所示，危险截面在 AB 段，$|T|_{\max}=183.6\text{N}\cdot\text{m}$。

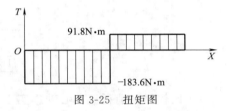

图 3-25　扭矩图

③ 根据强度条件设计轴的直径：

$$\tau_{\max}=\frac{T_{\max}}{W_p}\leqslant[\tau]$$

式中

$$W_p=\frac{\pi d^3}{16}$$

则

$$d\geqslant\sqrt[3]{\frac{183.6\times 10^3\times 16}{\pi\times 30}}=31.5\,(\text{mm})$$

④ 根据刚度条件设计轴的直径：

$$\theta=\frac{T_{\max}}{GI_p}\times\frac{180}{\pi}\leqslant[\theta]$$

式中

$$I_p=\frac{\pi d^4}{32}$$

$$\theta_{\max}=\frac{183.6\times 10^3\times 10^3}{80\times 10^3\times\dfrac{\pi d^4}{32}}\times\frac{180}{\pi}\leqslant 1$$

则

$$d\geqslant\sqrt[4]{\frac{183.6\times 10^6\times 180\times 32}{80\times 10^3\times\pi\times\pi}}=34\,(\text{mm})$$

为了使轴同时满足强度和刚度要求，选取轴的直径 $d=34\text{mm}$。

【例 3-7】 由无缝钢管制成的汽车传动轴 AB，如图 3-26 所示，外径 $D=90\text{mm}$，壁厚 $t=2.5\text{mm}$，材料为 45 钢，许用切应力 $[\tau]=60\text{MPa}$，工作时最大外扭矩 $M=1.5\text{kN}\cdot\text{m}$，

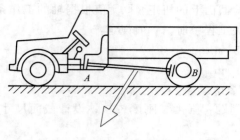

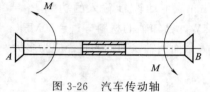

图 3-26 汽车传动轴

试校核空心轴的强度。若将空心轴变成实心轴，试按强度设计轴的直径，并比较两者的材料消耗。

解 ① 校核强度。因传动轴所受外力偶矩 $M = 1.5 \text{kN} \cdot \text{m}$，故各截面上的扭矩为 $T = 1.5 \text{kN} \cdot \text{m}$，最大切应力为

$$\tau_{\max} = \frac{T}{W_p} = \frac{16T}{\pi D^3 (1-\alpha^4)}$$

式中

$$\alpha = \frac{90 - 2 \times 2.5}{90} = 0.944$$

所以

$$\tau_{\max} = \frac{1.5 \times 10^3 \times 10^3}{0.2 \times 90^3 \times (1-0.944^4)} = 49.97 \text{MPa} < [\tau]$$

故 AB 轴满足强度要求。

② 改为实心轴，按强度条件确定实心轴的直径 D_1。

$$\tau_{\max} = \frac{T}{W_p} \leqslant [\tau]$$

式中 $W_p = \dfrac{\pi D_1^3}{16}$，故

$$\frac{16 \times 1.5 \times 10^3 \times 10^3}{\pi D_1^3} \leqslant 60$$

$$D_1 \geqslant \sqrt[3]{\frac{16 \times 1.5 \times 10^6}{\pi \times 60}} = 50.3 \text{ (mm)}$$

③ 比较材料消耗。空心轴、实心轴在相同条件下的材料消耗比就是截面面积之比，设 A_1 为实心轴的截面面积，A_2 为空心轴的截面面积，则有

$$\frac{A_2}{A_1} = \frac{\pi(D^2-d^2)/4}{\pi D_1^2/4} = \frac{D^2-d^2}{D_1^2} = \frac{90^2-85^2}{50.3^2} = 0.35$$

计算结果说明，在强度相同的情况下，空心轴的质量仅为实心轴质量的 35%，节省材料的效果明显，这是因为切应力沿半径呈线性分布，圆心附近处应力较小，材料未能充分发挥作用。改为空心轴相当于把轴心处的材料移向边缘，从而提高了轴的强度。

思考与练习

1. 讨论题图 3-9 中受扭圆轴，其截面 m—m 上的扭矩 $T = $ _____。
   A. $M_e + M_e = 2M_e$
   B. $M_e - M_e = 0$
   C. $2M_e - M_e = M_e$
   D. $-2M_e + M_e = -M_e$

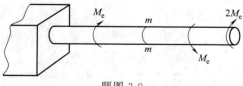

题图 3-9

2. 试绘制扭矩图，说明题图 3-10 中轴上 3 个轮子如何布置比较合理。
3. 题图 3-11 所示为一空心圆轴的截面尺寸，它的极惯性矩 I_p 和抗扭截面系数 W_p 按下式计

算是否正确 $\left(\text{已知 } \alpha = \dfrac{d}{D}\right)$？

$$I_\mathrm{p} = \dfrac{\pi D^4}{32} - \dfrac{\pi d^4}{32}$$

$$W_\mathrm{p} = \dfrac{\pi D^3}{16}(1-\alpha^3)$$

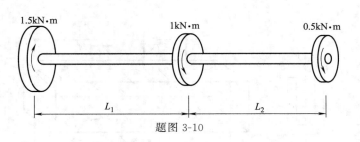

题图 3-10

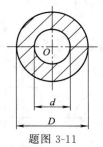

题图 3-11

4. 如题图 3-12 所示受扭圆轴横截面上的切应力分布图中，正确的是（　　）。

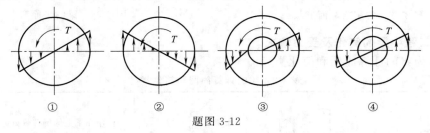

题图 3-12

5. 桥式单梁起重机如题图 3-13 所示。传动轴传递最大扭矩 $M=220\mathrm{N\cdot m}$，材料的许用切应力 $[\tau]=40\mathrm{MPa}$，弹性模量 $G=80\mathrm{GPa}$。为了保证运转稳定，规定传动轴的许用扭转角 $[\theta]=1°/\mathrm{m}$。试设计此轴的直径。

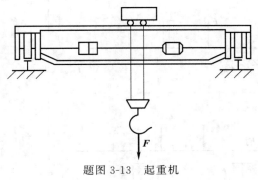

题图 3-13　起重机

第四节　弯曲变形

一、梁的弯曲变形内力

在工程结构和机械零件中，存在大量的弯曲问题。当直杆受到垂直于轴线的外力作用，其轴线将由直线变为曲线，这样的变形称为弯曲变形。凡是以弯曲变形为主的杆件通常称为梁，梁是机器设备和工程结构中最常见的构件。

（一）平面弯曲的概念

工程结构与机械中的梁，其横截面往往具有对称轴，如图 3-27 所示。横截面纵向对称轴 y 与梁的轴线 x 构成纵向对称平面，如图 3-28 所示。若作用在梁上的外力（包括力偶）都位于纵向对称平面内，且力的作用线垂直于梁的轴线，则变形后梁的轴线将是该平面内的曲线，这种弯曲称为平面弯曲。

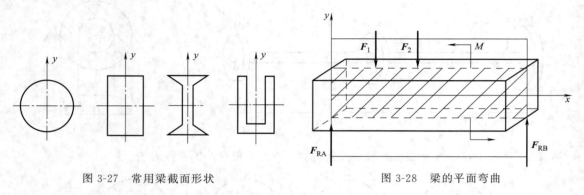

图 3-27　常用梁截面形状　　　　图 3-28　梁的平面弯曲

（二）工程中梁的简化及受力情况

表 3-2 为梁的计算简图和简化类型。

表 3-2　梁的计算简图和简化类型

梁的计算简图	![简图]	作用在梁上的所有载荷可以简化成：集中载荷 F、集中力偶 M、均布载荷 q（N/m）
梁的简化类型	简支梁	一端为固定铰链支座，另一端为活动铰链支座
	外伸梁	约束简化情况与简支梁相同，但梁的一端或两端伸出支座之外
	悬臂梁	一端为固定端，另一端为自由端

（三）弯曲时横截面上的内力——剪力和弯矩

在确定了梁上的载荷与反力以后，还要进一步研究梁上各截面的内力。下面以图 3-29 简支梁为例，分析梁横截面上内力简化的结果。梁在载荷 **F**、支反力 **F_A**、**F_B** 的作用下保持平衡。由静力平衡方程求出支反力为

$$F_A = \frac{Fb}{l} \qquad F_B = \frac{Fa}{l}$$

用截面法求任意截面 $m-m$ 的内力。假想沿 $m-m$ 截面将梁分为两段，由于整个梁是平衡的，它的任一部分也处于平衡状态。为了维持左段平衡，$m-m$ 截面上必然存在两种内力分量。

力 F_Q：作用线平行于截面并通过截面形心，称为剪力 F_Q。

力偶 M：其作用面在纵向对称平面内，其力偶矩称为弯矩 M。

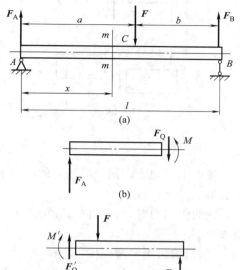

图 3-29 梁的剪力和弯矩

取左段为研究对象，如图 3-29（b）所示，由平衡方程

$$\sum F = 0 \quad F_A - F_Q = 0 \quad 得 \quad F_Q = F_A = \frac{Fb}{l}$$

$$\sum M_C = 0 \quad F_A x - M = 0 \quad 得 \quad M = F_A x = \frac{Fb}{l} x$$

若取右段为研究对象，如图 3-29(c) 所示，由

$$\sum F = 0 \quad F'_Q - F + F_B = 0 \quad 得 \quad F'_Q = F - F_B = F - \frac{Fa}{l} = \frac{Fb}{l}$$

$$\sum M_c = 0 \quad -M' - F(a-x) + F_B(l-x) = 0$$

得

$$M' = F_B(l-x) - F(a-x) = \frac{Fa}{l}(l-x) - F(a-x) = \frac{Fb}{l} x$$

由上面的计算可以得到剪力、弯矩的计算法则如下：某截面上剪力等于此截面一侧所有外力的代数和，即剪力 $F_Q = \sum F_左$ 或 $F_Q = \sum F_右$。某截面上弯矩等于此截面一侧所有外力对该截面形心力矩的代数和，即弯矩 $M = \sum M_C(F_左)$ 或 $M = \sum M_C(F_右)$。

由上面的计算还可以看出，取左段（或右段）梁为研究对象，分别求出的同一截面上的剪力及弯矩，其数值分别相等，方向或转向相反。

梁某截面剪力与弯矩的正负规定，由该截面附近的变形情况确定。对于剪力，以该截面为界，如左段相对右段向上滑移，则剪力为正，反之为负，如图 3-30 所示。对于弯矩，若梁在该截面附近变成上凹下凸，则弯矩为正，反之为负，如图 3-31 所示。

由图 3-30 可看出，截面左侧向上，右侧向下的外力产生正剪力；截面左侧向下，右侧向上的外力产生负剪力。因此，由外力计算剪力时，截面左侧向上的外力为正，向下的外力为负，即"左上右下为正"。外力代数和为正时，剪力为正，反之为负。

由图 3-31 可看出，截面左侧外力（包括力偶）对截面形心之矩为顺时针转向时产生正弯矩，逆时针转向时产生负弯矩；截面右侧情况与此相反。因此，由外力计算弯矩时可规定：截面左侧对截面形心顺时针的外力矩为正，反之为负；截面右侧情况与此相反，即"左顺右逆为正"。

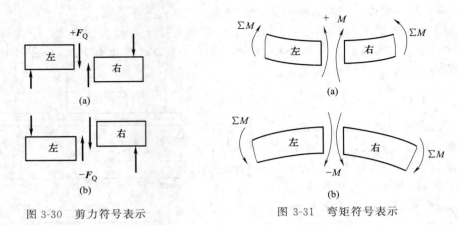

图 3-30 剪力符号表示　　　　图 3-31 弯矩符号表示

按照上述规定，同一截面上的内力 F_Q、M 与 F'_Q、M'，虽然方向相反，但具有相同的正负号。

在假设内力时，都将内力设为正方向，如果解出是负值，说明内力的方向错了，应该是负方向。

(四) 剪力图和弯矩图

由前面的分析可知，一般情况下，剪力和弯矩随截面位置变化而变化。若用截面到梁左端或右端的距离 x 代表截面位置，则梁内各截面的弯矩可以写成坐标 x 的函数，即 $F_Q = F(x)$——剪力方程，$M = M(x)$——弯矩方程，它们表示剪力或弯矩沿梁的轴线变化的规律。为了易于看出梁上各截面弯矩的大小和正负，可将剪力方程或弯矩方程用图像表示出来，称为剪力图或弯矩图。作剪力（弯矩）图的步骤：

① 求出梁的支座反力。

② 求出各集中力、集中力偶的作用点处截面上的值。

③ 取横坐标 x 平行于梁的轴线，表示梁的截面位置，纵坐标 $F_Q(M)$ 表示各截面的剪力（弯矩）。

④ 将各控制点画在坐标平面上，然后连接各点。

作图时将正值画在 x 轴的上方，负值画在 x 轴的下方，并在图上标注出各控制点的值。

【例 3-8】 已知一承受均布载荷的简支梁，如图 3-32 所示。梁所受的均布载荷为 q，跨度为 l，在发生弯曲变形时受的内力是怎样的？计算梁发生弯曲时的内力？

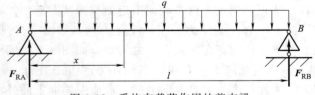

图 3-32 受均布载荷作用的剪支梁

解 ① 求支座反力。由对称性知：

$$F_{RA} = F_{RB} = \frac{1}{2}ql$$

② 列剪力方程和弯矩方程。以梁左端 A 为原点，取截面左侧的外力，计算距原点为 x 的任意截面上的剪力和弯矩，即剪力方程和弯矩方程：

$$F_Q(x) = F_{RA} - qx = \frac{1}{2}ql - qx \quad (0 < x < l)$$

$$M(x) = F_{RA}x - qx\frac{x}{2}$$

$$= \frac{1}{2}qlx - \frac{1}{2}qx^2 \quad (0 \leqslant x \leqslant l)$$

③ 画剪力 F_Q 图。剪力方程表明剪力是 x 的一次函数，因而剪力图是斜直线，需确定其两截面上的剪力 F_Q 值。由 $F_{QA} = F_{RA} = \frac{1}{2}ql$，$F_{QB} = F_{RA} - ql = -\frac{1}{2}ql$，画出剪力图，如图3-33(b)所示。

④ 画弯矩 M 图。弯矩方程表明弯矩是 x 的二次函数，因而弯矩图是抛物线，故需要根据弯矩方程确定若干个截面上的 M 值才能画出，由：

$$x = 0, \quad M(0) = 0$$
$$x = \frac{l}{4}, \quad M\left(\frac{l}{4}\right) = \frac{3ql^2}{32}$$
$$x = \frac{l}{2}, \quad M\left(\frac{l}{2}\right) = \frac{1}{8}ql^2$$
$$x = \frac{3l}{4}, \quad M\left(\frac{3l}{4}\right) = \frac{3ql^2}{32}$$
$$x = l, \quad M(l) = 0$$

画出弯矩图，如图3-33(c)所示。

⑤ 确定 $|F_Q|_{max}$ 和 $|M|_{max}$。由剪力 F_Q 图、弯矩 M 图可知，梁的两端截面上剪力最大；中点截面上弯矩最大，它们大小分别为：

$$|F_Q|_{max} = \frac{1}{2}ql \qquad |M|_{max} = \frac{1}{8}ql^2$$

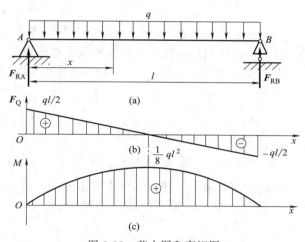

图 3-33 剪力图和弯矩图

【例 3-9】 简支梁 AB 上受集中力偶作用，力偶矩 M_o 如图 3-34(a) 所示。试作此梁的剪力图及弯矩图。

解 ① 求支座反力 取全梁为研究对象，由平衡方程求得

$$\sum M_B = 0 \quad M_o - F_{RA}l = 0 \quad F_{RA} = \frac{M_o}{l}$$

$$\sum F_y = 0 \quad F_{RA} - F_{RB} = 0 \quad F_{RB} = \frac{M_o}{l}$$

② 分段列出剪力方程和弯矩方程 此梁受集中力偶作用，在 AC 和 BC 两段内受力情况不同，分为 AC、CB 两段考虑。分别在两段内取距左端为 x 的截面，列出各段的剪力方程和弯矩方程。

AC 段：

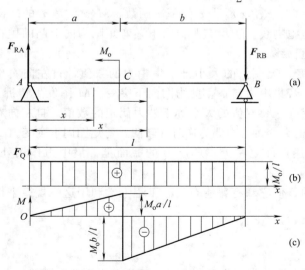

图 3-34 剪支梁受集中力偶作用

$$F_{Q1} = F_{RA} = \frac{M_o}{l} \quad (0 < x \leq a)$$

$$M_1 = F_{RA}x = \frac{M_o}{l}x \quad (0 \leq x < a)$$

CB 段：

$$F_{Q2} = F_{RA} = \frac{M_o}{l} \quad (a \leq x < l)$$

$$M_2 = F_{RA}x - M_o = \frac{M_o}{l}x - M_o \quad (a < x \leq l)$$

③ 画剪力 F_Q 图 $F_Q(x)$ 为一常数，F_Q 图为水平线，AB 段上的剪力为：

$$F_Q = F_{RA} = \frac{M_o}{l}$$

根据所求出数据，按比例作水平线，即得剪力 F_Q 图，如图 3-34(b) 所示。

④ 分段作弯矩 M 图 $M(x)$ 为 x 的一次函数，M 图为斜直线。各段起点和终点的 M 值求解如下。

AC 段 $\quad M_{A+} = 0 \quad M_{C-} = F_{RA}a = \frac{M_o}{l}a$

BC 段 $\quad M_{C+} = F_{RA}a - M_o = \frac{M_o}{l}a - M_o = -\frac{M_o}{l}b \quad M_{B+} = 0$

由此按比例描点、连线，便得弯矩图，如图 3-34(c) 所示。

⑤ 确定 $|F_Q|_{max}$ 和 $|M|_{max}$ 由图 3-34(b)、(c) 可知，在 $b > a$ 的情况下，

$$|F_Q|_{max} = \frac{M_o}{l} \quad |M|_{max} = \frac{M_o b}{l}$$

由以上任务可以得出剪力图、弯矩图的一些规律：

① 梁在某一段内无均布载荷作用，即 $q = 0$，$F_Q(x)$ 为常数，$M(x)$ 是 x 的一次函数。因而，剪力图是平行于 x 轴的直线，弯矩图是斜直线。

② 梁在某一段内有均布载荷，即 $q = C$，$F_Q(x)$ 是 x 的一次函数，$M(x)$ 是 x 的二次函数。因而，剪力图是斜直线，弯矩图是抛物线。若均布载荷向下，弯矩图为向上凸的抛物线；均布载荷向上，弯矩图为向下凸的抛物线。

③ 在集中力作用处，剪力图有一突变，突变值的大小等于集中力的数值，自左向右作图时，若集中力向上，剪力图向上突变，若集中力向下，剪力图向下突变。M 图发生转折。

④ 集中力偶作用处，弯矩图将产生突变，突变值的大小等于外力偶矩的数值。自左向右作图时，若力偶为顺时针转向，弯矩图向上突变；若力偶为逆时针转向，弯矩图向下突变。

⑤ 绝对值最大的弯矩总是出现在下述截面之一上：$F_Q = 0$ 的截面上，集中力作用处，集中力偶作用处。

以上这些规律虽然是由例题总结出的，但它却有普遍意义。工程上常利用这一规律来作剪力图、弯矩图。

思考与练习

1. 什么是弯矩图？弯矩图能说明什么问题？怎样绘制弯矩图？

2. 题图 3-14 所示悬臂梁 AB 在自由端受集中力 **F** 作用，试列出梁的剪力方程和弯矩方程，并作剪力图和弯矩图。

3. 简支梁 *AB* 受集中力 *F* 作用，如题图3-15所示。试作此梁的剪力图与弯矩图。

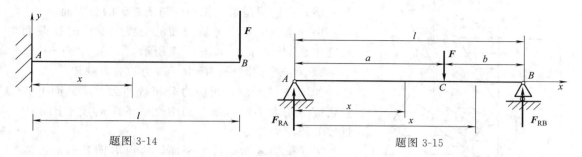

题图 3-14

题图 3-15

二、计算梁的弯曲变形强度

（一）梁纯弯曲时横截面上的正应力

1. 梁纯弯曲的概念

在如图3-35所示梁的 *AB* 段上，只有弯矩，没有剪力，这种变形称为纯弯曲变形；在梁的 *AC* 段和 *BD* 段上，既有弯矩，又有剪力，这种变形称为横力弯曲变形。

2. 梁纯弯曲时的变形特点

如图3-36所示，取一矩形截面直梁，在其表面画上横向线 *m-m*、*n-n* 和纵向线 *a-a*、*b-b*，然后在梁的纵向对称面内施加一对大小相等、方向相反的力偶 *M*，使梁产生弯曲变形。可观察到下列变形现象：

① 横向线 *m-m*、*n-n* 仍为直线，且仍与梁的轴线正交，但是两线已倾斜。

② 纵向线 *a-a*、*b-b* 变为弧线，内凹一侧的纵向线缩短，外凸一侧的纵向线伸长。

③ 纵向线的缩短区，梁的宽度增大；在纵向线的伸长区，梁的宽度减小。

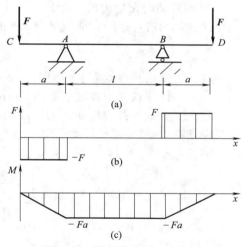

图 3-35 梁的剪力图、弯矩图

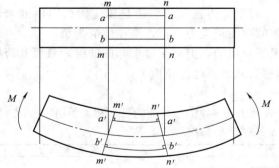

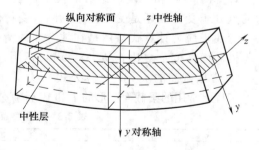

图 3-36 梁的纯弯曲变形

由此我们得出平面假设：两横截面变形前为平面，变形后仍为平面；横截面始终垂直于轴线；横截面无相对错动。

由平面假设可以判断纯弯曲梁横截面上只有正应力，无剪应力。

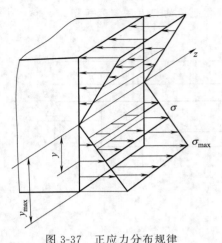

图 3-37 正应力分布规律

中性层：梁内既不缩短也不伸长（不受压不受拉）的一层。中性层是梁上拉伸区与压缩区的分界面。

中性轴：中性层与横截面的交线。变形时横截面是绕中性轴旋转的，如图 3-37 所示。

3. 梁纯弯曲时横截面上正应力的分布规律

如图 3-37 所示，正应力分布规律为：横截面上各点正应力的大小，与该点到中性轴的距离成正比。中性轴处正应力为零。

由于梁横截面保持为平面，所以沿横截面高度方向纵向纤维从缩短到伸长是线性变化的，因此横截面上的正应力沿横截面高度方向也是线性分布的。

以中性轴为界，凹边为压应力，使梁缩短，凸边为拉应力，使梁伸长，横截面上同一高度处各点的正应力相等，距中性轴最远点有最大拉应力和最大压应力。

4. 梁纯弯曲时正应力的计算公式

在弹性范围内，梁纯弯曲时横截面上任意一点的正应力为：

$$\sigma = \frac{My}{I_z} \tag{3-21}$$

式中 M——作用在该截面上的弯矩，N·mm；

y——计算点到中性轴的距离，mm；

I_z——横截面对中性轴 z 的惯性矩，mm^4。

在中性轴上 $y=0$，所以 $\sigma=0$；当 $y=y_{max}$ 时，$\sigma=\sigma_{max}$。最大正应力产生在离中性轴最远的边缘处。

$$\sigma_{max} = \frac{M}{I_z} y_{max} = \frac{M}{I_z/y_{max}} \tag{3-22}$$

令

$$I_z/y_{max} = W$$

则

$$\sigma = \frac{M}{W} \tag{3-23}$$

W 为横截面对中性轴 z 的抗弯截面系数（mm^3）。

计算时，M 和 y 均以绝对值代入，至于弯曲正应力是拉应力还是压应力，则由欲求应力的点处于受拉侧还是受压侧来判断。受拉侧的弯曲正应力为正，受压侧的为负。

弯曲正应力计算式虽然是在纯弯曲的情况下导出的，但对于剪切弯曲的梁，只要其跨度 L 与横截面高度 h 之比 $L/h > 5$，就可运用这些公式计算弯曲正应力。

5. 常用截面的 I、W 计算公式

工程上常用的梁截面图形的 I 和 W 计算公式列于表 3-3 中。其他的可从相关手册中查得。

表 3-3 常用截面的几何性质计算公式

截面图形	形心轴惯性矩	抗弯截面系数
![矩形截面]	$I_z = \dfrac{bh^3}{12}$ $I_y = \dfrac{hb^3}{12}$	$W_z = \dfrac{bh^2}{6}$ $W_y = \dfrac{hb^2}{6}$

续表

截面图形	形心轴惯性矩	抗弯截面系数
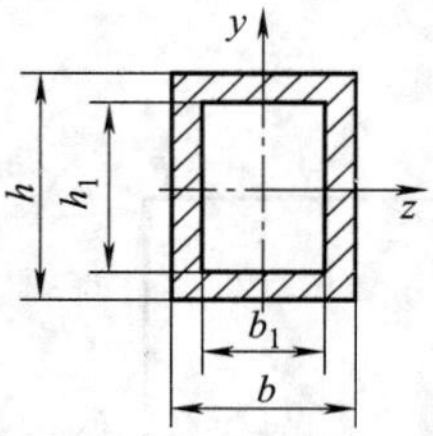 矩形空心截面	$I_z = \dfrac{bh^3 - b_1 h_1^3}{12}$ $I_y = \dfrac{b^3 h - b_1^3 h_1}{12}$	$W_z = \dfrac{bh^3 - b_1 h_1^3}{6h}$ $W_y = \dfrac{b^3 h - b_1^3 h_1}{6b}$
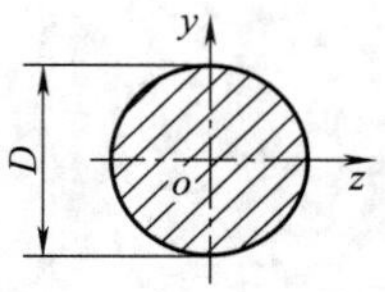 圆形截面	$I_z = I_y = \dfrac{\pi D^4}{64} \approx 0.05 D^4$	$W_z = W_y = \dfrac{\pi D^3}{32} \approx 0.1 D^3$
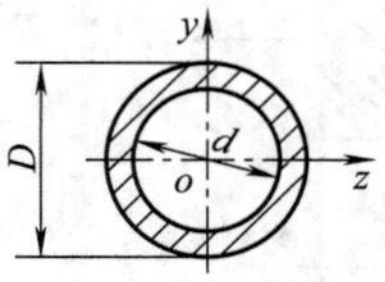 圆环截面	$I_z = I_y = \dfrac{\pi}{64}(D^4 - d^4) =$ $\dfrac{\pi}{64} D^4 (1-\alpha^4) \approx 0.05 D^4 (1-\alpha^4)$ 式中 $\alpha = \dfrac{d}{D}$	$W_z = W_y = \dfrac{\pi D^3}{32}(1-\alpha^4) \approx$ $0.1 D^3 (1-\alpha^4)$ 式中 $\alpha = \dfrac{d}{D}$

（二）梁纯弯曲时的强度条件

对于等截面梁，弯矩最大的截面就是危险截面，其上、下边缘各点的弯曲正应力即为最大工作应力，具有最大工作应力的点一般称为危险点。

梁的弯曲强度条件是，梁内危险点的工作应力应不超过材料的许用应力，即：

$$\sigma_{\max} = \frac{M}{W} \leqslant [\sigma] \tag{3-24}$$

运用梁的弯曲强度条件，可对梁进行强度校核、设计截面和确定许可载荷。

【例 3-10】 一铣床夹具如图 3-38(a) 所示，夹紧时螺母对压板的压力为 6kN，压板材料的许用应力 $[\sigma] = 110$MPa，压板 AB 的尺寸如图 3-38(c) 所示。试确定压板的厚度 δ。

解 ① 绘制压板的简图
将压板简化成受集中力作用的简支梁 AB，如图 3-38(b) 所示。
② 计算压板所受的外力
由平衡方程 $\sum M_A(F) = 0$，$\sum F_y = 0$ 求得 $F_{NA} = 3.6$kN，$F_{NB} = 2.4$kN。
③ 计算最大弯矩 $M_{\max}$
在截面 C 处弯矩最大，$M_{\max} = F_{NA} l = 3.6 \times 10^3 \times 40 \times 10^{-3} = 144$（N·m）
④ 计算压板截面 C 处的抗弯截面系数 W
$$W = b\delta^2/6 - d\delta^2/6 = (b/6 - d/6)\delta^2 = (32/6 - 14/6)\delta^2 = 3\delta^2$$
⑤ 计算压板的厚度
压板要能正常工作必须满足最大工作正应力 $\sigma_{\max} \leqslant [\sigma]$ 的弯曲强度条件，即：

$$\sigma_{\max} = \frac{M_{\max}}{W} = \frac{144}{3\delta^2} \leqslant [\sigma]$$

由此计算压板厚度为：

$$\delta \geqslant \sqrt{\frac{144 \times 10^3}{3[\sigma]}} = \sqrt{\frac{144 \times 10^3}{3 \times 110}} = 20.89 \text{（mm）}$$

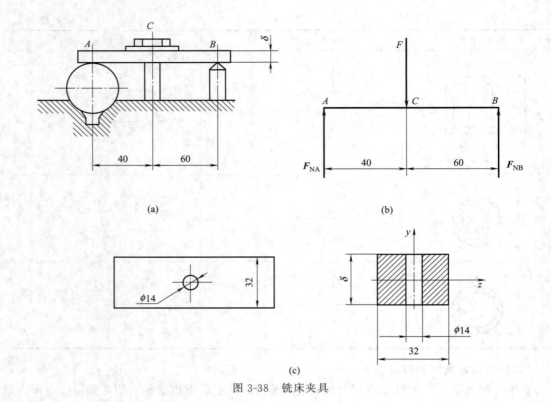

图 3-38 铣床夹具

取 $\delta = 21$mm,可以保证压板的强度足够。

(三) 提高梁的弯曲强度的措施

由式(3-24)可知提高梁的弯曲强度的主要措施如下。

1. 降低最大弯矩 M

(1) 合理安排支座

如图 3-39 所示,改变油罐支座的位置,最大弯矩变为原来的 1/5。

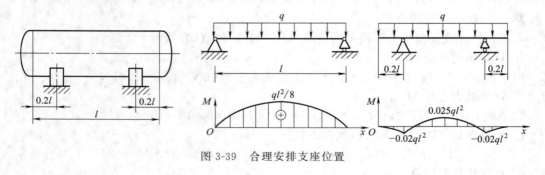

图 3-39 合理安排支座位置

(2) 合理布置载荷

如图 3-40 所示,重新布置载荷后,梁上的最大弯矩是原来的一半。

2. 增大 W

由弯曲强度条件可知,抗弯截面系数 W 愈大,梁的弯曲强度愈高,抗弯截面系数的大小与截面的形状和大小有关。为了节省材料,减轻构件自重,应该选择面积较小,而抗弯截面系数较大的截面形状。因此,比值 W/A 较大的截面是合理截面。表 3-4 所列为三种截面

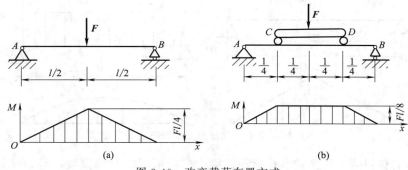

图 3-40 改变载荷布置方式

的 W/A 比值，比较可知，工字形截面比矩形截面合理，而矩形截面又比圆形截面合理。

表 3-4 抗弯截面系数与面积之比值

截面形状($h=d=D$)	圆形	圆环形	矩形	工字形
W/A	$0.125d$	$0.205D(\alpha=0.8)$	$0.167h$	$(0.27\sim 0.31)h$

① 形状和面积相同的截面，采用不同的放置方式，则 W 值可能不相同，如图 3-41 所示，对于矩形截面 $W_z=bh^2/6$、$W_y=hb^2/6$。

② 面积相等而形状不同的截面，其抗弯截面系数 W 值不相同。

材料远离中性轴的截面（如圆环形、工字形等）比较经济合理。因为弯曲正应力沿截面线性分布，中性轴附近的应力较小，该处的材料不能充分发挥作用，将这些材料移到离中性轴较远处，则可使它们得到充分利用，形成"合理截面"。对于矩形截面，则可把中性轴附近的材料移到上、下边缘处而形成工字形截面，如图 3-42 所示；工程中的吊车梁、桥梁常采用工字形、槽形或箱形截面，如图 3-43 所示为 T 形截面，房屋建筑中的楼板常用空心圆孔板。

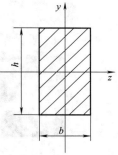

图 3-41 矩形截面

3. 采用等强度梁

对于等截面梁，除 M_{max} 所在截面的最大正应力达到材料的许用应力外，其余截面的应力均小于许用应力，如图 3-44 所示。

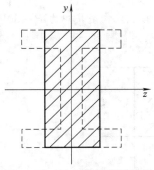

图 3-42 工字形与矩形截面

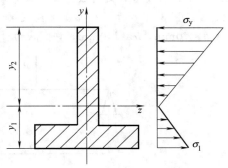

图 3-43 T 形截面

为了节省材料，减少结构的质量，可在弯矩较小处采用较小的截面，这种截面尺寸沿梁轴线变化的梁称为变截面梁。等强度梁使变截面梁每个截面上的最大正应力都等于材料的许

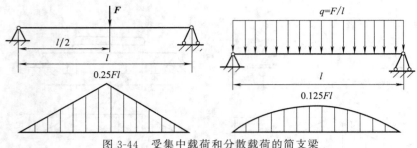

图 3-44 受集中载荷和分散载荷的简支梁

用应力。汽车的板弹簧、阶梯轴、桥梁和屋梁中广泛采用的"鱼腹梁"等，都是等强度梁，如图 3-45 所示。

(a) 鱼腹梁

(b) 板弹簧

(c) 阶梯轴

图 3-45 等强度梁

思考与练习

1. 弯曲的强度条件是什么？提高梁的弯曲强度的措施有哪些？

2. 如题图 3-16 所示的矩形截面简支梁，跨度 $L=2\text{m}$，在梁的中点作用集中力 $P=80\text{kN}$，截面尺寸 $b=70\text{mm}$，$h=140\text{mm}$，许用应力 $[\sigma]=140\text{MPa}$，试校核梁的强度。

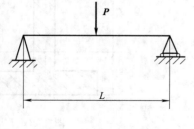
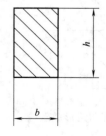

题图 3-16

3. 如题图 3-17 所示圆截面外伸梁，已知 $F=20\text{kN}$，$M=5\text{kN}\cdot\text{m}$，$[\sigma]=16\text{MPa}$，$a=500\text{mm}$，试确定梁的直径。

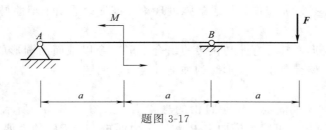

题图 3-17

第五节 弯扭组合变形

在前面，我们讨论了圆轴的纯扭转问题，而实际工程机械中的轴类构件在承受扭转的同时，大多还承受弯曲作用。如图 3-46(a) 所示，作用于轴上的载荷有：轴的端点垂直向下的力 P 和作用面垂直于轴线的附加力偶矩 M，AB 轴的变形为弯扭组合变形。对其进行应力分析，发现其危险截面上既有正应力，又有切应力，这种情况属于二向应力状态，正应力与切应力已不能简单地进行叠加，需要应用有关强度理论建立强度条件进行计算。

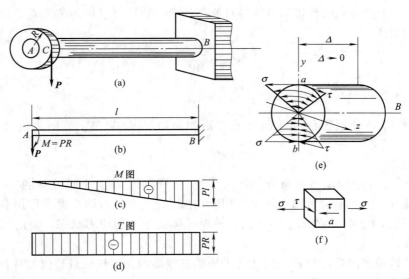

图 3-46 弯曲与扭转组合变形

杆件在基本变形时，横截面上的危险点是在正应力或切应力的单独作用下发生破坏的。而杆件在复杂的组合变形中，横截面上的危险点既有正应力又有切应力，这时材料的破坏是由正应力和切应力综合作用的结果。由于此时材料的应力状态较为复杂，在长期的研究过程中，人们找到了一条利用简单应力状态的实验结果来建立复杂应力状态下强度条件的途径，这些推测材料失效因素的假说称为强度理论。通过生产实践和科学实验对大量材料的破坏现象进行分析研究表明，材料的破坏形式归结为脆性断裂破坏和屈服流动破坏两大类。因此强度理论也相应地分为以脆断作为破坏标志和以屈服作为破坏标志的两大类。其中，最大拉应力理论（第一强度理论）、最大线应变理论（第二强度理论）是以脆断作为标志的强度理论，该理论适用于脆性材料的组合变形强度计算；最大切应力理论（第三强度理论）、畸变能理论（第四强度理论）是以屈服作为标志的强度理论，该理论适用于塑性材料的组合变形强度计算。

机器中转轴的变形通常是弯曲与扭转的组合变形。今以截面为圆形的实心轴 AB 为例，如图 3-46(a) 所示，研究其组合变形时的强度计算方法问题。

1. 外力分析

将 AB 轴简化为 B 端固定、A 端自由的悬臂梁，如图 3-46(b) 所示。将作用在轮缘 C 处的 P 力向轮心 A 简化，可得一横向力 P 和一个力偶矩 $M=PR$ 的力偶。横向力 P 使杆产生平面弯曲，力偶作用在轮面内（和横截面平行）使杆产生扭转，故轴 AB 的变形为弯曲与扭转的组合变形。

2. 内力分析

为了确定危险截面的位置，必须分析圆轴的内力。为此，作轴 AB 的内力图（弯矩图和扭矩图）如图 3-46(c)、(d) 所示。弯矩 M 和扭矩 T 的最大值（$|M|_{max}=Pl$，$|T|_{max}=PR$）都在固定端 B 稍偏左的截面上，故该截面为危险截面。

3. 应力分析

弯矩 M 将引起垂直于横截面的弯曲正应力 σ，扭矩 T 将引起平行于横截面的切应力 τ，固定端 B 稍偏左截面上的应力分布规律如图 3-46(e) 所示。由图可知，圆轴危险截面上 a、b 两点处的弯曲正应力和扭转切应力的绝对值都最大，故这两点均为危险点。危险点的正应力和切应力的值为：

$$\left. \begin{array}{l} \sigma_{max} = \dfrac{M}{W_z} \\ \tau_{max} = \dfrac{T}{W_p} \end{array} \right\} \qquad (3-25)$$

式中，M 和 T 分别为危险截面上的弯矩和扭矩；W_z 和 W_p 分别为抗弯和抗扭截面系数。

4. 强度计算

选危险点 a、b 中的 a 点来研究，如图 3-46(f) 所示。在这个单元体的 6 个面中，上、下两个面上没有应力，前、后两个面上作用着切应力 τ，左、右两个面上作用着切应力 τ 和正应力 σ，即式（3-25）中的 τ_{max} 和 σ_{max}，该单元体处于二向应力状态，故需用强度理论来进行强度计算。

机械中的转轴多用塑性材料。因此常采用第三或第四强度理论进行强度计算。

（1）按第三强度理论计算

当正应力和切应力共同作用时，利用第三强度理论，可导出材料的强度条件为

$$\sqrt{\sigma^2 + 4\tau^2} \leqslant [\sigma] \qquad (3-26)$$

将式（3-25）代入式（3-26），并考虑到对于圆截面 $W_p = 2W$，可得以弯矩、扭矩和抗弯截面系数表示的第三强度理论的强度条件

$$\dfrac{\sqrt{M^2 + T^2}}{W} \leqslant [\sigma] \qquad (3-27)$$

（2）按第四强度理论计算

当正应力和切应力共同作用时，利用第四强度理论，可导出强度条件为

$$\sqrt{\sigma^2 + 3\tau^2} \leqslant [\sigma] \qquad (3-28)$$

再将式（3-25）代入式（3-28），同样可得以弯矩、扭矩和抗弯截面系数表示的第四强

度理论的强度条件

$$\frac{\sqrt{M^2+0.75T^2}}{W} \leqslant [\sigma] \qquad (3-29)$$

以上公式对空心圆轴仍然适用，此时，式中的 W 应是空心圆截面的抗弯截面系数。

对于拉伸（压缩）与扭转组合变形的圆杆，由于其危险截面上的应力情况及危险点的应力状态都与弯曲和扭转组合变形时相同，所以，公式（3-26）、公式（3-28）仍可以使用。

【例 3-11】 长 $L=1.6\text{m}$ 的轴 AB 用联轴器和电动机连接，如图 3-47 所示，在 AB 轴的中点，装有一重 $G=5\text{kN}$、直径 $D=1.2\text{m}$ 的带轮，两边的拉力各为 $P=3\text{kN}$ 和 $2P=6\text{kN}$。若轴材料的许用应力 $[\sigma]=50\text{MPa}$，试按第三强度理论设计此轴的直径。

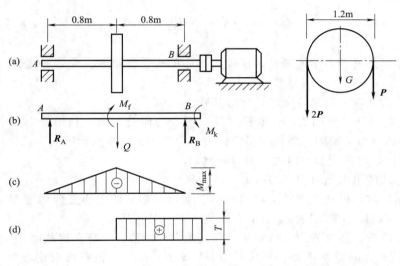

图 3-47 传动轴的轴径设计

解 ① 外力分析。画出轴的计算简图。将带轮两边的拉力 P 和 $2P$ 分别向轴线平移，则轴的中点所受的力为轮重与皮带拉力之和，即

$$Q=G+P+2P=14\text{kN}$$

皮带拉力向轴平移后产生附加力偶作用，其力偶矩为

$$M_\text{f}=6\times 0.6-3\times 0.6=1.8\text{kN}$$

轴 B 端作用有电动机输入的转矩 M_k，M_k 和 M_f 使轴产生扭转，而力 Q 与 A、B 处轴承反力 R_A、R_B 使轴产生弯曲，故 AB 轴的变形为弯扭组合变形。

② 内力分析。作出轴 AB 的弯矩图和扭矩图，如图 3-47(c)、(d) 所示。由内力图可知 AB 轴中点右侧截面为危险截面，其上的弯矩和扭矩分别为：

$$M_\text{max}=\frac{Ql}{4}=\frac{14\times 10^3\times 1.6}{4}=5.6\text{kN}\cdot\text{m}$$

轴右半段各截面上的扭矩均相等，其值为

$$T=M_\text{f}=1.8\text{kN}\cdot\text{m}$$

③ 按第三强度理论计算轴的直径。将 $W=\dfrac{\pi d^3}{32}$ 和危险截面上的弯矩和扭矩代入第三强度理论计算式，由强度条件得：

$$d \geqslant \sqrt[3]{\frac{118 \times 10^3}{0.1}} = 106 \text{ (mm)}$$

取 $d = 110$ mm

思考与练习

题图 3-18 所示圆截面杆，直径 $d = \frac{20}{\sqrt[3]{\pi}}$ mm，长度 $l = 2$m，在 B 端受集中力和力偶作用，集中力 $F = 4$N，外力偶矩 $m_B = 6$N·m。已知材料的许用应力 $[\sigma] = 80$MPa，试按第三强度理论校核该杆的强度。

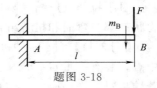

题图 3-18

小 结

① 四大变形是材料力学的基础，工程实际中的构件变形往往是四种变形中的一种或几种组合。

② 计算内力和应力是进行强度计算的基础。

a. 求内力的方法是截面法——取杆件的一部分为研究对象，利用静力学平衡方程求内力。拉压变形的内力是轴力；剪切变形的内力是剪切力；挤压变形的内力是挤压力；扭转变形的内力是扭矩；弯曲变形的内力是剪力和弯矩。

b. 应力是杆件单位截面积上的内力。

③ 圆轴扭转时，横截面产生绕轴的相对转动，其变形的实质是剪切变形。两截两相对转过的角度称为该段轴的扭转角。计算公式为：$\phi = TL/GI_p$。

④ 提高梁的弯曲强度的主要措施是：降低最大弯矩值；选择合理截面。

⑤ I_p 为横截面的极惯性矩，单位是 mm^4 或 cm^4；I_z 为横截面对中性轴 z 的惯性矩，单位是 mm^4 或 cm^4；W_p 称为抗扭截面系数，常用单位为 m^3、cm^3 和 mm^3；W 为横截面对中性轴 z 的抗弯截面系数，单位是 mm^3 或 cm^3；它们都是截面的几何量，大小与截面形状和尺寸有关。

⑥ 机械中的转轴多发生弯曲与扭转组合变形，常采用第三或第四强度理论进行强度计算。

综合练习

3-1 某悬臂吊车如题图 3-19 所示，最大起重载荷 $F = 20$kN，AB 杆为 Q235A 圆钢，许用应力 $[\sigma] = 120$MPa。试设计 AB 杆的直径 d。

3-2 铸造车间吊运铁水包的双套吊钩，其杆部为矩形截面，$h/b = 2$，如题图 3-20 所示，许用应力 $[\sigma] = 50$MPa。铁水包自重 8kN，最多能装 30kN 重的铁水。试确定矩形截面尺寸 b、h 的大小。

3-3 一气缸如题图 3-21 所示，其内径 $D = 560$mm，气缸内的气体压强 $p = 2.5$MPa，活塞杆的直径 $d = 100$mm，所用材料的屈服点 $\sigma_s = 300$MPa。求：

(1) 活塞杆横截面上的正应力和工作安全系数；

(2) 若连接气缸与气缸盖的螺杆直径 $d_1 = 30$mm，螺栓所用材料的许用应力 $[\sigma] = 60$MPa，试求所需的螺栓数。

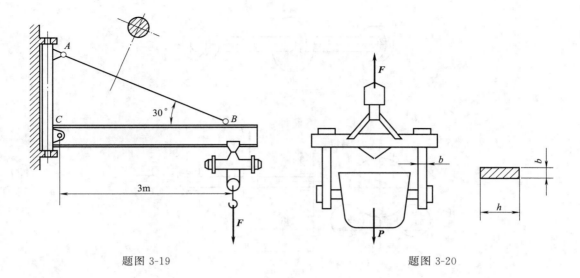

题图 3-19　　　　　　　　　　　　题图 3-20

3-4　压力机为防止过载采用了压环式保险器，如题图 3-22 所示。当过载时，保险器先被剪断，以保护其他主要零件。已知 $D=50\text{mm}$，材料的剪切极限切应力 $\tau_b=200\text{MPa}$，压力机的最大许可压力 $F=620\text{kN}$，试确定保险器的尺寸 δ。

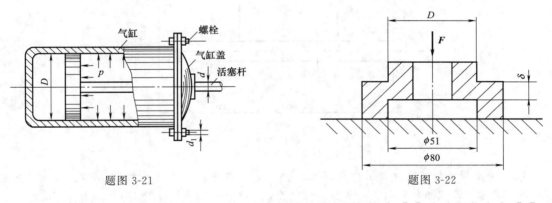

题图 3-21　　　　　　　　　　　　题图 3-22

3-5　题图 3-23 所示螺栓受拉力 F 作用，已知材料的许用切应力 $[\tau]$ 和许用拉应力 $[\sigma]$ 之间的关系为 $[\tau]=0.6[\sigma]$，试求螺栓直径 d 与螺栓头高度 h 的合理比值。

3-6　如题图 3-24 所示，传动轴的直径 $d=40\text{mm}$，许用应力 $[\tau]=60\text{MPa}$，许用单位长度扭转角 $[\theta]=0.5°/\text{m}$，轴材料的切变模量 $G=80\text{GPa}$，功率 P 由 B 轮输入，A 轮输出 $\dfrac{2}{3}P$，C 轮输出 $\dfrac{1}{3}P$，传动轴转速 $n=500\text{r/min}$。试计算 B 轮输入的许可功率 P。

3-7　支持转筒的托轮结构如题图 3-25 所示。转筒和滚圈的重量为 P，作用在每个托轮的载荷为 $F=60\text{kN}$。支持托轮的轴可以简化为一简支架。已知材料的许用应力 $[\sigma]=100\text{MPa}$，轴 AB 的直径 $d=90\text{mm}$，试校核该轴的强度。

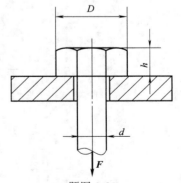

题图 3-23

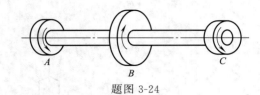

题图 3-24

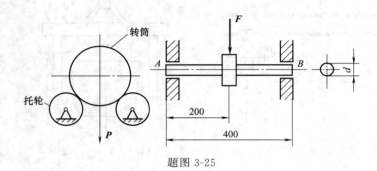

题图 3-25

3-8 圆轴承载情况如题图 3-26 所示,其许用正应力为 $[\sigma]=120\text{MPa}$,$F_1=5\text{kN}$,$F_2=3\text{kN}$,$F_3=3\text{kN}$,试校核其强度。

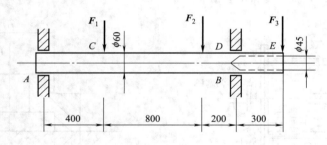

题图 3-26

3-9 简支梁受均布载荷作用如题图 3-27 所示,其许用应力为 $[\sigma]=120\text{MPa}$。分别采用截面面积相等(或近似相等)的实心和空心圆截面,且 $D_1=48\text{mm}$,$d_2=36\text{mm}$,$D_2=60\text{mm}$。试求它们能承担的均布载荷 q 的大小,并加以比较。

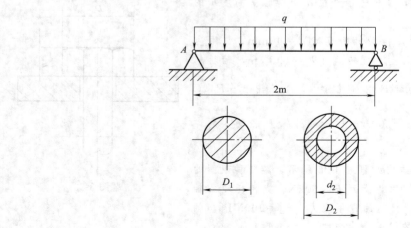

题图 3-27

3-10 如题图3-28所示传动轴，由齿轮作用于轴上的力 $F_1=5$kN，经带轮作用于轴上的力 $F_2=1.5$kN，轴为阶梯结构，安装齿轮处的直径 $d=30$mm，安装轴承处的直径 $d_0=25$mm，轴的许用应力 $[\sigma]=80$MPa。试校核该轴的弯曲强度。

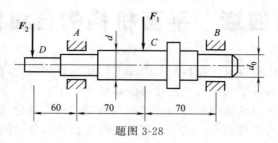

题图 3-28

3-11 题图3-29所示为机车轮轴的简图，试校核轮轴的强度。已知 $d_1=160$mm，$d_2=130$mm，$a=267$mm，$b=167$mm，$F=62.5$kN，材料的许用应力 $[\sigma]=60$MPa。

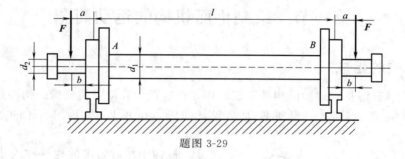

题图 3-29

3-12 长 $L=1$m 的轴 AB 用联轴器和电动机连接，如题图3-30所示，在 AB 轴的中点，装有一直径 $D=1$m 的带轮，两边的拉力各为 $F_1=4$kN 和 $F_2=2$kN，带轮重量不计。若轴材料的许用应力 $[\sigma]=140$MPa，试按第三强度理论设计轴的直径。

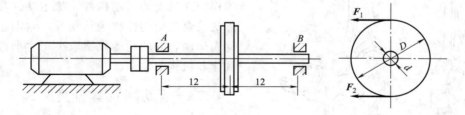

题图 3-30

第四章 平面机构的自由度

机器由一种或几种机构组成。机构是具有相对运动构件的组合,它是用来传递运动和力的构件系统;机构中各构件之间的可动连接称为运动副,用简单线条和符号表示机构的组成和各构件之间相对运动关系的简图,称为机构运动简图;构件具有独立运动的数目称为自由度。机构运动简图是一种工程语言,它可以直观地反映出各构件之间的相对运动关系,表达机构的运动特性,是对机器或机构进行分析和设计的基础。本章将介绍如何绘制机构运动简图和计算机构自由度,以此判断机构是否具有确定的相对运动。

第一节 绘制平面机构的运动简图

一、机构的组成

机构是具有确定相对运动的构件系统,用以传递运动和动力的装置。构件是机械中作独立运动的单元,它可以是一个零件如凸轮、曲轴,也可以是几个零件的组合如连杆,见图 4-1。

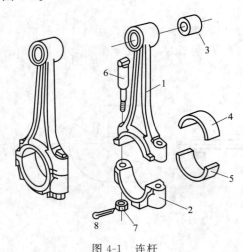

图 4-1 连杆
1—连杆体;2—连杆盖;3—轴套;4—上轴瓦;
5—下轴瓦;6—连接螺栓;7—螺母;8—开口销

机构中相对固定的构件称为机架,它的作用是支承和安装其他活动构件,一个机构只有一个机架。驱动力或驱动力矩所作用的构件称为原动件或主动件,它是按给定的已知运动规律作独立运动的活动构件。除主动件和机架以外的其余活动构件称为从动件,它随主动件运动而运动,它的运动规律取决于主动件的运动规律和机构的结构。

二、运动副及其分类

机构由许多构件组成,各构件都以一定方式与其他构件连接并保持相对运动,这种两构件之间直接接触所形成的可动连接称为运动副,机构中各构件之间的运动和动力的传递都是通过运动副来实现的。构件上参与接触的点、线、面称为运动副元素。

两构件组成运动副后,就限制了两构件间的相对运动,这种限制称为约束。根据组成运动副的两构件间的接触性质,运动副可分为低副和高副。

1. 低副

在平面机构中,两构件通过面接触组成的运动副称为低副。根据两个构件的相对运动形式,低副又可分为转动副和移动副。如果组成运动副的两构件只能绕某一轴线作相对转动,这种运动副称为转动副,也称为铰链,如图 4-2 所示。例如轴与轴承构成转动副。如果组成运动副的两构件只能沿某一轴线作相对移动,这种运动副称为移动副,如图 4-3 所示。例如滑块与导路构成移动副,活塞与气缸也构成移动副。

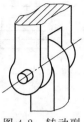
图 4-2 转动副

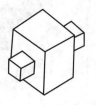
图 4-3 移动副

低副的结构形状简单,制造方便,两构件为面接触,压强低,承载能力强,便于润滑,不易磨损。

2. 高副

两构件之间通过点或线接触组成的运动副称为高副,如图 4-4、图 4-5 所示,两者既可以沿接触点切线方向相互移动,又可以绕通过接触点垂直运动平面的轴线转动。

高副结构复杂,压强高,易磨损。

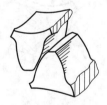
图 4-4 齿轮副

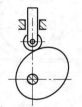
图 4-5 凸轮副

三、运动副和构件的表示方法

1. 运动副的表示方法

(1) 转动副

两构件组成转动副的表示方法如图 4-6 所示。小圆圈表示转动副,圆心代表轴线。

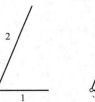
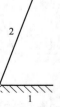
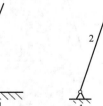

(a) 实例　　　　　　(b) 模型　　　　　　(c) 转动副表示

图 4-6 转动副表示方法

(2) 移动副

两构件组成移动副的表示方法如图 4-7 所示。移动副的导路必须与相对移动方向一致。

长度较短的块状构件称为滑块，长度较长的杆状或槽状构件称为导杆或导槽。

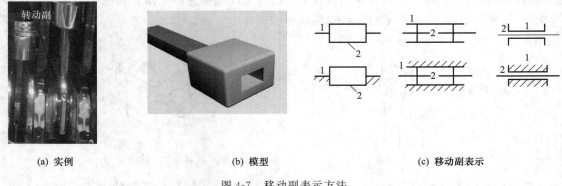

(a) 实例　　　　(b) 模型　　　　(c) 移动副表示

图 4-7　移动副表示方法

（3）高副

高副的表示如图 4-8 所示。直接画出两构件在接触处的曲线轮廓。

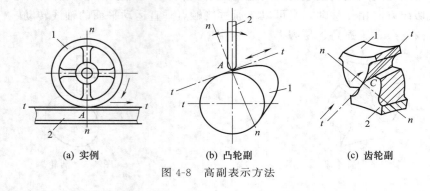

(a) 实例　　　　(b) 凸轮副　　　　(c) 齿轮副

图 4-8　高副表示方法

2. 构件的表示方法

不论构件形状多么复杂，在机构运动简图中，只需将构件上的所有运动副元素按照它们在构件上的位置用规定的符号表示出来，再用直线连接即可。通常，构件用直线、三角形或方块等图形表示，如图 4-9 所示。

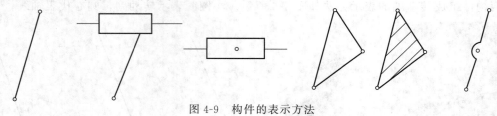

图 4-9　构件的表示方法

四、平面机构运动简图的绘制

1. 平面机构运动简图

实际的机器或机构比较复杂，构件的外形和结构也各不相同。但有些外形结构和尺寸等因素与机构的运动无关，在研究机器或机构的运动时，为使问题简化，不考虑这些与运动无关的因素，而用线条表示构件，用简单符号表示运动副的类型，按一定比例确定各运动副之间的相对位置，这种表示机构的组成和各构件之间相对运动关系的简图称为机构运动简图。

2. 绘制平面机构运动简图

绘制平面机构运动简图的步骤如下。

(1) 分析机构的组成和运动情况并找出机构中的主动件、机架、从动件

分析该机构的实际构造,顺着运动传递路线,从主动件开始,仔细分析各构件之间的相对运动情况,从而确定组成该机构的构件数和构件类型。

(2) 确定运动副的类型和数量

仍从主动件开始,沿运动传递顺序,根据构件之间相对运动性质和接触情况,确定机构运动副的类型和数目。

(3) 恰当选择投影面和适当比例尺

选择能较好表示构件运动关系的平面作为投影面,通常选择机构中多数构件的运动平面作为投影面,它能充分反映机构的运动特性。

按照构件实际尺寸和图纸幅面,按下式确定比例尺

$$\mu_l = \frac{实际尺寸(m)}{图上尺寸(mm)}$$

(4) 测量各个运动副的相对位置尺寸

(5) 按比例尺用规定的符号和线条绘制成机构运动简图

为了清晰表达各构件的运动情况和相互连接关系,将构件用1、2、3……进行编号,各转动副用A、B、C……表示,主动件用带箭头弧线表示运动方向,机架画出短斜线。

需要说明的是:机构的瞬时位置不同,所绘制的机构运动简图也不相同。所以应选择恰当的运动瞬时位置进行绘制。一般使主动件相对于机架处于某一恰当位置,该位置能清晰地反映出各构件之间的相互运动关系。

如果只为了表示机构的组成及运动情况,而不严格按照比例绘制,这样的简图称为机构示意图。

【例 4-1】 绘制图 4-10 所示手动唧筒的机构运动简图。

解 ① 分析唧筒组成和运动情况。该机构中构件1是主动件,3是机架,2、4是从动件,共有3个活动构件,一个机架,其中,构件1作摇动,带动构件4作上下往复移动,构件2围绕机架摆动。

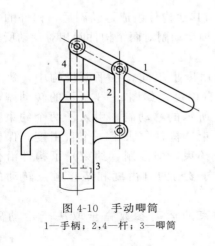

图 4-10 手动唧筒
1—手柄;2,4—杆;3—唧筒

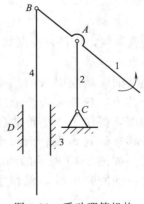

图 4-11 手动唧筒机构
运动简图

② 确定运动副的类型和数量。构件 1 与构件 4、构件 1 与构件 2 分别组成转动副，构件 4 与构件 3（机架）组成移动副。

③ 恰当选择投影面和适当比例尺。选择机构中各构件的运动平面为投影面。

按照构件实际尺寸和图纸幅面，按下式确定比例尺

$$\mu_l = \frac{\text{实际尺寸(m)}}{\text{图上尺寸(mm)}}$$

④ 测量各个运动副的相对位置尺寸。

⑤ 按比例尺用规定的符号和线条绘制成机构运动简图，如图 4-11 所示。

思考与练习

1. 什么是机构？怎样区别主动件、从动件和机架？
2. 什么是运动副？运动副有几种类型？各有何特点？
3. 什么是机构运动简图？绘制机构运动简图的目的是什么？

第二节　计算平面机构的自由度

一、自由度与约束

1. 自由度

在如图 4-12 所示直角坐标系 (oxy) 中，有一个作平面运动的自由构件 AA'（不与任何构件连接），则在该坐标系中构件具有如下的运动：构件随其上任一点 A 沿 x 轴和 y 轴方向移动，以及在 xoy 平面内绕 A 点转动。构件在任意瞬时的位置，可用 x_A、y_A、φ 确定。因此，作平面运动的构件具有三个独立的相对运动，我们把构件具有独立运动的数目称为自由度。

自由度表示构件相对于参考系具有独立运动的可能性。构件作平面运动时，具有三个自由度；构件在空间运动，具有六个自由度。

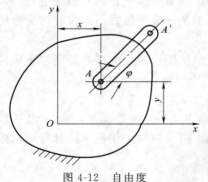

图 4-12　自由度

2. 约束

当一个构件与其他构件组成运动副后，构件的相对运动就要受到限制，构件自由度数目也随之减少，这种运动副对两个构件间相对运动所加的限制称为约束。

不同类型的运动副引入的约束不同，保留的自由度也不同。在平面机构中，每个低副引入两个约束，构件失去两个自由度，保留一个自由度。如图 4-13 所示的转动副，引入了两个约束，保留了一个转动自由度；如图 4-14 所示的移动副，引入了两个约束，保留了沿一轴移动的自由度；而每个高副引入一个约束，构件失去了一个自由度，保留了两个自由度。如图 4-15 所示的凸轮副，引入了一个约束，即限制（约束）了构件沿公法线 n-n 方向移动的自由度，保留了沿公切线 t-t 方向移动的自由度和绕接触点转动的自由度。

运动副所产生的约束数量、约束特点和被约束的运动参数完全取决于运动副的类型。

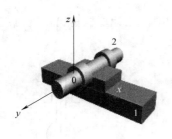  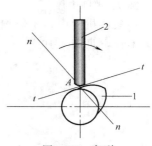

图 4-13 转动副　　　　　　图 4-14 移动副　　　　　　图 4-15 高副

二、平面机构自由度的计算

设有一个平面机构共有 N 个构件，其中只有一个机架，则该机构的活动构件数为 $n = N-1$。在各构件之间尚未组成运动副之前，这些活动构件的自由度总数应为 $3n$。当各构件用运动副连接起来之后，由于运动副引入的约束使构件的自由度减少，若机构中有 P_L 个低副和 P_H 个高副，则所有运动副引入的约束数为 $2P_L + P_H$。因此，可用活动构件的自由度总数减去约束的总数，得到平面机构的自由度，即：

$$F = 3n - (2P_L + P_H) \tag{4-1}$$

三、机构具有确定运动的条件

如前所述，只有原动件才能独立运动，通常每个原动件只有一个独立运动。因此，要使各构件之间具有确定的相对运动，必须使原动件数等于构件系统的自由度数。当机构自由度大于 0 时，如果原动件数（W）少于自由度数（F），那么机构就会出现运动不确定现象，如图 4-16 所示；如果原动件数（W）大于自由度数（F），则机构中最薄弱的构件或运动副可能被破坏，如图 4-17 所示。所以，机构具有确定运动的条件是：原动件数目 W 应等于机构的自由度数目 F，即：

$$W = F \text{ 且 } F > 0 \tag{4-2}$$

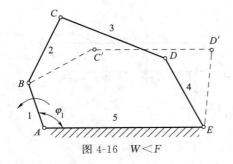 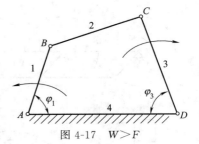

图 4-16　$W < F$　　　　　　　　　　　图 4-17　$W > F$

四、计算平面自由度时应考虑的问题

计算平面自由度时应注意以下几种特殊情况。

1. 复合铰链

两个以上的构件在同一处以转动副连接，则构成复合铰链。若 m 个构件在同一处构成复合铰链，则该处的实际转动副数目为 $(m-1)$ 个，如图 4-18 所示。

2. 局部自由度

在某些机构中，不影响其他构件运动的自由度称为局部自由度，在计算机构自由度时应除去不计，见图 4-19。

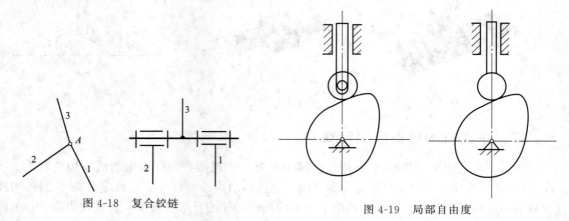

图 4-18　复合铰链

图 4-19　局部自由度

3. 虚约束

对机构运动实际上不起限制作用的约束称为虚约束，在计算机构自由度时应除去不计。平面机构的虚约束常出现于下列情况：

① 重复运动副如图 4-20 所示。

② 重复轨迹如图 4-21 所示。

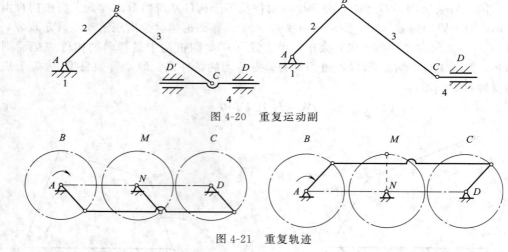

图 4-20　重复运动副

图 4-21　重复轨迹

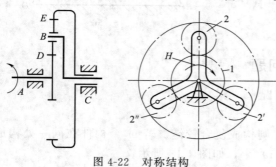

图 4-22　对称结构

③ 对称结构如图 4-22 所示。

虚约束的作用是：①改善构件的受力情况；②增加机构的刚度；③使机构运动顺利，避免运动不确定性。

需要说明的是：如果几何条件不满足，虚约束将变为实际约束，从而对机构运动起到限制作用，使机构失去运动的可能性。所以，含有虚约束的机构对机构的加工工艺精度要求较高。

【例 4-2】 ① 计算如图 4-11 所示手动唧筒机构的自由度，判断是否具有确定的运动。
② 计算如图 4-23 所示大筛机构的自由度，判断是否具有确定的运动。

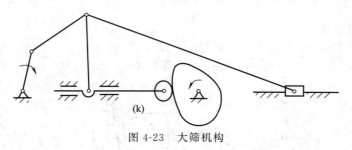

图 4-23 大筛机构

解 ① 计算手动唧筒的自由度

机构有 3 个活动构件，4 个低副（3 个转动副，1 个移动副），没有高副。

$$F = 3n - (2P_L + P_H)$$
$$= 3 \times 3 - (2 \times 4 + 0)$$
$$= 1$$

因为 $F=W$，所以机构具有确定的运动。

② 计算大筛的自由度

机构有 7 个活动构件，9 个低副（7 个转动副，2 个移动副，一处是复合铰链，一处有局部自由度），1 个高副。

$$F = 3n - (2P_L + P_H)$$
$$= 3 \times 7 - 2 \times 9 - 1$$
$$= 2$$

因为 $F=W$，所以机构具有确定的运动。

> **思考与练习**
> 1. 什么是自由度？什么是约束？
> 2. 怎样计算平面机构的自由度？
> 3. 机构具有确定运动的条件是什么？
> 4. 如何识别和处理复合铰链、局部自由度、虚约束？

小　　结

① 机构由原动件、从动件和机架组成，各构件具有确定的运动。

② 两构件直接接触所形成的可动连接称为运动副，分为低副和高副。低副包括转动副和移动副，高副包括齿轮副和凸轮副等。

③ 机构运动简图是一种工程语言，它可以简单明确地表示机构的组成和各构件之间的相对运动关系。

④ 作平面运动的独立构件具有三个自由度。当与其他构件组成运动副后，其自由度的数目相应减少，这种运动副对两个构件间相对运动所加的限制称为约束。不同类型运动副引入的约束不同，保留的自由度也不同。

⑤ 平面机构自由度的计算　$F = 3n - (2P_L + P_H)$。

⑥ 机构具有确定运动的条件是：原动件数目 W 应等于机构的自由度数目 F。即：

$$W = F \text{ 且 } F > 0$$

⑦ 在计算平面机构自由度时，应正确识别、处理复合铰链、局部自由度、虚约束。

综合练习

4-1 如何绘制机构运动简图？

4-2 计算机构自由度时应注意什么问题？

4-3 绘制题图 4-1 所示的机构运动简图，并计算机构的自由度，判断机构是否具有确定的运动。

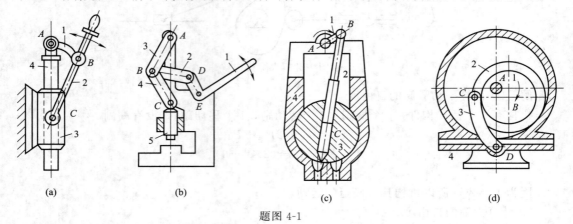

题图 4-1

4-4 计算题图 4-2 所示的机构自由度，并标出复合铰链、局部自由度、虚约束。

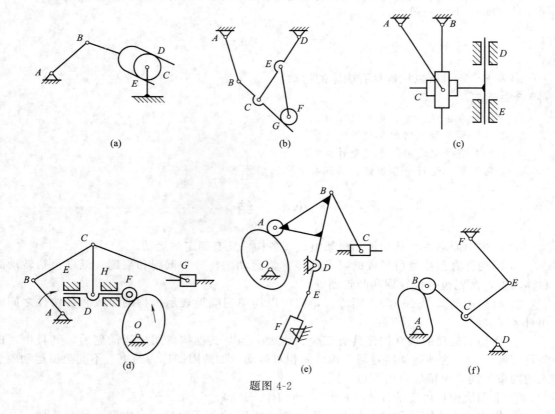

题图 4-2

第五章 平面连杆机构

平面连杆机构是由若干个构件用低副连接组成的平面机构，也称平面低副机构。由于低副连接压强低，磨损小，而接触表面是圆柱面或平面，制造简便，容易获得较高的制造精度。又由于这类机构容易实现转动、摆动、移动等基本运动形式及其转换，所以平面连杆机构在一般机械和仪表中获得广泛应用。连杆机构的缺点是低副中存在的间隙不易消除，会引起运动误差，不易精确地实现复杂的运动规律。平面连杆机构中最基本的机构是由四个构件组成的平面四杆机构，本章主要研究四杆机构及其演化形式。

第一节　认识铰链四杆机构

（1）观察内燃机的工作情况（如图 5-1 所示）
① 动力源：燃油推动活塞。
② 从动件：连杆、曲轴。
（2）观察牛头刨床的主运动（如图 5-2 所示）
① 动力源：电动机。
② 从动件：齿轮、曲柄、导杆、滑枕。

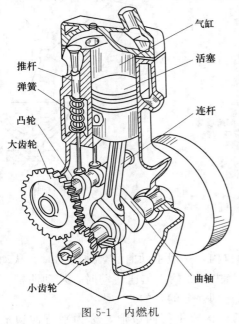

图 5-1　内燃机

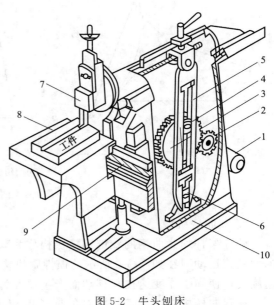

图 5-2　牛头刨床
1—电动机；2—小齿轮；3—大齿轮；4,6—滑块；
5—导杆；7—刨头；8—工作台；9—丝杠；10—床身

上述两种机构有不同组成、结构，有不同的运动形式。它们是什么类型的机构？有什么

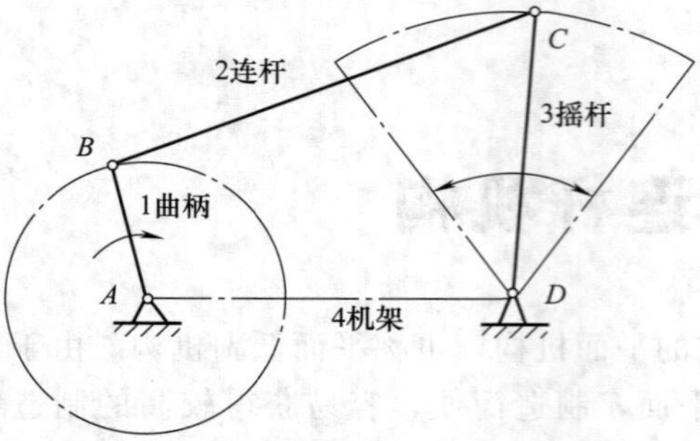

运动特性？还有哪些其他运动形式的机构？

一、铰链四杆机构的组成

如图 5-3 所示，由四个构件用转动副连接构成的机构，称为铰链四杆机构。在铰链四杆机构中，固定不动的杆 4 为机架，与机架相连的杆 1 与杆 3，称为连架杆，连接两连架杆的杆 2 称为连杆。连架杆 1 与 3 通常绕自身的回转中心 A 和 D 回转，杆 2 作平面运动；能作整周回转的连架杆称为曲柄，不能作整周回转的连架杆称为摇杆。

图 5-3 铰链四杆机构的组成

二、铰链四杆机构的基本类型及应用

1. 曲柄摇杆机构

两连架杆分别为曲柄和摇杆的铰链四杆机构，称为曲柄摇杆机构，如图 5-3 所示。它可将主动曲柄的连续转动，转换为从动摇杆的往复摆动。也可以将摇杆的往复摆动转变为曲柄的连续转动。图 5-4(a) 是雷达遥感器的曲柄摇杆机构；图 5-4(b) 是缝纫机用曲柄摇杆机构；图 5-4(c) 是要求实现一定轨迹的搅拌器用曲柄摇杆机构。图 5-5 是曲柄摇杆机构其他应用实例。

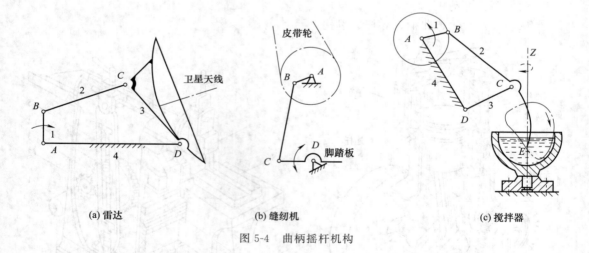

(a) 雷达　　(b) 缝纫机　　(c) 搅拌器

图 5-4　曲柄摇杆机构

2. 双曲柄机构

两连架杆均为曲柄的铰链四杆机构称为双曲柄机构，一般主动曲柄匀速转动时，从动曲柄为变速运动。在如图 5-6 所示的惯性筛机构中，当主动曲柄 1 匀速转动时，从动曲柄 3 变速旋转，使筛子作变速往复移动而产生惯性力，以达到筛分的目的。

在双曲柄机构中，若两相对的杆长度相等，四杆构成平行四边形，称为平行四边形机构，如图 5-7 所示。当两曲柄同向转动时称为正向平行四边形机构，如图 5-7(a) 所示；若两曲柄转向相反时称为反向平行四边形机构，如图5-7(b) 所示。图 5-8 是平行四边形机构的应用实例。

(a) 机器人的曲柄摇杆机构

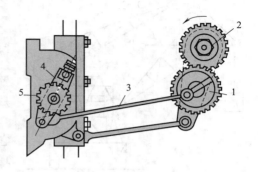
(b) 牛头刨床的曲柄摇杆机构
1—从动轮；2—主动轮；3—连杆；4—摇杆；5—棘轮

图 5-5 曲柄摇杆机构应用实例

在双曲柄机构中，当连杆与机架共线时，从动曲柄的转向有不确定性。为使转向确定，常需在机构上另加构件或增大机构的惯性。

3. 双摇杆机构

两连架杆都为摇杆的铰链四杆机构称为双摇杆机构。双摇杆机构可将主动摇杆的往复摆动转变为从动杆的往复摆动。

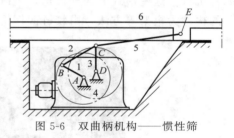

图 5-6 双曲柄机构——惯性筛

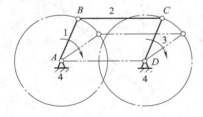
(a) 正向平行四边形机构

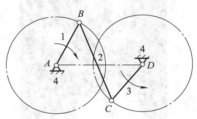
(b) 反向平行四边形机构

图 5-7 平行四边形机构

(a) 火车轮联动机构

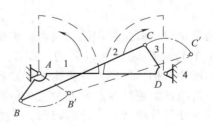
(b) 气动车门的启闭机构

图 5-8 平行四边形机构的应用实例

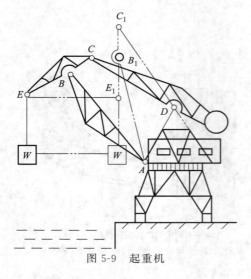

图 5-9 所示为港口起重机示意图，其中 ABCD 为双摇杆机构，当摇杆 AB 摆动时，摇杆 CD 也随之摆动并使 E 点作近似水平的直线移动，避免重物不必要的上升而消耗能量。图中实线和虚线位置表示机构所处的两个位置。

图 5-10 所示是飞机起落架机构，图中实线位置是飞机降落时由双摇杆控制的机轮位置，点画线是飞机起飞后机轮的位置。

图 5-11 所示为汽车车轮的等腰梯形转向机构，它是通过双摇杆机构操纵两个前车轮的摆角，以实现汽车的转向。

图 5-9 起重机

三、曲柄滑块机构

在各种机器中，还广泛应用着其他多种形式的四杆机构。这些形式的四杆机构，可以认为是通过改变构件的形状、构件的相对尺寸或以不同的构件为机架等方法，由铰链四杆机构的基本形式演化而成的。

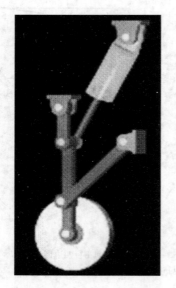

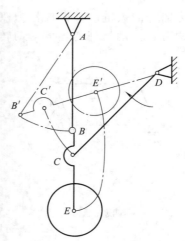

图 5-10 飞机起落架

曲柄滑块机构就是采用移动副取代曲柄摇杆机构中的转动副而演化得到的，如图 5-12 所示为单滑块机构。曲柄滑块机构的运动特点是：可以将曲柄的连续转动转变为滑块的往复移动，或由往复移动转化为连续转动。

根据曲柄转动中心和滑块轨道的相对位置，曲柄滑块机构分为对心曲柄滑块机构 [如图 5-13(a) 所示] 和不对心（偏置）曲柄滑

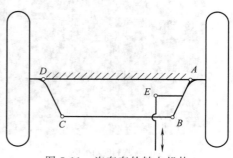

图 5-11 汽车车轮转向机构

机构［如图 5-13(b) 所示］。在偏置曲柄滑块机构中，曲柄转动中心到滑块移动中心线之间的距离称作偏心距，滑块在两个极限位置间的距离称为机构的行程或冲程。曲柄滑块机构在内燃机、冲床、剪床、空气压缩机、往复真空泵等机械中都得到了广泛的应用。

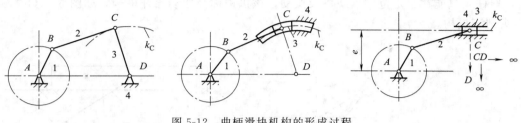

图 5-12　曲柄滑块机构的形成过程

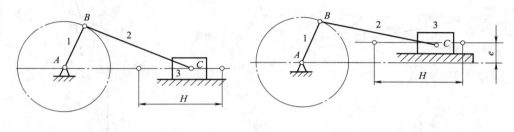

(a) 对心曲柄滑块机构　　　　　　　　　(b) 偏置曲柄滑块机构

图 5-13　曲柄滑块机构
1—曲柄；2—连杆；3—滑块；H—行程

四、四杆机构其他演化形式

(一) 曲柄滑块机构的演化形式

在曲柄滑块机构中，若以不同构件为机架，可得到如下几种常见的机构。

(1) 定块机构

在曲柄滑块机构中，若以滑块为机架，则演化成固定滑块机构，简称定块机构，如图 5-14 所示的手动泵就是定块机构。扳动手柄 1，使导杆 4 连同活塞上下移动，即可抽水或抽油。

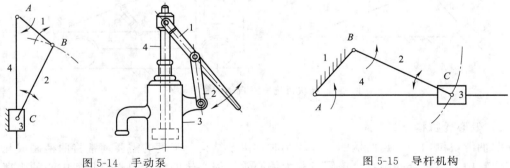

图 5-14　手动泵　　　　　　　　　　　图 5-15　导杆机构
1—手柄；2—摇杆；3—泵体；4—导杆

(2) 导杆机构

在曲柄滑块机构中，若以曲柄为机架，则演化成导杆机构，如图 5-15 所示。在导杆机构中,根据曲柄与机架的长度关系不同,导杆机构又分为两类。一是杆件长度 $L_{AB} < L_{BC}$,导杆 4 能作整周转动,此机构称为转动导杆机构,如图 5-16(a) 所示的简易刨床机构。工作时,导杆 4 绕 A 轴回转,带动构件 5 及刨刀 6 作往复运动,实现切削。二是杆件长度 $L_{AB} > L_{BC}$,导杆 4 只能在一定范围内绕机架摆动,该机构称为摆动导杆机构,如图 5-16(b) 所示的牛头刨床机构。

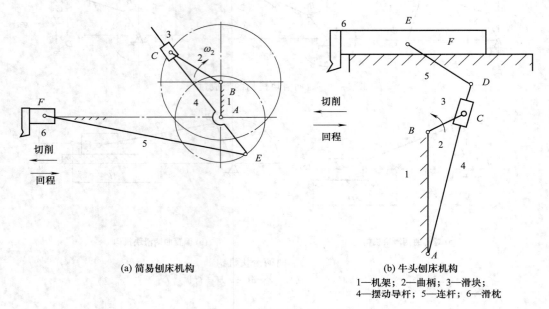

(a) 简易刨床机构   (b) 牛头刨床机构

1—机架;2—曲柄;3—滑块;
4—摆动导杆;5—连杆;6—滑枕

图 5-16 导杆机构的应用

(3) 摇块机构

在曲柄滑块机构中,若以连杆为机架,则演化成摇块机构,如图 5-17 所示的自动卸货翻斗车的翻斗机构,采用的就是摇块机构。

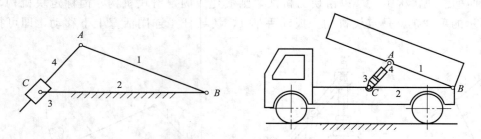

图 5-17 摇块机构——自动卸货翻斗车

(二) 偏心轮机构

在曲柄滑块机构中,当曲柄的尺寸较小时,由于结构、强度的需要,常将曲柄制成几何中心与回转中心不重合的圆盘,该圆盘称为偏心轮,偏心轮的回转中心与几何中心的距离称为偏心距,这种机构称为偏心轮机构,如图 5-18 所示。显然,偏心轮机构与曲柄滑块机构的运动特性完全相同。

偏心轮机构在工程中得到了广泛的应用。图 5-19 为颚式破碎机机构。由于破碎矿石

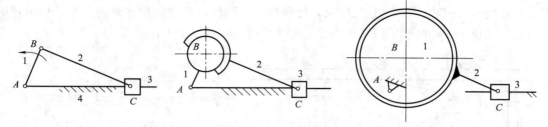

图 5-18　曲柄滑块机构演化为偏心轮机构

时构件受力很大，若用杆状曲柄，两转动副间距太小、强度不能满足，于是采用了偏心轮机构。偏心轮 1 为主动件，当它绕轴心转动时，颚板 5 绕固定轴心 G 往复摆动，将矿石轧碎。

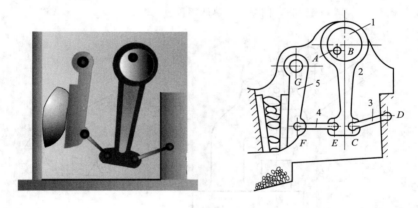

图 5-19　颚式破碎机

图 5-20 为偏心油泵，由偏心轮取代曲柄以获得较紧凑的结构。偏心轮 1 为主动件，它绕固定轴心 A 转动，圆柱 3 绕轴心 C 转动，外环 2 上的叶片 a 可在圆柱 3 中移动。当偏心轮 1 按图示方向连续转动时，偏心油泵可将右侧进油口输入的油从其左侧出油口输出，从而起到泵油的作用。

（三）多杆机构

四杆机构是最基本的连杆机构，它的运动形式和动力特性都比较单一，不能实现较复杂的运动形式和综合性的动力性能。为此，常以某个四杆机

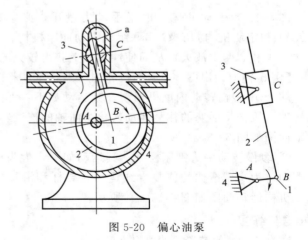

图 5-20　偏心油泵

构为基础添加一些构件或机构，组成多杆机构。简易刨床机构就是多杆机构，它是在转动导杆机构的基础上又增加了一个曲柄滑块机构，通过这种机构组合，实现了连续转动转变为往复移动。

图 5-21 为热轧钢料利用运输过程进行冷却的输送机。如果采用曲柄摇杆机构（曲柄采用了偏心轮），行程是曲柄半径的两倍，行程短，不能保证所需的冷却时间。而采用图示的曲柄摇杆 ABCD 和滑块机构 DEF 串联，增大了行程，满足了工作需要。

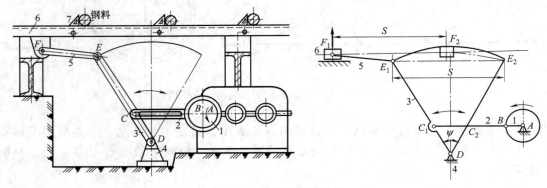

图 5-21 热轧钢料输送机

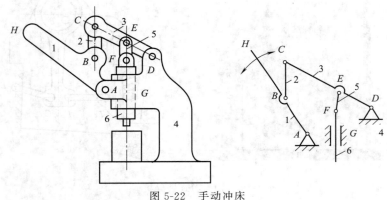

图 5-22 手动冲床

图 5-22 为手动冲床。由于手动力量小，必须采用增力机构，图示采用双摇杆机构 ABCD 和定块机构 DEFG 串联组成手动冲床机构。由杠杆定理知，作用在手柄上的力，通过构件 1 和 3 两次放大，从而使冲头 6 上获得较大的冲击力。

【例 5-1】 画出图 5-1 内燃机和图 5-2 牛头刨床的主运动的机构运动简图。

解 ① 缓慢转动内燃机模型，其运动如下：通过燃油气体推动活塞、带动连杆、使曲轴转动，机构将活塞的往复运动转化为曲轴的连续转动，它属于对心曲柄滑块机构。其机构运动简图如图 5-13(a) 所示。

② 缓慢转动牛头刨床模型，其运动如下：大齿轮带动滑块在导杆内移动，同时导杆往复摆动，为实现滑枕的往复直线运动，导杆和滑枕之间又有一连杆，因此该机构为五杆机构。机构运动简图如图 5-16(b) 所示。

思考与练习

1. 什么是平面连杆机构？它有哪些优缺点？
2. 铰链四杆机构有几种类型？各有什么运动特点？用连杆模板插件插接各种平面连杆机构，观察分析各种机构的运动特性。
3. 单滑块四杆机构有几种类型？
4. 自定尺寸，绘制一个四杆机构简图，并画出两个极限位置，说明获得了什么机构（提示：

取合适的两点 A、D 为两连架杆的转动中心，分别以 A、D 为圆心画圆或弧，在圆或弧上取连杆的位置 B、C，连接 $ABCD$ 即为四杆机构）。

第二节　平面连杆机构的基本特性

在四杆机构中，为什么有的有曲柄，有的没有曲柄？牛头刨床中，为什么滑枕的往复运动速度不同？如图 5-23 所示的夹具，当去除力 P 时，双摇杆机构仍能夹紧工件？四杆机构使用中要做哪些维护？

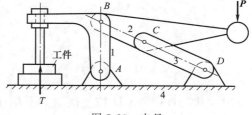

图 5-23　夹具

一、曲柄存在的条件

铰链四杆机构的三种基本形式，根本区别在于有无曲柄和有几个曲柄。曲柄在机构中占有重要地位，因为只有这种构件才能用电机等连续转动装置来带动。而四个杆件的相对长度对机构有无曲柄起着决定作用。

在图 5-24 所示的铰链四杆机构中，设 AB 为曲柄、BC 为连杆、CD 为摇杆、AD 为机架，各杆长度分别为 a、b、c、d。机构在运动中曲柄和机架有两次共线。

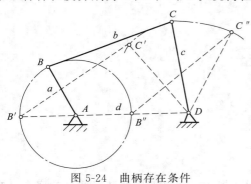

图 5-24　曲柄存在条件

在 $\triangle B'C'D$ 中　$a+d \leqslant b+c$

在 $\triangle B''C''D$ 中　$d-a+c \geqslant b$

$d-a+b \geqslant c$

经整理得：　$a+d \leqslant b+c$

$a+b \leqslant d+c$

$a+c \leqslant d+b$

上式两两相加得：
$$\left.\begin{array}{l} a \leqslant b \\ a \leqslant c \\ a \leqslant d \end{array}\right\} \quad (5-1)$$

上述关系式说明：

① 在曲柄摇杆机构中，曲柄是最短杆；

② 最短杆与最长杆长度之和小于或等于其余两杆长度之和。

这是曲柄存在的必要条件。满足了曲柄存在的条件后，机构究竟属于什么类型，与哪个构件作为机架有关。根据相对运动原理知，若以曲柄为机架，获得双曲柄机构；若以曲柄相对的摇杆为机架，获得双摇杆机构；若以曲柄相邻的构件为机架，获得曲柄摇杆机构。

当最短杆与最长杆长度之和大于其余两杆长度之和时，没有曲柄存在，此机构无论取哪个构件作为机架，均获得双摇杆机构。

二、急回特性和行程速比系数

如图 5-25 所示的曲柄摇杆机构中，曲柄 AB 为主动件作等速转动，摇杆 CD 为从动件作往复摆动。若 CD 杆处于 C_1D 位置为初始位置，C_2D 位置为终止位置，两极限位置之间所夹角度称为摇杆的摆角，用 ψ 表示。曲柄与连杆两次共线位置之间所夹的锐角称为极位夹角，用 θ 表示。当曲柄 AB 以等角速度顺时针从 AB_1 转到 AB_2，转过的角度为：$\phi_1 = 180°+\theta$，摇杆由 C_1D 摆动到 C_2D 位置，所用时间为 t_1，摇杆上铰链 C 的平均速度为：

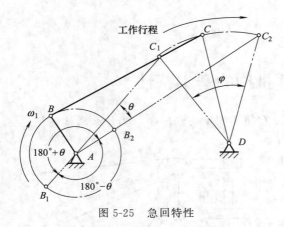

图 5-25 急回特性

$$v_1 = \frac{\overset{\frown}{C_1 C_2}}{t_1} \tag{5-2}$$

当曲柄 AB 以等角速度顺时针从 AB_2 转到 AB_1，转过的角度为：$\phi_2 = 180° - \theta$，摇杆由 C_2D 摆回到 C_1D 位置，所用时间为 t_2，其平均速度为：

$$v_2 = \frac{\overset{\frown}{C_1 C_2}}{t_2} \tag{5-3}$$

由于曲柄 AB 以等角速度转动，有 $\phi_1 > \phi_2$，$t_1 > t_2$，所以得 $v_2 > v_1$。

由此可见：主动件曲柄 AB 以等角速度转动时，从动件摇杆 CD 往复摆动的平均速度不等。工程中把进程平均速度设定为 v_1，返程速度设定为 v_2，显而易见，从动件返程速度比进程速度快，这个性质称为机构的急回特性，返程平均速度与进程平均速度之比称为行程速比系数，也称急回特性系数，用 K 表示。K 表示机构急回特性的程度。有：

$$K = \frac{v_2}{v_1} = \frac{\overset{\frown}{C_1 C_2}/t_2}{\overset{\frown}{C_1 C_2}/t_1} = \frac{t_1}{t_2} = \frac{\phi_1}{\phi_2} = \frac{180° + \theta}{180° - \theta} \tag{5-4}$$

由上式得出极位夹角的计算公式：

$$\theta = 180° \frac{K-1}{K+1} \tag{5-5}$$

上两式说明：① 机构有极位夹角，就有急回特性。
② θ 越大，K 值越大，急回特性就越显著。
③ $\theta = 0$、$K = 1$ 时，机构无急回特性。

三、压力角和传动角

在生产中，不仅要求连杆机构能实现预定的运动规律，而且希望运转轻便、效率高。在如图 5-26 所示的曲柄摇杆机构中，如果不计各杆质量和运动副中的摩擦，则连杆 BC 为二力杆，它作用于从动摇杆 CD 上的力 $\boldsymbol{P}$ 沿 BC 方向，作用在从动件上的驱动力 $\boldsymbol{P}$ 与该力作用点 C 的绝对速度 v_c 之间所夹的锐角 α 称为压力角。力 $\boldsymbol{P}$ 在 v_c 方向的有效分力为 $P_t = P\cos\alpha$，随压力角增大而减小。而另一分力 $P_r = P\sin\alpha$ 指向轴心，在运动副（轴承）中增加

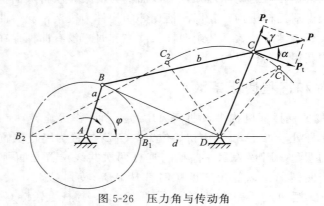

图 5-26 压力角与传动角

了摩擦，它是有害分力。

由此可见：压力角越小，有用分力越大，传力性能越好。所以压力角是判断机构传力性能的指标。生产实际中为了测量方便，用压力角 α 的余角 γ（即连杆与从动摇杆之间所夹的锐角）来判断传力性能，γ 称为传动角。因为 $\gamma = 90° - \alpha$，所以 α 越小，γ 越大，机构传力性能越好；反之，α 越大，γ 越小，机构传动效率越低。

机构运动时，传动角是变化的，为了保证机构正常工作，必须规定最小传动角 γ_{min}。对于一般功率的机械，通常取 $\gamma_{min} \geqslant 40°$；对于颚式破碎机、冲床等大功率机械，最小传动角应当取大一些，可取 $\gamma_{min} \geqslant 50°$；对于小功率的控制机构或仪表，$\gamma_{min}$ 可略小于 $40°$。由图 5-26 可知，最小传动角出现在曲柄与机架的共线位置之一。

四、死点位置

在曲柄摇杆机构中，当摇杆 CD 为主动件、曲柄 AB 为从动件，连杆 BC 与曲柄 AB 处于共线位置时，连杆 BC 与曲柄 AB 之间的传动角 $\gamma = 0°$，压力角 $\alpha = 90°$，这时无论连杆 BC 给从动件曲柄 AB 的力有多大，曲柄 AB 都不转动，机构所处的这种位置称为死点位置。图 5-27 是飞机起落架机构，在机轮放下时，杆 BC 与杆 CD 成一直线，此时虽然机轮上可能受到很大的力，但由于机构处于死点，经杆 BC 传给杆 CD 的力通过其回转中心 D，所以起落架不会反转使降落更安全。图 5-23 的钻床夹具，当用力 P 将手柄 2 按下，便可将工件夹紧。外力撤除后，工件的反作用力作用于构件 1，这时构件 1 是原动件，由于连杆 2 与从动件 3 共线，机构处于死点位置，故夹具不会自动松开，只有向上扳动手柄，才能松开夹具。

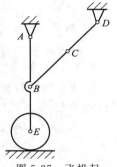

图 5-27 飞机起落架机构

对于传动机构，必须设法通过死点位置，通常采取以下措施使机构顺利地度过死点位置。

① 利用从动件的惯性通过死点位置。例如家用缝纫机的踏板机构中，利用大带轮的惯性通过死点位置，当运转速度很慢时惯性小，就会在死点位置停下来，这时要靠转动手轮启动旋转。

② 采用机构错位排列方式通过死点位置。例如用 V 型发动机，当一列处于死点位置时，另一列给机构施加驱动力使机构连续运转。

五、机构的使用与维护

虽然四杆机构的运动副是面接触，单位面积所受的压力较小，但在载荷的作用下，不可避免地会发生磨损，所以要定期地检查运动副的润滑和磨损情况，以免运动副严重磨损后间隙过大、运动不平稳、丧失精度、承载能力下降，导致机构过早失效。因此使用中要随时观察机构的运转状况，定期进行维护。

维护机构的主要工作有清洁运动副中的油泥污物、检查磨损间隙、测试、调整、修复磨损间隙、紧固紧固件、更换易损件、添加润滑剂等。在对运动副进行润滑时，润滑剂的种类、牌号、用量多少都要根据具体情况来定，这样才能达到最好的使用效果。

六、平面四杆机构的设计与选型

（一）平面四杆机构的设计

平面四杆机构的设计，主要是根据给定的条件，确定机构运动简图的尺寸参数。设计方法有图解法、实验法和解析法,实验法常用于实现复杂的运动轨迹的设计,解析法主要用于要求机构运动精度较高的场合,而图解法简单易行,是一般设计常用的方法。下面介绍图解法设计四杆机构。

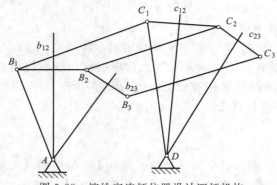

图 5-28 按给定连杆位置设计四杆机构

1. 按给定连杆位置设计四杆机构

如图 5-28 所示,已知连杆的三个位置 B_1C_1、B_2C_2 和 B_3C_3,设计四杆机构图解过程如下。

① 选定长度比例尺 μ_1,画出连杆的三个位置 B_1C_1、B_2C_2、B_3C_3。

② 分别连接 B_1B_2、B_2B_3 和 C_1C_2、C_2C_3,作各连线的垂直平分线得 b_{12}、b_{23} 交于 A 点,c_{12}、c_{23} 交于 D 点。A、D 两点即是两个连架杆的固定铰链中心。连接 AB_1C_1D 即为所求的四杆机构。

③ 测量 AB_1、C_1D、AD,计算各杆的长度 l_{AB}、l_{BC}、l_{CD}、l_{AD}。
$l_{AB}=\mu_1 AB_1$,$l_{BC}=\mu_1 B_1C_1$,$l_{CD}=\mu_1 C_1D$,$l_{AD}=\mu_1 AD$,得各杆的尺寸。

2. 按给定的行程速比系数设计曲柄摇杆机构

已知曲柄摇杆机构中摇杆的长度 l_3、摇杆摆角 ψ 和行程速比系数 K。设计的实质是确定铰链中心 A 点的位置,定出其他三杆的尺寸 l_1、l_2 和 l_4,其设计步骤如下(见图 5-29)。

① 计算极位夹角 θ 由给定的行程速比系数 K 计算 θ

$$\theta = 180° \frac{K-1}{K+1}$$

② 确定摇杆两个极限位置 选定固定铰链中心 D 的位置,由摇杆长度 l_3 和摆角 ψ,作出摇杆两个极限位置 C_1D 和 C_2D。连接 C_1 和 C_2,并作 C_1M 垂直于 C_1C_2。

③ 作辅助圆 作 $\angle C_1C_2N = 90° - \theta$,$C_2N$ 与 C_1M 相交于 P 点,由图可见,$\angle C_1PC_2 = \theta$。作 $\triangle C_1PC_2$ 的外接圆,圆弧 C_1PC_2 内任一点都满足极位夹角顶点的要求。

④ 确定各构件的长度 在弧 C_1PC_2 上任取一点 A,连 AC_1 和 AC_2,即是曲柄与连杆的两共线位置。因极限位置处曲柄与连杆共线,故 $AC_1 = l_2 - l_1$,$AC_2 = l_2 + l_1$,得连杆、曲柄长度:$l_2 = (AC_2 + AC_1)/2$,$l_1 = (AC_2 - AC_1)/2$。再以 A 为圆心,l_1 为半径作圆,交 C_2A 于 B_2,即得:$AB_2 = l_1$、$B_2C_2 = l_2$、$AD = l_4$。

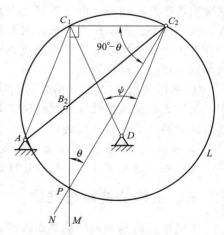

图 5-29 按给定的行程速比系数设计曲柄摇杆机构

由于 A 点是 $\triangle C_1PC_2$ 外接圆上任选的点,所以若仅按行程速比系数 K 设计,可得无穷多的解。A 点位置不同,机构传动角的大小也不同。如欲获得良好的传动质量,可按照最小传动角最优或其他辅助条件来确定 A 点的位置。

(二) 机构的选型

以上讨论了各种连杆机构的类型、工作原理、运动转换、运动和动力特性等,这些都是选择机构类型的依据。机构的功能是将原动件输入的运动,转换为要求的从动件输出的运动或运动轨迹,最常见的输入运动是电机的连续匀速转动,以此为输入运动,再根据运动形式选机构:

双曲柄机构——输出连续转动;

曲柄摇杆机构——输出往复摆动;

曲柄滑块机构——输出往复移动。

机构类型确定后,要考虑机械的传力性能、运动特性等方面的要求,使传动角大于许用值;有急回特性要求的,要选择合适的行程速比系数 K,以满足运动性能要求。

【例 5-2】 1. 分析牛头刨床中,为什么滑枕的往复运动速度不同?

2. 分析图 5-23 所示的夹具工作原理?

解 ① 牛头刨床的曲柄导杆机构,具有急回特性,所以滑枕的往复速度不同。这样有益于功率利用:切削时力大、速度慢,空回时不受力、速度快,同时也降低了生产辅助时间。

② 图 5-23 所示的夹具,去除外力 P 后,工件的反作用力成为主动力,连杆 2 与连架杆 3 为二力构件,连杆 2 给连架杆 3 的力通过铰链中心 D,即机构处于死点位置,因此外力去除后工件仍能被夹紧。

思考与练习

1. 在题图 5-1 所示的四杆机构中是否有曲柄存在?若分别以各杆为机架将获得什么类型的机构?
2. 如题图 5-2 所示,画出机构在此位置的压力角和传动角(有箭头构件是主动件)。
3. 如题图 5-3 所示缝纫机机构,画出其死点位置,说明通过死点位置的方法。

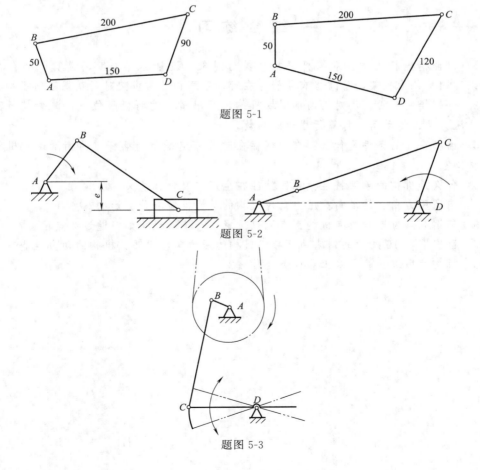

小　结

① 平面四杆机构是由低副连接构成的。基本类型有曲柄摇杆机构、双曲柄机构和双摇杆机构，它们能实现运动形式的转换和运动速度的改变。

② 曲柄滑块机构是四杆机构的演化形式，它能实现连续转动转变为往复移动，或将往复移动转化为连续转动，与四杆机构一样，也可以不同构件为机架获得不同机构。

③ 四杆机构的类型取决于是否有曲柄存在。曲柄存在的条件是：曲柄是最短杆；最短杆与最长杆长度之和小于或等于另外两杆长度之和。当确定有曲柄存在时，机构的类型与哪个构件作机架有关。

④ 极位夹角不等于零时机构有急回特性，急回特性反映了机构的生产工作时间和辅助时间的关系，即生产效率。压力角越小，有害分力越小，摩擦损失小。压力角的余角是传动角，它是连杆与从动杆之间的夹角。

⑤ 四杆机构中，当以往复构件作主动件，连杆与从动件共线时，机构存在死点位置。工程实际中常利用死点位置制成夹具，而传动机构则要设法通过死点位置。常用的方法是：利用惯性或机构错位排列通过死点位置。

⑥ 机构和其他机器一样，使用中也必须进行保养维护，主要工作有清洁运动副中的油泥污物、检查磨损间隙、测试、调整、修复磨损间隙、紧固紧固件、更换易损件、添加润滑剂等。

综合练习

5-1　以曲柄摇杆机构、双摇杆机构教具为对象，测量各杆长度，说明曲柄存在的条件。再以不同构件为机架，总结当有曲柄存在时，不同构件为机架时所获得不同机构。

5-2　分别绘制对心、不对心曲柄滑块机构，画出滑块的两极限位置，测量其行程、极位夹角、压力角、传动角，计算行程速比系数。

5-3　曲柄存在的条件是什么？有曲柄存在时就一定是曲柄摇杆（曲柄滑块）机构或双曲柄机构吗？

5-4　什么是机构的急回特性？急回特性在生产中有什么意义？

5-5　何谓压力角、传动角？压力角对机构的动力性能有什么影响？

5-6　何谓死点位置？所有机构都有死点位置吗？传动机构如何通过死点位置？

5-7　画出图5-16所示的刨床曲柄导杆机构的压力角，说明该机构的动力性能。

5-8　机构使用维护的主要工作任务是什么？

第六章 凸轮机构

凸轮是一种具有曲线轮廓或凹槽的构件,它与从动件、机架组成高副机构,能实现任何预期的运动规律。本章主要介绍凸轮机构的运动特性和传力特性,从动件常用的运动规律以及凸轮轮廓曲线的设计方法。

第一节 认识凸轮机构

如图6-1～图6-3所示分别为不同机器中的凸轮机构,它们有不同的结构和运动形式,它们能完成什么样的动作呢?

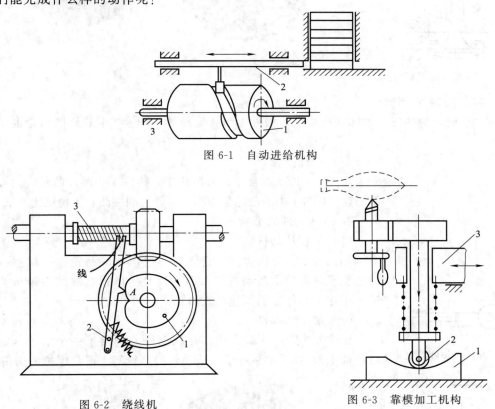

图6-1 自动进给机构

图6-2 绕线机

图6-3 靠模加工机构

一、凸轮机构的组成和传动特点

凸轮机构由凸轮、从动件和机架组成,能将凸轮的连续转动或移动转换为从动件的往复移动或往复摆动。在凸轮机构中,只要适当地设计凸轮的轮廓曲线,便可使从动件获得任意预定的运动规律。凸轮机构的构件数目少,结构简单紧凑,由于凸轮与从动件之间形成高副,易于磨损,所以凸轮机构一般用于受力不大的场合。另外,由于凸轮尺寸的限制,也不适用于要求从动件行程较大的场合。

二、凸轮机构的基本类型及应用

凸轮机构的类型很多，通常按凸轮和从动件的形状、运动形式分类。

1. 按凸轮的形状分类

（1）盘形凸轮

如图 6-4 所示的内燃机车的配气机构中，盘形凸轮 1 连续转动，推动从动件 2 沿机架 3 往复移动，实现气阀的启闭。图 6-2 中的凸轮也属于盘形凸轮。盘形凸轮实物见图 6-5。

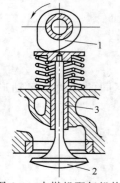

图 6-4　内燃机配气机构　　　　　图 6-5　盘形凸轮实物

（2）移动凸轮

在图 6-6 所示的冲压机加卸载机构中，构件 1 为移动凸轮。图 6-3 中的靠模凸轮也属于移动凸轮。

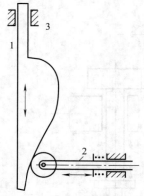

（3）圆柱凸轮

在图 6-7 所示的自动走刀机构中，构件 1 为圆柱凸轮，也称蜗杆凸轮。图 6-1 中的凸轮也为圆柱凸轮。圆柱凸轮实物见图 6-8。

2. 按从动件的形状分类

（1）尖顶从动件

如图 6-2 中的从动件，它能与任何形状的凸轮保持接触，精确地实现从动件的运动规律。但尖顶易于磨损，故此尖顶从动件适用于作用力较小的低速凸轮机构。

（2）滚子从动件

如图 6-3 所示的机构中，在从动件上安装了一个滚子（常用滚动轴承），如图 6-9 所示，从动件与凸轮间由滑动摩擦变为滚动

图 6-6　冲压机加卸载机构

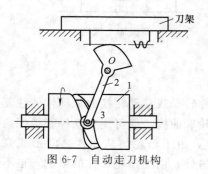

图 6-7　自动走刀机构　　　　　图 6-8　圆柱凸轮实物

摩擦，以降低摩擦力，减少磨损，增大承载能力，因此得到广泛应用。

（3）平底从动件

如图 6-4 所示的机构中，凸轮与从动件以平板接触，见图 6-10，受力平稳可靠，有利于润滑，但平底从动件不能与凹形凸轮的轮廓接触。平底从动件主要用于高速重载的凸轮机构上。

图 6-9　滚子从动件

图 6-10　平底从动件

3. 按从动件的运动形式分类

（1）直动从动件

如图 6-11 所示，从动件作直线运动。

（2）摆动从动件

如图 6-12 所示，从动件作往复摆动。

图 6-11　直动从动件

图 6-12　摆动从动件

4. 按凸轮与从动件保持接触的形式分类

（1）力锁合

利用从动件的重力、弹簧力或其他外力使从动件始终与凸轮保持接触。如图 6-13 所示

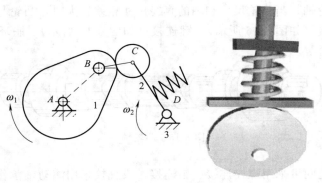

图 6-13　力锁合

是在弹簧压力下使从动件始终保持与凸轮轮廓接触。

（2）形锁合

利用凸轮与从动件构成的特殊结构使凸轮与从动件始终保持接触，见图 6-14。

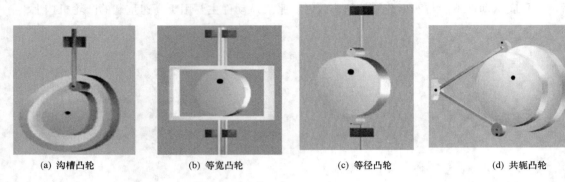

(a) 沟槽凸轮　　　　(b) 等宽凸轮　　　　(c) 等径凸轮　　　　(d) 共轭凸轮

图 6-14　形锁合

图 6-14(a) 是沟槽凸轮机构，它是通过凸轮沟槽两边的轮廓线始终与从动件保持接触。特点是结构简单，但凸轮尺寸、重量增加。

图 6-14(b) 是等宽凸轮机构，与凸轮轮廓线相切的任意两平行线间的距离都相等且等于框架内侧宽度。特点是从动件在凸轮前 180°的运动规律确定后，后 180°要符合等宽的原则。

图 6-14(c) 是等径凸轮机构，从动件两滚子间的距离相等，这种凸轮机构与图 6-14(b) 中的凸轮机构有相似的特点。

图 6-14(d) 是共轭凸轮机构，由两个凸轮分别完成推程和回程的运动，特点是运动规律灵活，但结构复杂，制造精度要求高。

三、凸轮机构的材料及结构

1. 凸轮和滚子的材料

凸轮和滚子的工作表面要有足够的硬度、耐磨性和接触强度，有冲击的凸轮机构还要求凸轮芯部有较好的韧性。凸轮和滚子常用材料为 15、45、20Cr、40Cr、20CrMnTi 等，经渗碳或调质等热处理后可满足不同要求。

2. 凸轮的结构

当凸轮尺寸与轴的直径尺寸相差不大时，可将凸轮与轴制成一体构成凸轮轴，如图 6-15 所示的柴油机用凸轮轴；当凸轮尺寸和轴的直径尺寸相差较大时，凸轮与轴应分开制造，凸轮与轴可采用销连接（如图 6-16 所示）、键连接（如图 6-17 所示）、胀环和双螺母对顶连接（如图 6-18 所示）。

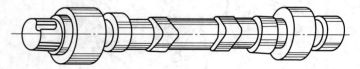

图 6-15　凸轮轴

滚子与从动件之间可采用螺栓连接、销连接，或直接采用滚动轴承作为滚子，如图 6-19 所示。

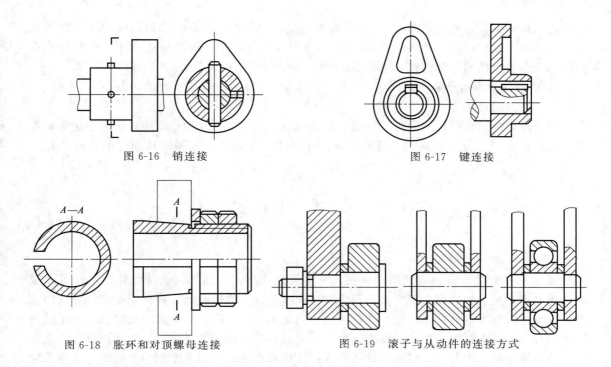

图 6-16 销连接

图 6-17 键连接

图 6-18 胀环和对顶螺母连接

图 6-19 滚子与从动件的连接方式

四、凸轮机构的运动分析

1. 运动过程

如图 6-20 所示为一对心尖顶从动件凸轮机构,其中以凸轮轮廓曲线的最小向径为半径所作的圆称为凸轮的基圆,基圆半径用 r_b 表示,此时从动件处于最近位置。当凸轮以等角速度 ω_1 顺时针转动时,从动件被凸轮推动以一定运动规律从最近位置到达最远位置,这一过程称为推程。从动件在这一过程中经过的距离 h 称为行程(升程),对应的凸轮转角 δ_0 称为推程(升程)运动角。当凸轮继续回转时,从动件在最远位置停留不动,此时凸轮转过的角度 δ_s 称为远休止角。凸轮再继续回转,从动件以一定运动规律从最远位置回到最近位置,

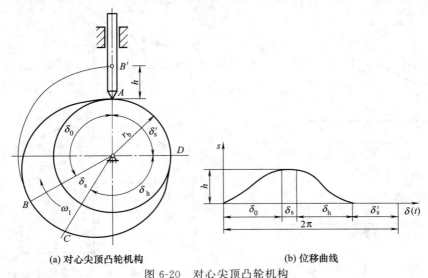

(a) 对心尖顶凸轮机构 (b) 位移曲线

图 6-20 对心尖顶凸轮机构

这段行程称为回程,对应的凸轮转角 δ_h 称为回程运动角。当凸轮继续回转时,从动件在最近位置停留不动,此时凸轮转过的角度 δ'_s 称为近休止角。凸轮转角与从动件升程间的关系曲线称为凸轮机构的位移曲线,也称 s-δ 曲线,如图 6-20(b) 所示。

2. 从动件常用运动规律

(1) 等速运动规律

当凸轮匀速回转时,从动件上升或下降的速度为一常数,这种运动规律称为等速运动规律。设凸轮升程角为 δ_0,从动件升程为 h,升程时间为 t_0,则推程时从动件的运动方程可表示为

$$\left.\begin{array}{l} s = \dfrac{h}{\delta_0}\delta \\ v = \dfrac{h}{\delta_0}\omega_1 \\ a = 0 \end{array}\right\} \quad (6\text{-}1)$$

图 6-21 为等速运动规律的运动线图,从中可以看出:从动件在运动的开始和结束的瞬间,速度有突变,加速度为无穷大,理论上将产生无穷大的惯性力,构件受到无穷大的冲击力,这种冲击称为刚性冲击。刚性冲击对机构的危害很大。因此等速运动规律只适用于低速轻载场合。工程实际中,为了避免刚性冲击,常对其运动线图进行修改,如在位移线图上升程开始和停止处,用与斜直线相切的两小段弧线代替直线,使加速度成为有限值,这样的冲击称为柔性冲击。

(2) 等加速等减速运动规律

作等加速等减速运动的从动件,在整个行程的前半程作等加速运动,后半程作等减速运动,通常加速度与减速度的绝对值相等。由于从动件等加速段的初始速度和等减速段的末速度为零,加速度为一常数,所以机构运动较平稳,常用于速度较高的场合。等加速等减速运动线图见图 6-22。

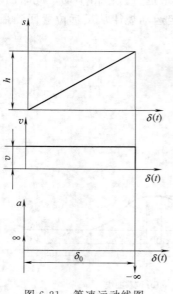

图 6-21 等速运动线图

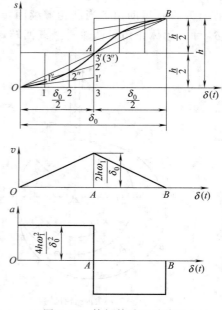

图 6-22 等加等减运动线图

等加速段 $\left(0 \leqslant \delta \leqslant \dfrac{\delta_0}{2}\right)$:

$$\left.\begin{aligned} s &= \frac{2h}{\delta_0^2}\delta^2 \\ v &= \frac{4h\omega_1}{\delta_0^2}\delta \\ a &= \frac{4h\omega_1^2}{\delta_0^2} \end{aligned}\right\} \quad (6-2)$$

等减速段 $\left(\dfrac{\delta_0}{2} \leqslant \delta \leqslant \delta_0\right)$:

$$\left.\begin{aligned} s &= h - \frac{2h}{\delta_0^2}(\delta_0-\delta)^2 \\ v &= \frac{4h\omega_1}{\delta_0^2}(\delta_0-\delta) \\ a &= -\frac{4h\omega_1^2}{\delta_0^2} \end{aligned}\right\} \quad (6-3)$$

等加速等减速位移曲线的作图方法如下:

① 将推程角和推程分成二等份,然后将每一等份再对应地分成若干等份,如图 6-22 中分成了 3 等份,得分点 1、2、3、…和 1′、2′、3′、…;

② 分别连接 01′、02′、03′、…,与转角等分线 1、2、3、…相交得点 1″、2″、3″、…;

③ 将 1″、2″、3″、…各点用光滑曲线相连,即为所求推程的位移曲线。

五、其他运动规律及选择

(一) 简谐（余弦加速度）运动规律

简谐运动规律的加速度曲线为 1/2 个周期的余弦曲线,又称余弦加速度运动规律。其运动方程为:

$$\left.\begin{aligned} s &= \frac{h}{2}\left[1-\cos\left(\frac{\pi}{\delta_0}\delta\right)\right] \\ v &= \frac{\pi h\omega_1}{2\delta_0}\sin\left(\frac{\pi}{\delta_0}\delta\right) \\ a &= \frac{\pi^2 h\omega_1^2}{2\delta_0^2}\cos\left(\frac{\pi}{\delta_0}\delta\right) \end{aligned}\right\} \quad (6-4)$$

图 6-23 为余弦加速度运动规律的位移线图、速度线图和加速度线图。余弦加速度运动规律在运动起始和终止的位置,加速度曲线不连续,存在柔性冲击,适用于中速场合。但对于升→降→升型运动的凸轮机构,加速度曲线变成连续曲线,则无柔性冲击,可用于较高速场合。

(二) 运动规律的选择

除以上运动规律外,工程中采用的运动规律越来越多,如正弦加速度、多项式等运动规律。实践

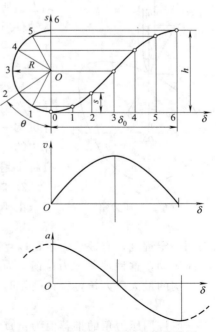

图 6-23 余弦加速度运动位移线图

中必须根据凸轮机构的具体使用条件，选择从动件的运动规律。为了满足使用要求，有时可以对位移线图的局部地方进行修改，或者将几种不同的运动规律进行组合，以便获得比较理想的动力特性。对于低速且对运动规律要求不严的凸轮机构，考虑加工方便，可采用圆弧和直线组成的凸轮轮廓。

思考与练习

1. 凸轮机构中的凸轮和从动件各有哪些类型？
2. 尖顶从动件和滚子从动件各有什么特点？
3. 凸轮与轴的连接结构有哪些类型？
4. 观察自动配钥匙机器的工作，其上采用了什么类型的凸轮？
5. 观察修鞋师傅怎样把手柄的连续转动转换为缝针的往复运动。
6. 当推程角为120°时，从动杆等加速等减速上升20mm，远休止角为60°，回程角为120°时，从动件等速返回，近休止角为60°，试做出该凸轮机构的位移曲线。

第二节　设计凸轮轮廓曲线

一、凸轮机构的传力性能

在设计凸轮时，除了需要合理地选择从动件的运动规律外，还要求机构具有良好的传力性能。压力角的大小表征了机构的传力性能。

1. 凸轮机构的压力角

图 6-24 所示为对心直动尖顶从动件盘形凸轮机构。当不考虑从动件与凸轮接触处的摩擦时，凸轮对从动件的作用力 F 沿接触点 A 的公法线 n-n 方向，直动从动件的速度 v 沿导路方向。力 F 作用线与从动件运动方向所夹的锐角称为凸轮机构在该点的压力角，用 α 表示。从动件所受的力 F 可分解为

$$\left. \begin{array}{l} F_1 = F\cos\alpha \\ F_2 = F\sin\alpha \end{array} \right\} \tag{6-5}$$

显然，F_1 是推动从动件运动的有效分力，F_2 对从动件的导路产生侧压力，增大了机构的摩擦阻力，是有害分力。与四杆机构一样，压力角的大小反映了机构的传力性能，是机构设计中的一个重要参数。为了提高传力性能和机械效率，压力角应越小越好。

2. 自锁现象

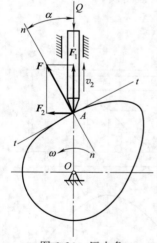

图 6-24 压力角

由于凸轮轮廓是变化的，所以轮廓曲线上各点的压力角不等。压力角越大，摩擦阻力越大，凸轮转动越困难，当压力角 α 增大到一定程度，有效分力不足以克服摩擦阻力时，无论凸轮给从动件多大的推力，从动件都不能运动，这种现象称为自锁。为确保机构的传力性能，在工程实际中，根据实践经验规定了机构的最大压力角，设计凸轮时，要满足凸轮轮廓的最大压力角不大于许用值。即

$$\alpha_{\max} \leqslant [\alpha]$$

一般许用压力角的推荐值为：直动从动件的推程 $[\alpha]=30°$；摆动从动件的推程 $[\alpha]=40°$；回程中由于从动件在弹簧力、重力等作用下返回，大多是空回行程，考虑减小凸轮尺

寸，许用压力角可以大一些，可取 $[\alpha]=70°\sim80°$。

最大压力角 $\alpha_{\max}$ 可能出现在下列位置：

① 从动件上升的起始位置。

② 从动件具有最大速度 $v_{\max}$ 的位置。

③ 凸轮轮廓上比较陡的地方。

压力角的大小可用量角器按图 6-25 所示方法测量：在凸轮轮廓坡度较陡处选取几点，作出这些点的法线和相应的从动件速度方向线，用量角器测量它们的夹角，对比许用值。凸轮升程大时，轮廓曲线就陡直，压力角就大，因此凸轮不适用行程大的传动。

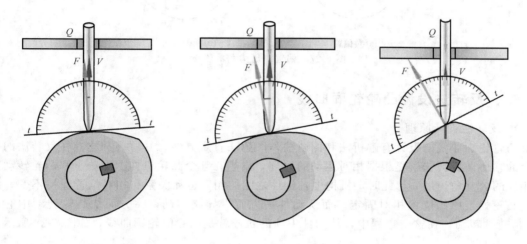

图 6-25 压力角的测量

3. 影响压力角的因素

(1) 凸轮的基圆半径

研究表明：从动件运动规律相同时，基圆半径越小，凸轮结构紧凑，但压力角增大；基圆半径增大时，凸轮结构增大，压力角减小。如图 6-26 所示为相同运动规律和行程的凸轮，基圆半径不同时的压力角。

由经验推荐，对于凸轮与轴做成一体的凸轮，基圆半径 r_b 比轴径大 $4\sim10\text{mm}$，凸轮与轴分体时，基圆半径比轮毂半径大 $30\%\sim60\%$，且要满足压力角的要求。

(2) 偏距

从动件的中心线偏离凸轮转动中心的距离称为偏距。以凸轮转动中心为坐标原点，若凸轮转轴在从动件右边时，称为负偏置，反之称为正偏置。压力角的大小受到凸轮转向、从动件偏置方向、从动件位移等影响。

如图 6-27 所示为不同偏置形式的凸轮机构。若其运动规律、基圆半径以及偏距大小都相等，比较二者可知，负偏置的压力角大于正偏置的压力角。因此，如果从动杆的偏置方式选择不当，就会增大机构的压力角，甚至会出现自锁现象。

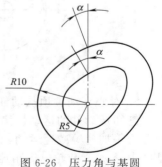

图 6-26 压力角与基圆半径的关系

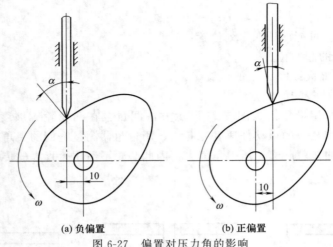

(a) 负偏置　　　　　　(b) 正偏置

图 6-27　偏置对压力角的影响

二、反转法设计凸轮轮廓曲线

1. 反转法设计原理

凸轮轮廓曲线的设计有解析法和图解法，图解法直观方便，其原理是建立在反转法的基础上的。所谓反转法就是根据相对运动的原理，设想在整个凸轮机构上加一个和凸轮转动方向相反的公共角速度 ω，此时，机构中各构件之间的相对运动关系和相对位置保持不变，结果是凸轮处于原始位置相对固定，而从动件一方面沿导路移动，一方面绕凸轮转动中心以 $-\omega$ 角速度转动，在这个过程中，从动件尖顶的轨迹就是凸轮的轮廓曲线，如图 6-28 所示。

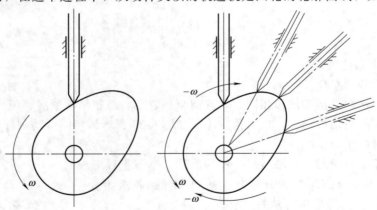

图 6-28　反转法原理

2. 对心直动尖顶从动件盘形凸轮轮廓曲线的设计

已知从动件的运动规律：从动件升程为匀速上升，推程角 $\delta_0=120°$，远休止角 $\delta_s=60°$，回程为等加速等减速运动，回程角 $\delta_h=60°$，近休止角 $\delta'_s=120°$，如图 6-29(a) 所示。凸轮基圆半径 r_b，凸轮以等角速度 ω 逆时针回转。凸轮轮廓曲线的作图步骤如下：

（1）作出凸轮的初始位置

选取适当的比例尺 μ_1（取与 s-δ 位移曲线中纵坐标 μ_s 相同的比例尺），取 O 为圆心，r_b 为半径画出基圆，并定出从动杆的初始位置 B_0。

（2）确定凸轮转角与从动件位移的对应关系

在 s-δ 位移曲线上，将凸轮推程角和回程角分别分成若干等份，图中以 30°为一份，得

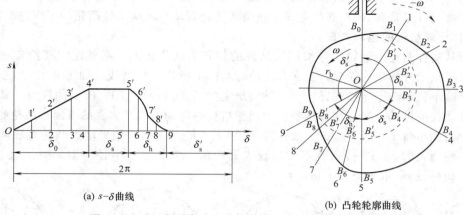

(a) $s-\delta$ 曲线 (b) 凸轮轮廓曲线

图 6-29 对心尖顶直动从动件盘形凸轮轮廓曲线的绘制

等分点 1、2、3、4、…，将基圆对应地也分成相同等份，从圆心 O 过各分点作向径线 $O1$、$O2$、$O3$、…，这些位置就是从动件在反转过程中所占据的位置。

（3）作出从动件尖端相对于凸轮的各个位置

自各条向径线与基圆的交点 B_1'、B_2'、B_3'、…，向外量取各个位移量 $B_1'B_1=11'$、$B_2'B_2=22'$、$B_3'B_3=33'$、…，得 B_1、B_2、B_3、…各点。这些点就是反转后从动件尖顶的一系列位置。

（4）画出凸轮轮廓

将 B_0、B_1、B_2、B_3、B_4、…、B_9 各点连成光滑的曲线（图中 B_4、B_5 和 B_9、B_0 间均为以 O 为圆心的圆弧），即得所求的凸轮轮廓曲线，如图 6-29(b) 所示。

三、滚子和平底从动件盘形凸轮轮廓曲线的设计

直动尖顶从动件凸轮机构中的轮廓曲线，是绘制其他类型从动件的凸轮轮廓曲线的基础，称为凸轮理论轮廓曲线。尖顶从动件的理论轮廓曲线和工作轮廓曲线（也称为实际轮廓曲线）相重合。

（一）对心直动滚子从动件凸轮轮廓的设计

为了减小摩擦、提高效率，在运动精度允许的情况下，可将直动尖顶从动件改为直动滚子从动件，其轮廓曲线绘制方法如下。

1. 作出凸轮理论轮廓曲线

如图 6-30 所示，将滚子中心视为尖顶从动件的尖端，按尖顶直动从动件盘形凸轮轮廓曲线的作图方法，作出滚子直动从动件凸轮理论轮廓曲线。

2. 绘制凸轮的工作轮廓曲线

以凸轮理论轮廓曲线上的一系列点为圆心，以滚子半径 r_T 为半径画一系列滚子圆，滚子圆的包络线就是凸轮的工作轮廓曲线。

（二）直动平底从动件凸轮轮廓曲线的设计

同理，将直动平底从动件平底上的一点视为直动尖

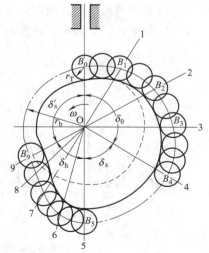

图 6-30 对心直动滚子从动件盘形凸轮轮廓曲线的绘制

顶从动件的尖顶，作出凸轮的理论轮廓曲线，在理论轮廓曲线上作直动平底从动件的平底位置线（平底与杆身垂直），平底位置线的包络线就是直动平底从动件凸轮的工作轮廓曲线。

（三）凸轮机构的运动失真

尖顶从动件凸轮理论轮廓是按照从动件的位移曲线作出的，必然能实现给定的运动规律。而滚子从动件的工作轮廓，是在理论轮廓基础上所作的包络线，如图6-31(a)、(b)所示。若基圆半径和滚子半径选择不当，就会出现如图6-31(c)、(d)所示的现象，就不能实现给定从动件的运动规律，这种现象称为凸轮机构的运动失真。失真的原因是凸轮的理论轮廓曲线上的最小曲率半径 ρ_{min} 小于滚子的半径 r_T（$\rho_{min} < r_T$），如果增大凸轮轮廓曲线的曲率半径，使凸轮的 $\rho_{min} > r_T$，就不会出现失真现象。为此滚子半径应取 $r_T \leq \rho_{min} - 3mm$。一般的自动机械 r_T 取 10～25mm。

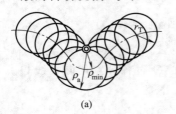 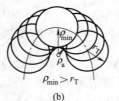 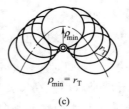 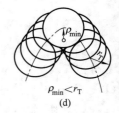

(a)   (b) $\rho_{min} > r_T$ (c) $\rho_{min} = r_T$ (d) $\rho_{min} < r_T$

图 6-31 滚子半径与运动失真的关系

【例 6-1】 设凸轮以 ω 逆时针转动，$h = 20mm$，$r_b = 40mm$，从动件与凸轮的运动关系为：

凸轮转角 δ	0°～120°	120°～180°	180°～300°	300°～360°
从动件	等速上升	停止不动	等加等减速下降至原位置	停止不动

试绘出从动件的位移线图，画出直动尖顶从动件凸轮轮廓曲线。

解 以从动件的最低点为基准，凸轮转过一个角度，从动件对应移动一个位移，根据凸轮转角和位移的对应关系做出 s-δ 曲线。再根据 s-δ 曲线绘制出凸轮的轮廓曲线。

① 选定基圆半径 r_b。
② 选定比例尺作位移线图，如图6-32(a) 所示，作法见图6-22。
③ 作基圆，等分圆周，并作各等分点的向径。

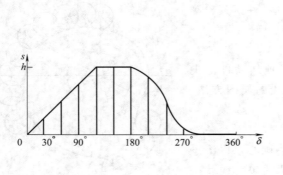 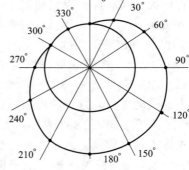

(a) 凸轮位移线图   (b) 凸轮轮廓曲线

图 6-32 凸轮轮廓曲线的绘制

④ 以 $-\omega$ 方向，在相应向径上量取从动件的位移，得从动件的各位置点。
⑤ 光滑连接各点即得所求的凸轮轮廓曲线，如图 6-32(b) 所示。

思考与练习

1. 何谓凸轮机构的压力角？题图 6-1 中，画出各凸轮从图示位置转过 45°后机构的压力角（在图上直接标注）。

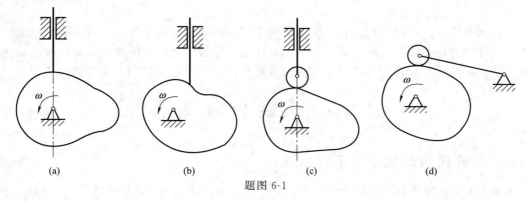

题图 6-1

2. 压力角的大小与凸轮尺寸有何关系？压力角的大小对凸轮机构的传力性能有何影响？

小　结

① 凸轮机构结构紧凑、可以实现精确的运动规律，但因凸轮与从动件是高副连接，所以承载能力受到限制。

② 凸轮的形状有盘形、圆柱形和移动凸轮；从动件的运动形式有对心直动、偏置直动或摆动；从动件的形式有尖顶、滚子和平底等；从动件和凸轮的接触保障有力锁合、形锁合等。

③ 从动件的常用运动规律有等速、等加速等减速、简谐运动规律等。

各运动规律的特性比较如下：

运动规律	最大速度($h\omega/\delta$)	最大加速度($h\omega^2/\delta^2$)	冲击特性	使用场合
等速运动	1.0	∞	刚性	低速轻载
等加速等减速	2.0	4.00	柔性	中速轻载
简谐运动	1.57	4.93	柔性	中速中载

④ 凸轮机构拟实现的运动规律取决于凸轮轮廓曲线，凸轮轮廓曲线的设计有解析法和图解法。图解法直观简便，设计原理是反转法。

综 合 练 习

6-1　试比较凸轮机构与平面连杆机构的特点和应用。

6-2　说明等速、等加速等减速、简谐运动三种基本运动规律的加速度变化特点和它们的应用场合。

6-3　何为凸轮的基圆？基圆半径对凸轮机构有什么影响？

6-4　何为凸轮机构的压力角？压力角的大小对传动有何影响？

6-5　当压力角大于许用值时，通过什么途径降低压力角？

6-6　什么是凸轮机构的运动失真？怎样避免运动失真？

第七章 间歇运动机构

在自动机床中的刀架转位、自动化生产线中的物料输送等机械中，常常需要将原动件的连续运动转变为从动件的间歇运动，即从动件产生周期性的运动和停歇，实现这种运动的机构称为间歇运动机构。常用的间歇运动机构有棘轮机构、槽轮机构和不完全齿轮机构。

第一节 棘轮机构

一、棘轮机构的组成与工作原理

如图 7-1 所示为典型的外啮合棘轮机构，它主要由主动棘爪 1、从动棘轮 2、止回棘爪 3 和机架组成，弹簧片用来使棘爪与棘轮保持紧密接触。棘轮与轴用键连接，棘爪 1 铰接于摇杆上。当摇杆逆时针摆动时，主动棘爪 1 插入棘轮 2 的齿间，推动棘轮 2 转过一定角度；当摇杆顺时针摆动时，棘爪 1 在棘轮齿面上滑过，棘轮不动，止回棘爪 3 防止棘轮反转。这样就实现了将主动棘爪 1 的往复摆动转换成从动棘轮 2 的周期性单向间歇运动。

牛头刨床的进给采用了如图 7-2 所示的棘轮机构。

图 7-1 棘轮机构

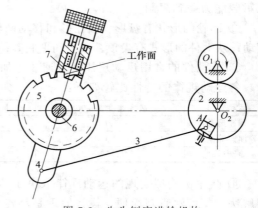

图 7-2 牛头刨床进给机构
1—主动轮；2—从动轮；3—连杆；4—摇杆；
5—棘轮；6—棘轮轴；7—棘爪

二、棘轮机构的类型、特点及应用

1. 棘轮机构的类型

（1）齿式棘轮机构

① 单向运动棘轮机构　棘轮齿一般制成锯齿形，棘齿分布在棘轮的外缘，如图 7-3 所示，称为外啮合棘轮机构，也可以分布在棘轮的内缘，如图 7-4 所示，称为内啮合棘轮机构。

图 7-3 外啮合

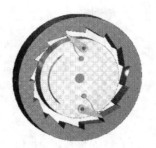
图 7-4 内啮合

② 双向运动棘轮机构　当棘轮需要作双向间歇运动时，把棘轮的齿形制成矩形或梯形，棘爪制成可翻转结构。图 7-5 所示为钩式双向棘轮机构，棘爪位于棘轮转动中心左右两侧时，棘轮获得两个方向的转动。图 7-6 所示为直动式双向棘轮机构，提起棘爪旋转 180°，分别获得棘轮两个方向的转动。

图 7-5 钩式双向棘轮机构

图 7-6 直动式双向棘轮机构

③ 双动式棘轮机构　为使棘爪往复摆动时棘轮都能沿同一方向间歇转动，将驱动棘爪制成直式（图 7-7）或带钩（图 7-8）的形式，则构成双动式棘轮机构。

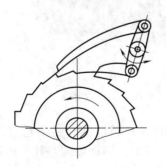
图 7-7 直式棘爪的双动式棘轮机构

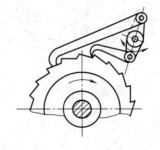
图 7-8 钩式棘爪的双动式棘轮机构

(2) 摩擦式棘轮机构

齿式棘轮机构转动时，棘轮的转角是相邻两齿所夹中心角的整数倍。为了实现棘轮转角的任意性，可采用无棘齿的棘轮机构，这种机构靠摩擦力和形锁合使棘爪推动棘轮运动。图 7-9 所示是外摩擦棘轮机构，图 7-10 所示是内摩擦棘轮机构。这种机构工作时噪声小，但其接触面间容易发生滑动。为了增加摩擦力，可以将棘轮做成槽形。

图 7-9　外摩擦棘轮机构　　　　图 7-10　内摩擦棘轮机构

2. 棘轮机构的特点和应用

(1) 棘轮机构的特点

棘轮机构结构简单、制造方便，运转准确、运动可靠；从动件行程可在较大范围内调节，动停时间比可通过选择合适的机构类型来实现。但齿式棘轮行程只能用作有级调节；棘爪在齿背上滑行引起的噪声、冲击、磨损较大，所以不适宜高速传动。摩擦式棘轮机构可无级调节摩擦轮的转角，运动平稳，噪声小，但会出现打滑现象，使得转角精度不高，主要用于低速轻载的场合。

(2) 棘轮机构的应用

① 切削进给机构　如图 7-11 为牛头刨床的进给机构。棘轮和工作台的丝杠共轴，棘轮在摇杆驱动下转过一个角度时，工作台移动相应的距离。若丝杠的导程为 6mm，棘齿数为 30，那么棘轮转过两个齿时，工作台的移动距离为 (6/30)×2＝0.4mm。

图 7-11　牛头刨床

1—曲柄；2—连杆；3—摇杆；4—棘爪；5—棘轮；6—丝杠；7—工作台

② 起重设备的安全装置　图 7-12 所示为杠杆控制的带式制动器。制动轮与外棘轮固结，棘爪铰接于制动轮上，制动轮上缠绕着由杠杆控制的钢带。制动轮逆时针方向转动，棘爪在棘轮齿背上滑动，制动轮顺时针方向转动，制动轮被棘轮制动。

③ 超越离合器　图 7-13 所示的是一种单向离合器，是棘轮机构的一个典型应用。当主动棘轮 1 顺时针回转时，滚柱 3 借助摩擦力滚向空隙的收缩部分，并将套筒 2 楔紧，使其随棘轮一同回转；而当棘轮 1 逆时针回转时，滚柱 3 即被滚到空隙的宽敞部分，而将套筒松开，这时套筒静止不动。利用

图 7-12　带式制动器

此机构,当主动棘轮 1 以任意角速度反复转动时,可使从动的套筒获得任意大小转角的单向间歇转动。棘轮机构常用在单向离合器和超越离合器上。

超越离合器是指能实现超越运动(即从动件的速度可以超过主动件的速度)的离合器。多数棘轮机构都可以用作超越离合器。自行车中的飞轮就是一种超越离合器。

④ 转位与分度　图 7-14 所示为冲床的转位机构。棘爪推动工作台间歇旋转改变冲压工位。

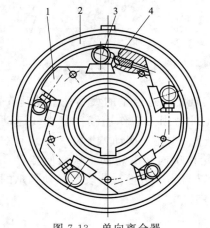

图 7-13　单向离合器
1—主动棘轮；2—套筒；3—滚柱；4—弹簧

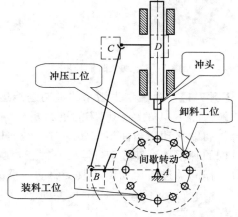

图 7-14　转位与分度

三、调节棘轮转角的方法

(1) 采用棘轮罩

如图 7-15 所示,通过改变棘轮罩的位置,使部分行程棘爪沿棘轮罩表面滑过,从而实现棘轮转角大小的调整。

图 7-15　棘轮罩调节棘轮转角

(2) 改变摇杆摆角

如图 7-16 所示,通过调节曲柄摇杆机构中曲柄的长度,来改变摇杆摆角的大小,从而实现棘轮转角大小的调整。

(3) 多爪联动

要使棘轮每次转动的角度小于一个轮齿所对应的中心角 γ 时,可采用棘爪数为 n 个的多爪棘轮机构。如图 7-17 所示为三爪($n=3$)的棘轮机构,三棘爪位置依次错开 $\gamma/3$,当摇杆转角 ϕ_1 在 $\gamma/3 \sim \gamma$ 范围内变化时,三棘爪依次落入齿槽,推动棘轮转过相应角度 ϕ_2 在 $\gamma/3 \sim \gamma$ 范围内变化,且 ϕ_2 为 $\gamma/3$ 的整数倍。

图 7-16 改变曲柄长度

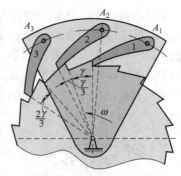

图 7-17 多爪联动

【例 7-1】 观察牛头刨床的横向进给运动是怎样实现的？进给量的大小是怎样调节的？

解 图 7-11 的牛头刨床的进给机构。为了切削工件，刨刀需作连续往复直线运动，工作台作间歇移动。当曲柄 1 转动时，经连杆 2 带动摇杆 3 作往复摆动；摇杆 3 上装有双向棘轮机构的棘爪 4，棘轮 5 与丝杠 6 固连，棘爪带动棘轮作单向间歇转动，从而使螺母（即工作台）作间歇进给运动。若改变驱动棘爪的摆角，可以调节进给量；若改变驱动棘爪的位置（绕自身轴线转过 180°后固定），可改变进给运动的方向。

思考与练习

1. 常见的棘轮机构有哪几种形式？各有什么特点？
2. 什么叫棘轮的齿面倾斜角和棘爪的轴心位置角？
3. 棘轮机构的主要参数是什么？
4. 棘爪与棘轮的相对位置在什么条件下机构最省力？
5. 棘爪怎样才能顺利进入棘轮齿槽？
6. 牛头刨床的棘轮齿数 $z=30$ 个，横向进给丝杠的导程 $s=6\mathrm{mm}$，计算最小进给量。若加工铸铁工件时的横向进给量为 1mm，棘轮要转过几个齿？

第二节 其他间歇运动机构

一、槽轮机构的组成与工作过程

1. 槽轮机构的组成

图 7-18 所示为槽轮机构的组成图。它由带圆柱销的拨盘（也叫转臂）1、具有径向槽的槽轮 2 和机架组成。图 7-19 是单圆柱销外啮合槽轮机构的模型。

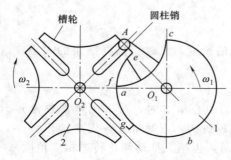

图 7-18 槽轮机构的组成

图 7-19 外啮合槽轮机构模型

图 7-20 是外啮合双圆柱销槽轮机构。

图 7-21 是内啮合槽轮机构，它的结构更紧凑。图 7-22 是内啮合槽轮机构的模型。

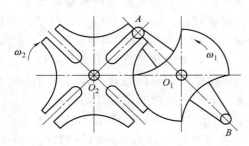

图 7-20 外啮合双圆柱销槽轮机构

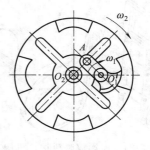

图 7-21 内啮合槽轮机构

2. 槽轮机构的工作过程

如图 7-23 所示为单圆销外啮合槽轮机构示意图。拨盘 1 以 ω_1 作匀速转动，当拨盘上的圆柱销开始进入径向槽时 [如图 7-23（a）所示]，拨盘上的凸弧同时放开槽轮上的凹弧，槽轮被圆柱销推着作与拨盘反向的转动；当圆柱销开始脱离径向槽时 [如图 7-23(c) 所示]，拨盘上的凸弧同时锁住槽轮的凹弧，槽轮停止不动。当拨盘连续回转时槽轮实现了单方向间歇运动。拨盘上的缺口（BA 凹弧）是为了保证槽轮的转动不受干涉 [如图 7-23（b）所示]，BA 凹弧对称于圆柱销，夹角为 $2\varphi_1$。

图 7-22 内啮合槽轮机构模型

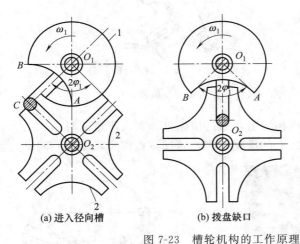

(a) 进入径向槽　　(b) 拨盘缺口　　(c) 脱离径向槽瞬间

图 7-23 槽轮机构的工作原理

二、槽轮机构的特点与应用

1. 槽轮机构的特点

槽轮机构能准确控制转角，转位迅速，工作可靠，机械效率高。与棘轮机构相比，工作平稳性较好。但其槽轮机构转角不可调节，又因槽数不能太多，所以转角不能太小，拨盘和槽轮的主从动关系不能互换，运动和停止瞬间有冲击，在各种转速不太高的自动化机械中常作为转位机构或分度机构。

2. 槽轮机构的应用

图 7-24 所示是槽轮机构在电影放映机中送片机构上的应用。为了适应人的视觉暂留现象，要求胶片作间歇移动。槽轮 2 有四个径向槽，当拨盘 1 转动一周时，圆柱销拨动槽轮转过 1/4 周，将胶片上的一幅画面移到方框中，并停留一定时间。利用槽轮机构的间歇运动，使得胶片上的画面依次通过方框，从而获得连续的场景。

图 7-25 是六角车床刀架转位机构。转塔刀架上装有六种刀具，与刀架相连的是槽数 $z=6$ 的外槽轮（2），拨盘（1）回转一周，槽轮转过 60°，从而将下一工序的刀具转换到工作位置。

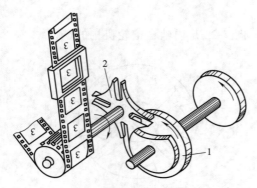

图 7-24　电影放映机送片机构

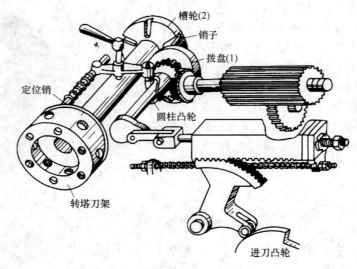

图 7-25　六角车床刀架转位机构

图 7-26 是钟表冲压机的槽轮机构实物，通过槽轮机构实现步进送料。

图 7-27 所示为自动包装生产线上的槽轮机构，通过该机构实现工位的间歇运动。

图 7-26　钟表冲压机上的槽轮机构

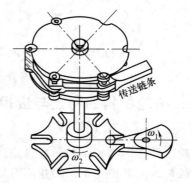

图 7-27　自动包装产线上的槽轮机构

图 7-28 所示为多层提花织布机的间歇运动机构。

三、不完全齿轮机构

不完全齿轮机构是由齿轮机构演变而来的一种间歇运动机构。

1. 不完全齿轮机构的组成与类型

如图 7-29 所示为不完全齿轮机构。由都不完整的主动轮 1 和从动轮 2 组成。

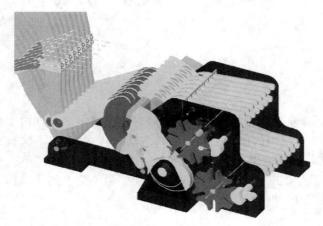

图 7-28 织布机的槽轮机构

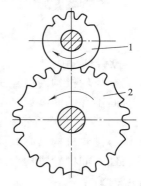

图 7-29 不完全齿轮机构的组成

不完全齿轮机构主要有以下几种类型。

图 7-30 为外啮合不完全齿轮机构；图 7-31 为内啮合不完全齿轮机构；图 7-32 为不完全锥齿轮机构；图 7-33 为不完全齿轮齿条机构。

2. 工作原理

外啮合、内啮合不完全齿轮机构中，两个齿轮都作回转运动。当主动轮上的轮齿与从动轮上的轮齿啮合时，推动从动轮转动，两轮转动方向相反。当主动轮的外凸锁止弧与从动轮上的内凹锁止弧接触时，从动轮被锁住停止不动。主动轮连续转动时，从动轮作间歇运动。图 7-33 所示的不完全齿轮与齿条啮合，当齿轮顺时针转动时，不完全齿轮与上面的齿条啮合，齿条向右移动；不完全齿轮转到与下面的齿条啮合时，齿条向左返回；不完齿转到其他位置，齿条不动，从而实现不完全齿轮连续转动时，齿条向左、向右的间歇运动。

图 7-30 外啮合

图 7-31 内啮合

图 7-32 锥齿轮

图 7-33 齿轮齿条

3. 特点与应用

不完全齿轮机构的优点是设计灵活,从动轮的转角范围大,较容易实现一个周期内多次动、停时间不等的间歇运动。如图 7-30 左图中的单齿主动轮中,主动轮转一周,从动轮动、停 8 次。图 7-31 内啮合不完全齿轮中,主动轮转一周,从动轮动、停的次数更多。不完全齿轮机构与槽轮机构具有共同的缺点是:加工复杂,主从动不能互换。但不完全齿轮机构的工作平衡性不如槽轮机构,速度突然变化时冲击较大。

思考与练习

1. 槽轮机构常用类型有哪些?
2. 拨盘的凸止弧为什么能锁住槽轮不动?
3. 从槽轮的应用实例中总结其应用场合。
4. 槽轮机构的主要参数有哪些?
5. 不完全齿轮机构有什么应用特点?

小　　结

① 本章介绍了常用的间歇运动机构,包括棘轮机构、槽轮机构和不完全齿轮机构。

② 棘轮机构由棘轮、棘爪、止动棘爪和机架组成,主从动件可以互换。槽轮机构由带圆柱销的拨盘、槽轮和机架组成,结构比棘轮机构简单,但主从动件不能互换。不完全齿轮机构是由两个轮齿不全的齿轮组成,结构简单,但主从动件也不能互换。

③ 棘轮机构主要用于动程需要调节的场合,如切削进给机构。槽轮机构能实现快速转位,所以常用于自动化控制中的转位机构。不完全齿轮机构能实现一个运动周期内的多次动停,适用于转角较小的场合。

综 合 练 习

7-1 间歇运动机构有什么功能?常用的间歇运动机构各有什么特点?
7-2 牛头刨床的进给机构能不能用槽轮机构替代棘轮机构,为什么?
7-3 六角车床的刀架转位机构若用棘轮机构替代会有什么后果?
7-4 棘轮的齿面倾斜角和棘爪位置角是根据什么确定的?
7-5 槽轮机构中能否将主从动件互换?

第八章 带传动与链传动

带传动和链传动是工程中应用比较广泛的机械传动，它们都通过中间挠性件——传动带或链条来传递转矩和改变转速，通常用于两轴中心距较大的传动。带传动一般安装在传动系统的高速级，如各种切削机床上的电动机与变速箱之间的动力传递大都采用 V 带传动。本章将对带传动和链传动这两种挠性传动的工作情况进行分析，以便正确使用和维护传动装置。

第一节　V 带 传 动

空气压缩机被广泛应用于各行各业。在化工生产中，经过压缩的气体可用来进行物料的合成、聚合与分离，也可进行空气的制冷和气体的输送与排放等。空气压缩机如图 8-1 所示，其中动力传递系统采用的就是 V 带传动。下面首先认识了解 V 带传动。

图 8-1　空气压缩机

带传动由主动带轮 1、从动带轮 2 和张紧在两带轮上的传动带 3 及机架组成，如图 8-2 所示。当主动带轮转动时，依靠带与带轮接触面间产生的摩擦力驱动从动带轮转动，从而实现运动和动力的传递。

V 带也称普通三角带，V 带和 V 带轮都是标准件，其基本参数已标准化，国标中都有哪些型号？V 带的基本参数如何影响带的传动能力？通过 V 带和 V 带轮的结构分析和材料介绍，来认识了解 V 带和 V 带轮，

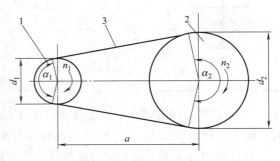

图 8-2　带传动的组成

总结带传动的应用特点，以便正确使用和维护。

一、V带的结构与标准

1. V带的结构

V带横截面为等腰梯形，两侧面与轮槽接触为工作面。分为普通V带和窄V带等，应用最多的是普通V带，其结构由包布层、顶胶层、抗拉体、底胶层组成，如图8-3所示。

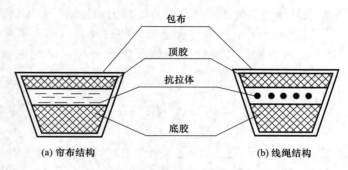

图8-3 V带的结构

包布层的材料采用耐磨的胶帆布，起保护作用；顶胶和底胶材料主要是橡胶，易于产生弯曲变形；抗拉体是V带的主要承载层，有帘布结构和线绳结构，帘布结构抗拉强度高，制造简单，成本低；线绳结构抗弯强度高，适合带轮直径较小、转速较高的场合。GB/T 1171—2006《一般传动用普通V带》已取消了帘布结构的普通V带，但目前仍有使用。

2. V带的标准

V带已标准化。普通V带按截面尺寸由小到大分为Y、Z、A、B、C、D、E七种型号，承载能力依次增强，其截面尺寸见表8-1。

表8-1 普通V带的截面尺寸

截 面 形 状	型号	节宽 b_p/mm	顶宽 b/mm	高度 h/mm	质量 q/kg·m^{-1}	楔角 α/(°)
	Y	5.3	6.0	4.0	0.02	
	Z	8.5	10.0	6.0	0.06	
	A	11.0	13.0	8.0	0.10	
	B	14.0	17.0	11.0	0.17	40
	C	19.0	22.0	14.0	0.30	
	D	27.0	32.0	19.0	0.62	
	E	32.0	38.0	25.0	0.90	

当V带垂直底边时，带中保持原长度不变的周线称为节线，全部节线构成节面，V带的节面宽度称为节宽b_p。当V带垂直底边弯曲时，该宽度保持不变。V带节面所在的纤维层，其长度和宽度都不变，称为中性层，沿中性层量得带的周长称为基准长度（节线长度），它是带的公称长度，用于带的几何尺寸计算，其长度系列见表8-2。

表 8-2　普通 V 带的基准长度 L_d 和带长修正系数 K_L

L_d/mm	K_L Y	K_L Z	K_L A	L_d/mm	K_L Z	K_L A	K_L B	K_L C	K_L D	L_d/mm	K_L A	K_L B	K_L C	K_L D	K_L E
200	0.81			900	1.03	0.87	0.82			4000	1.19	1.13	1.02	0.91	
224	0.82			1000	1.06	0.89	0.84			4500		1.15	1.04	0.93	0.90
250	0.84			1120	1.08	0.91	0.86			5000		1.18	1.07	0.96	0.92
280	0.87			1250	1.11	0.93	0.88			5600		1.20	1.09	0.98	0.95
315	0.89			1400	1.14	0.96	0.90			6300			1.12	1.00	0.97
355	0.92			1600	1.16	0.99	0.92	0.83		7100			1.15	1.03	1.00
400	0.96	0.87		1800	1.18	1.01	0.95	0.86		8000			1.18	1.06	1.02
450	1.00	0.89		2000		1.03	0.98	0.88		9000			1.21	1.08	1.05
500	1.02	0.91		2240		1.06	1.00	0.91		10000			1.23	1.11	1.07
560		0.94		2500		1.09	1.03	0.93		11200				1.14	1.10
630		0.96	0.81	2800		1.11	1.05	0.95	0.83	12500				1.17	1.12
710		0.99	0.83	3150		1.13	1.07	0.97	0.86	14000				1.20	1.15
800		1.00	0.85	3550		1.17	1.09	0.99	0.89	16000				1.22	1.18

V 带的标记：例如 B1800 GB/T 11544—1997，表示 B 型 V 带，基准长度为 1800mm。

二、V 带轮的结构和材料

1. V 带轮的结构

V 带绕在带轮上，与 V 带节宽对应的 V 带轮槽宽度称为带轮的基准宽度 b_d，基准宽度处的带轮直径称为基准直径 d_d，如图 8-4 所示。

V 带轮的结构一般由轮缘、轮毂、轮辐三部分组成，V 带轮结构类型及适用范围见表 8-3。

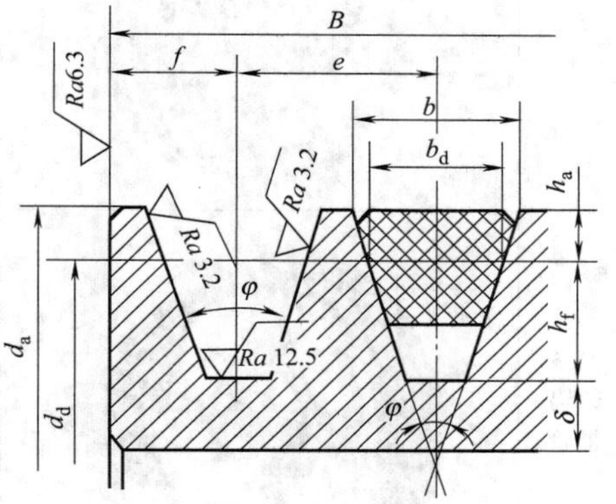

2. 带轮的材料

带轮材料一般采用铸铁 HT150 或 HT200；带速较高时，宜采用铸钢；中小功率可以采用铝合金或塑料。

图 8-4　V 带轮的结构

三、普通 V 带传动的主要参数

1. 传动比

带传动的理论传动比（忽略弹性滑动）：

$$i = \frac{n_1}{n_2} = \frac{d_{d2}}{d_{d1}} \tag{8-1}$$

式中，n_1、n_2 分别为主、从动带轮的速度；d_{d1}、d_{d2} 分别为主、从动带轮的基准直径。

2. 小带轮包角

表 8-3　V 带轮的结构类型及适用范围

类型	模型	简图	适用范围
实心带轮		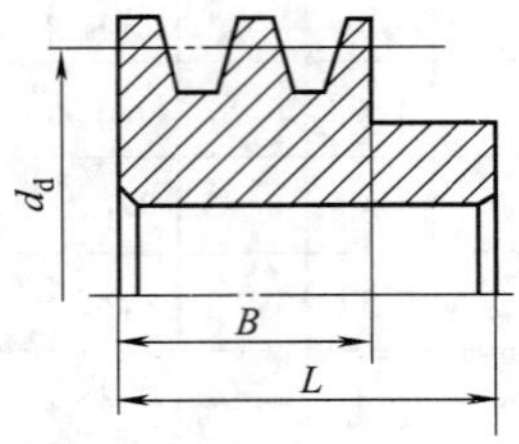	$d_d \leq 200$ 或 $d_d \leq (1.5\sim3)d_0$ d_0 为轴孔直径
腹板带轮		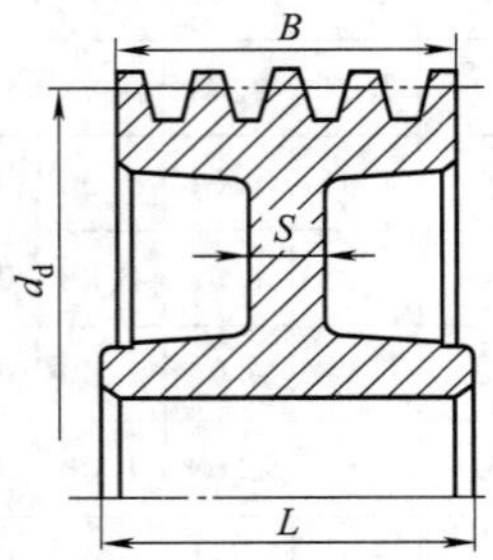	$d_d \leq 300mm$
孔板带轮		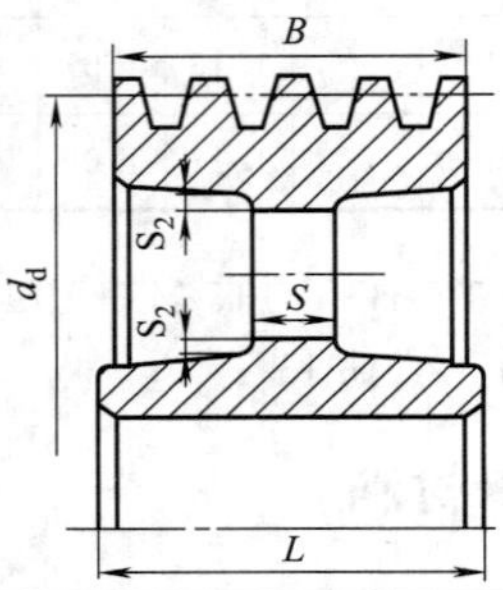	$d_d \leq 400mm$
轮辐带轮		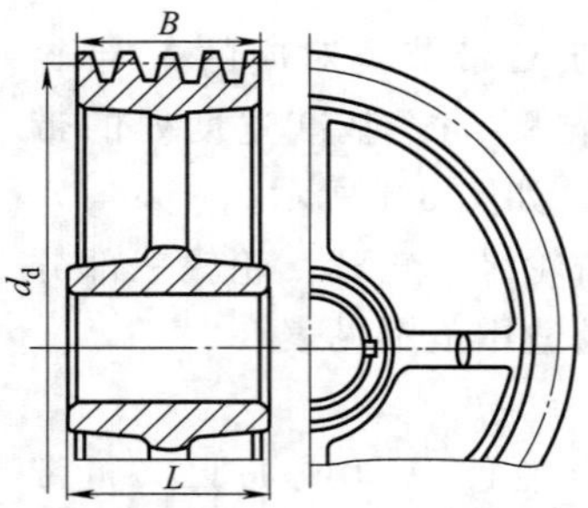	$d_d > 400mm$

带与小带轮接触面弧长所对应的圆心角称为包角，用 α_1 表示，如图 8-2 所示。α_1 过小，带与带轮接触面弧长短，产生的摩擦力小，容易出现打滑。为此：

$$\alpha_1 \approx 180° - \frac{d_{d2} - d_{d1}}{a} \times 57.3° \geq 120° \tag{8-2}$$

而包角 α_1 与中心距有关，中心距过小，小带轮包角小，降低传动能力，中心距过大，高速时易引起带的颤动。一般按经验公式初选中心距 a_0：

$$0.7(d_{d1} + d_{d2}) \leq a_0 \leq 2(d_{d1} + d_{d2}) \tag{8-3}$$

3. 带的基准长度

根据确定的带轮基准直径和初选的中心距，由几何关系按下式初步计算带的基准长度 L_{d0}：

$$L_{d0}=2a_0+\frac{\pi}{2}(d_{d1}+d_{d2})+\frac{(d_{d2}-d_{d1})^2}{4a_0} \quad (\text{mm}) \tag{8-4}$$

由上述计算值按标准（见表 8-2）选取带的基准长度 L_d。

4. 中心距

根据 L_{d0} 和 L_d 计算出实际中心距：

$$a\approx a_0+\frac{L_d-L_{d0}}{2} \tag{8-5}$$

四、V 带传动的工作特点及应用范围

1. 带传动的工作特点

① 传动带具有良好的挠性，可以吸振缓冲，传动平稳，噪声小。
② 过载打滑，起到安全保护作用。
③ 结构简单，制造方便，成本低。
④ 外廓尺寸较大，结构不紧凑。
⑤ 由于存在弹性滑动，不能保证准确的传动比，传动效率低。

2. 应用范围

一般来说，带传动适用场合：功率 $P<100\text{kW}$；带速 $v=5\sim25\text{m/s}$；传动比 $i\leqslant 7$；效率 $\eta=94\%\sim97\%$；传动平稳，两轴中心距较大，传动比无严格要求。

五、V 带传动的张紧与维护

1. 带传动的张紧

带工作一段时间后，由于磨损和塑性变形而松弛，张紧力减小，导致传动能力降低，影响正常传动。为此，需要重新张紧传动带，常用如下方法。

(1) 调节中心距

通过调节两带轮的中心距，达到张紧的目的。

图 8-5 (a) 主要用于水平或接近水平传动。

图 8-5 (b) 主要用于垂直或接近垂直传动。

图 8-5 (c) 主要用于小功率传动，属于自动张紧。

(2) 采用张紧轮

当带轮中心距不能调节时，可以采用张紧轮进行张紧。张紧轮一般安装在传动带的松边内侧，并靠近大带轮处，以避免减小小带轮的包角。

图 8-5 (d) 主要用于 V 带传动。

图 8-5 (e) 主要用于平带传动。

2. 带传动的正确使用与维护

① 选用传动带注意型号和带长，保证 V 带在轮槽中的正确位置。
② 安装时两带轮轴线必须平行，轮槽对正，以避免带扭曲而加剧磨损。
③ 安装时应缩小中心距，松开张紧轮，将带套入槽中后再调整到合适的张紧程度。不能硬撬，以免带被损坏。
④ 水平布置一般应使带的紧边在下，松边在上，以便凭借带的自重加大带轮包角。
⑤ 使用多根 V 带时不能新旧混用，以免载荷分布不均。
⑥ 带避免与酸、碱、油类介质接触，不宜在阳光下暴晒，以免老化变质。

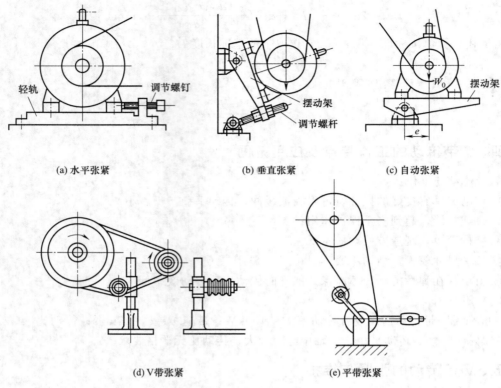

图 8-5 带传动的张紧

⑦ 为确保安全,传动带应设防护罩。
⑧ 带传动应定期张紧。

六、各种传动带的结构特点及应用

V带传递功率大,结构紧凑,应用最广。但在机械传动中,还广泛使用着其他类型的带。带传动按照工作原理不同分为摩擦式带传动和啮合式带传动两大类,根据带的截面形状不同,摩擦式带传动又可分为平带、V带、多楔带、圆带传动,各种传动带的结构特点及应用见表 8-4。

表 8-4 各种传动带的结构特点及应用

类型	示 意 图	结 构 图	特点及应用
平带			平带的截面形状为矩形,内表面为工作面。主要用于两轴平行、转向相同的较远距离的传动

续表

类型	示意图	结构图	特点及应用
V带		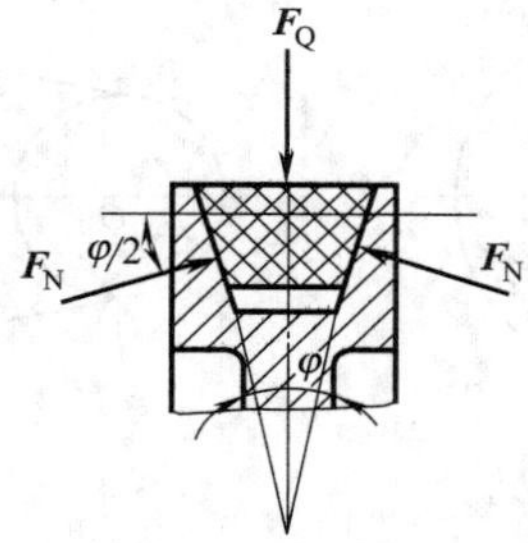	V带的截面形状为梯形，两侧面为工作面，带轮的轮槽截面也为梯形，在相同的张紧力和摩擦因数条件下，V带产生的摩擦力要比平带的摩擦力大。所以，V带传动能力强，结构紧凑，在机械传动中应用最为广泛
多楔带	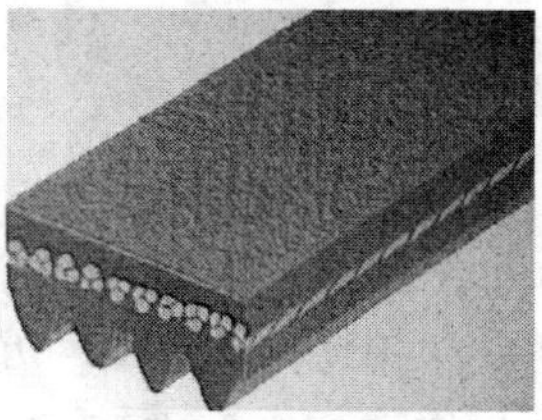	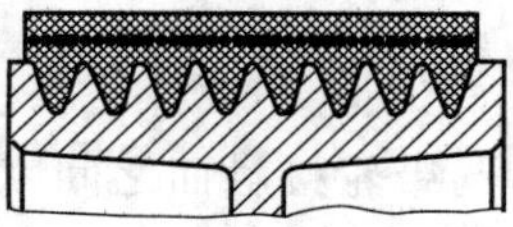	多楔带是在平带基体上由多根V带组成的传动带，可取代若干V带，结构紧凑，摩擦力大，柔软性好，能传递很大的功率，特别适合轮轴垂直地面的传动
圆带			圆形带的横截面为圆形，一般用皮革或棉绳制成，只用于小功率传动
同步带		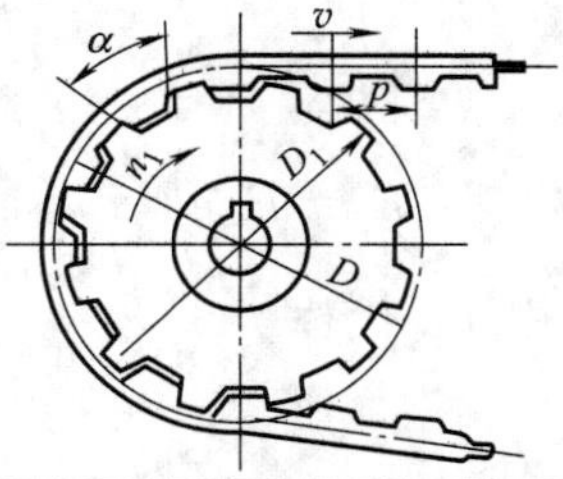	同步带传动属于啮合传动，兼有带传动和齿轮传动的优点，传动比准确，传动平稳、噪声小，传动功率较大，允许的带速高，压轴力小，传动效率高。但制造、安装精度要求高、制造成本较高，广泛用于各种精密仪器、数控机床、纺织机械中

> **思考与练习**
>
> 1. 普通V带有哪些型号？V带的基本参数是什么？V带标记的含义是什么？
> 2. V带轮结构有哪些类型？各适用于什么场合？
> 3. V带传动的主要参数有哪些？如何影响传动能力？
> 4. V带传动的特点有哪些？
> 5. 带传动为什么要张紧？常用张紧方法有哪些？

第二节　V带传动设计

一、带传动的工作能力分析

1. 带传动的受力分析

（1）初拉力

为保证带的正常工作，传动带必须张紧在带轮上，带在静止时两边拉力相等，称为初拉

力 F_0，如图 8-6（a）所示。

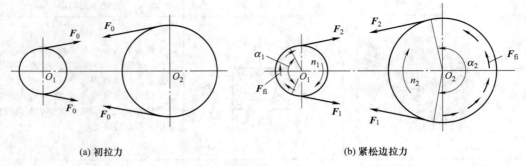

(a) 初拉力　　　　　　　　　　(b) 紧松边拉力

图 8-6　带传动受力分析

(2) 有效拉力

当主动轮以 n_1 转动时，由于带与带轮接触面之间摩擦力的作用，使带两边的拉力不再相等，如图 8-6（b）所示。一边被拉紧，拉力由 F_0 增大到 F_1，称为紧边；一边被放松，拉力由 F_0 减少到 F_2，称为松边。紧松边拉力之差称为有效拉力，也就是带所能传递的圆周力，有 $F=F_1-F_2$，应等于带与带轮接触面间产生的摩擦力的总和。当带所传递的圆周力超过摩擦力的极限值时，传动带将在带轮上发生全面滑动，这种现象称为打滑。打滑使传动失效，并且加剧了带的磨损，应尽量避免。当 V 带即将打滑时，紧边拉力 F_1 与松边拉力 F_2 之间的关系可用柔韧体摩擦的欧拉公式表示，有：

$$\frac{F_1}{F_2}=\mathrm{e}^{f\alpha}$$

即：
$$F_1=F_2\mathrm{e}^{f\alpha} \tag{8-6}$$

式中　f——摩擦因数，对于 V 带用 f_V 代替 f。
　　　α——包角，rad。
　　　e——自然对数的底，$\mathrm{e}\approx 2.718$。

工作中，带的紧边伸长，松边缩短，但带的总长不变，这个关系反应在力关系上就是拉力差相等，有：

$$F_1-F_0=F_0-F_2$$

即：
$$F_1+F_2=2F_0 \tag{8-7}$$

所以，在不打滑的条件下带所能传递的最大圆周力为：

$$F_{\max}=F_1-F_2=F_1\left(1-\frac{1}{\mathrm{e}^{f\alpha}}\right)=2F_0\frac{\mathrm{e}^{f\alpha}-1}{\mathrm{e}^{f\alpha}+1} \tag{8-8}$$

(3) 离心拉力

传动带具有一定质量，在绕上带轮时随带轮作圆周运动，由此产生离心力，由离心力产生离心拉力 F_c。若带速过高，降低带与带轮之间的正压力，从而降低摩擦力，容易出现打滑；若带速过低，在一定的有效拉力作用下，带传动的功率就会减小。为此，带速应在 5～25m/s 范围内。

2. 带传动的应力分析

传动带在工作时，其截面上产生三种应力，如图 8-7 所示。

由紧边拉力和松边拉力产生的拉应力：

紧边拉应力 σ_1　　$\sigma_1 = \dfrac{F_1}{A}$

松边拉应力 σ_2　　$\sigma_2 = \dfrac{F_2}{A}$

由离心拉力产生的离心应力 σ_c，分布在整个带长上：

$$\sigma_c = \dfrac{F_c}{A} = \dfrac{qv^2}{A}$$

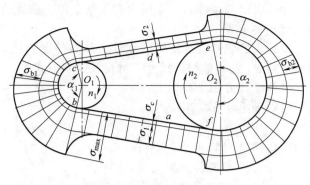

图 8-7　带中应力分布

式中　q——每米带的质量，kg/m；
　　　v——带速，m/s。

由带绕过带轮产生的弯曲应力：

$$\sigma_b \approx \dfrac{Eh}{d_d}$$

式中　E——带材料的弹性模量，MPa；
　　　h——带的高度，mm；
　　　d_d——带轮的基准直径，mm。

最大应力发生在紧边和小带轮接触处，如图 8-7，其值为：

$$\sigma_{\max} = \sigma_1 + \sigma_c + \sigma_{b1} \tag{8-9}$$

带绕在小轮上的弯曲应力大于带绕在大轮上的弯曲应力，其数值与小带轮基准直径有关，直径愈小，带绕在小轮上的弯曲应力越大。为此，每种型号的 V 带都限制了最小带轮直径 $d_{d\min}$。

3. 带传动的运动分析

由于传动带具有弹性，在拉力作用下会产生弹性伸长，其伸长量随拉力大小而变化。当带绕上主动带轮时，带中拉力由 F_1 降为 F_2，带的弹性变形相应减小，带在逐渐缩短，带与带轮接触面间出现局部相对滑动，使带的速度落后于主动带轮轮缘速度；相反，当带绕上从动带轮时，带的速度超过从动带轮轮缘速度，这种现象称为弹性滑动。弹性滑动是摩擦传动中不可避免的现象，由于弹性滑动，使从动带轮的圆周速度低于主动带轮的圆周速度，从动带轮圆周速度相对降低的程度用 ε 表示，称为滑动率。有

$$\varepsilon = \dfrac{v_1 - v_2}{v_1} \tag{8-10}$$

带传动的实际传动比（考虑弹性滑动）：

$$i = \dfrac{n_1}{n_2} = \dfrac{d_{d2}}{d_{d1}(1-\varepsilon)} \tag{8-11}$$

对于 V 带传动，一般 ε＝0.01～0.02，通常可不考虑弹性滑动。

二、V 带传动的参数选择和设计计算

1. 带传动的失效形式

带传动的主要失效形式是打滑和带的疲劳破坏。
带传动的设计准则是保证带在不打滑的前提下，具有足够的疲劳强度和寿命。

2. V 带传动设计步骤和参数选择

设计时已知条件：传动用途和工作条件、传递的功率 P、带轮转速 n_1、n_2 或传动比 i、外廓尺寸要求等。

设计内容包括：确定带的型号、基准长度 L_d 和根数 z、计算传动中心距 a、确定带轮基准直径 d_d 及其他结构尺寸、材料及张紧方式等。

具体设计方法步骤如下。

(1) 确定计算功率 P

$$P_c = K_A P \tag{8-12}$$

式中　P_c——计算功率，kW；

　　　P——所需传递的功率，kW；

　　　K_A——工况系数，按表 8-5 选取。

表 8-5　工况系数 K_A

载荷性质	工作机	原动机					
		空、轻载启动			重载启动		
		每天工作小时数/h					
		<10	10~16	>16	<10	10~16	>16
载荷变动微小	液体搅拌机、通风机和鼓风机（≤7.5kW）、离心式水泵和压缩机、轻型输送机	1.0	1.1	1.2	1.1	1.2	1.3
载荷变动小	带式输送机（不均匀载荷）、通风机（>7.5kW）、旋转式水泵和压缩机、发电机、金属切割机床、印刷机、旋转筛、锯木床和木工机械	1.1	1.2	1.3	1.2	1.3	1.4
载荷变动较大	制砖机、斗式提升机、往复式水泵和压缩机、起重机、磨粉机、冲剪机床、橡胶机械、振动筛、纺织机械、重载输送机	1.2	1.3	1.4	1.4	1.5	1.6
载荷变动很大	破碎机（旋转式、颚式）、磨碎机（球磨、棒磨、管磨）	1.3	1.4	1.5	1.5	1.6	1.8

(2) 选择带的型号

根据 P_c、P、K_A 查图 8-8 选取 V 带的型号。

(3) 确定带轮的基准直径

小带轮的基准直径 d_{d1} 按表 8-6 选取，应满足 $d_{d1} \geqslant d_{dmin}$；大带轮的基准直径 d_{d2} 按下式计算：

$$d_{d2} = \frac{n_1}{n_2} d_{d1} \tag{8-13}$$

计算值按表 8-6 圆整成标准系列值。

表 8-6　各种 V 带轮基准直径系列　　　　　　mm

型号	基准直径 d_d												
Y	20	22.4	25	28	31.5	35.5	40	45	50	56	63	71	80	90
	100	112	125											
Z	50	56	63	71	75	80	90	100	112	125	132	140	150	160
	180	200	224	250	280	315	355	400	500	560	630			

续表

型号	基准直径 d_d												
A	75	80	(85)	90	95	100	(106)	112	(118)	125	(132)	140	150	160
	180	200	224	(250)	280	315	(355)	400	(450)	500	560	630	710	800
B	125	(132)	140	150	160	(170)	180	200	224	250	280	315	355	400
	450	500	560	(600)	630	710	(750)	800	900	1000	1120			
C	200	212	224	236	250	(265)	280	300	315	(335)	355	400	450	500
	560	600	630	710	750	800	900	1000	1120	1250	1400	1600	2000	
D	355	(375)	400	425	450	(475)	500	560	(600)	630	710	750	800	900
	1000	1060	1120	1250	1400	1500	1600	1800	2000					
E	500	530	560	600	630	670	710	800	900	1000	1120	1250	1400	1500
	1600	1800	2000	2240	2500									

注：括号内数字尽量不采用。

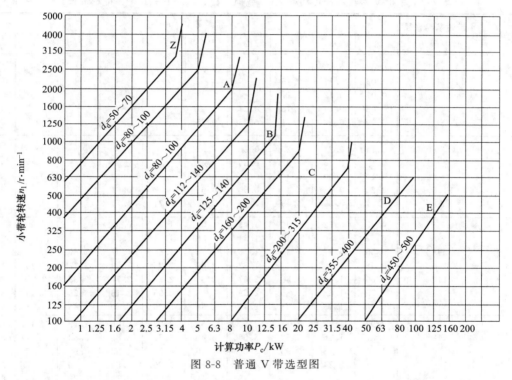

图 8-8 普通 V 带选型图

（4）验算带速

$$v = \frac{\pi d_{d1} n_1}{60 \times 1000} \quad (\text{m/s}) \tag{8-14}$$

带速应在 5～25m/s 范围内。

（5）确定中心距和带长

根据安装条件或按经验公式由式（8-3）初选中心距 a_0。初定中心距后，由式（8-4）初算带的基准长度，由初算的基准长度查表 8-2 选取接近 L_{d0} 值的基准长度 L_d，再按式（8-5）计算出实际中心距。

（6）验算小带轮包角

按式（8-2）验算小带轮包角，使其符合规定值。

（7）确定 V 带的根数

按下式计算 V 带根数并取整数：

$$z = \frac{P_c}{(P_1 + \Delta P_1) K_\alpha K_L} \tag{8-15}$$

$$\Delta P_1 = 0.0001 \Delta T n_1 \tag{8-16}$$

式中　P_1——单根 V 带基本额定功率，kW，见表 8-7；

　　　ΔP_1——与传动比有关的额定功率增量，kW；

　　　ΔT——单根 V 带所能传递的转矩修正值，N·m，见表 8-8；

　　　K_α——包角修正系数，见表 8-9；

　　　K_L——带长修正系数，见表 8-2。

一般取 $z = 3 \sim 5$ 根为宜，$z_{max} \leqslant 10$，以保证带受力均匀。

表 8-7　单根 V 带基本额定功率 P_1（载荷平稳、$\alpha_1 = \alpha_2 = 180°$、特定带长）　　　kW

带型	小带轮基准直径 d_{d1}/mm	V 带带速 v_s/m·s^{-1}									
		3	6	9	12	15	18	21	24	27	30
Y	20	0.04	0.09	—	—	—	—	—	—	—	—
	28	0.06	0.11	0.15	—	—	—	—	—	—	—
	35.5	0.07	0.12	0.17	—	—	—	—	—	—	—
	40	0.08	0.14	0.18	0.21	—	—	—	—	—	—
	50	0.09	0.16	0.21	0.23	0.25	—	—	—	—	—
Z	50	0.14	0.21	0.29	0.33	0.32	—	—	—	—	—
	56	0.15	0.26	0.33	0.39	0.41	—	—	—	—	—
	63	0.17	0.30	0.40	0.47	0.50	0.49	—	—	—	—
	71、80	0.20	0.33	0.47	0.54	0.61	0.62	0.61	—	—	—
	90	0.21	0.35	0.49	0.60	0.64	0.71	0.71	—	—	—
A	75	0.45	0.72	0.90	1.03	1.09	1.05	0.98	—	—	—
	80	0.52	0.80	1.12	1.34	1.36	1.81	1.26	—	—	—
	90	0.56	0.97	1.30	1.56	1.74	1.86	1.87	1.80	—	—
	100	0.62	1.10	1.47	1.82	2.07	2.25	2.33	2.32	2.20	1.96
	112	0.69	1.22	1.68	2.07	2.39	2.63	2.77	2.83	2.77	2.58
	125	0.75	1.33	1.85	2.29	2.66	2.95	3.16	3.26	3.26	3.13
	140	0.78	1.45	1.98	2.49	2.89	3.26	3.50	3.66	3.71	3.65
B	125	0.94	1.60	2.13	2.54	2.82	2.98	2.96	2.79	2.43	1.86
	140	1.07	1.86	2.52	3.06	3.48	3.75	3.88	3.83	3.61	3.61
	160	1.21	2.13	2.93	3.60	4.15	4.56	4.83	4.92	4.82	4.52
	180	1.31	2.34	3.24	4.03	4.68	5.20	5.56	5.76	5.77	5.57
	200	1.42	2.46	3.60	4.48	5.12	5.97	6.13	6.28	6.45	6.43
C	200	1.86	3.20	4.30	5.19	5.84	6.26	6.38	6.22	5.73	4.84
	244	2.09	3.66	5.00	6.11	6.99	7.64	8.01	8.06	7.81	7.15
	250	2.29	4.06	5.60	6.90	7.98	8.83	9.40	9.66	9.60	9.13
	280	2.48	4.43	6.15	7.65	8.90	9.94	10.68	11.11	11.27	10.98
	315	2.84	4.73	6.70	8.34	9.71	10.96	11.70	12.15	12.71	12.69
D	355	4.45	7.78	10.64	12.97	14.83	16.20	17.06	17.25	16.73	15.44
	400	4.94	8.79	12.07	14.91	17.35	19.05	20.27	21.09	21.07	20.21
	450	5.35	9.64	13.34	16.61	19.36	21.67	23.22	24.68	24.84	24.48
	500	5.69	10.31	14.33	17.93	21.08	23.63	25.78	26.95	27.78	27.42
	560	6.03	10.97	15.33	19.27	22.72	25.64	28.57	29.70	30.52	30.95
E	500	6.88	12.09	16.58	20.36	23.52	25.83	27.58	28.19	28.09	26.49
	560	7.46	14.60	18.42	22.84	26.60	29.59	31.73	33.03	33.01	32.41
	630	—	14.44	20.20	25.12	29.36	32.95	35.62	37.59	38.38	37.65
	710	—	15.46	21.64	27.15	32.01	36.06	39.27	41.45	43.00	43.37

表 8-8　单根 V 带所带传递的转矩修正值 ΔT　　　　　　　　　　N·m

带型	传动比 i							
	1.03~1.07	1.08~1.13	1.14~1.20	1.21~1.30	1.31~1.40	1.41~1.60	1.61~2.39	≥2.40
Y	0.00	0.02	0.03	0.06	0.08	0.10	0.13	0.15
Z	0.08	0.15	0.23	0.30	0.32	0.38	0.40	0.50
A	0.20	0.40	0.60	0.80	0.90	1.00	1.10	1.20
B	0.5	1.1	1.6	2.1	2.3	2.6	2.9	3.1
C	1.5	2.9	4.4	5.8	6.6	7.3	8.0	9.0
D	5.2	10.3	15.5	21.0	23.0	26.0	28.4	31.0
E	10	20	29	39	44	49	53.4	58

表 8-9　小带轮包角修正系数 K_α

小带轮包角/(°)	K_α	小带轮包角/(°)	K_α	小带轮包角/(°)	K_α
180	1	155	0.93	130	0.86
175	0.99	150	0.92	125	0.84
170	0.98	145	0.91	120	0.82
165	0.96	140	0.89		
160	0.95	135	0.88		

（8）计算初拉力

初拉力过大，降低带的寿命；过小，容易发生打滑。为保证正常工作，单根 V 带所需的初拉力可按下式计算：

$$F_0 = \frac{500 P_c}{vz}\left(\frac{2.5}{K_\alpha}-1\right)+qv^2 \tag{8-17}$$

式中　q——V 带单位长度质量，kg/m，见表 8-1。

（9）计算压轴力

根据如图 8-9 所示几何关系，得压轴力计算式：

$$F_Q = 2zF_0\sin\frac{\alpha_1}{2} \tag{8-18}$$

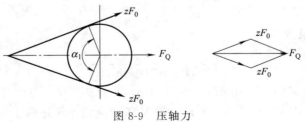

图 8-9　压轴力

（10）带轮结构设计（略）

【例 8-1】　设计带式输送机中普通 V 带传动。采用 Y 系列三相异步电动机 Y160M-6，其额定功率 $P=8$kW，小带轮转速 $n_1=970$r/min，大带轮转速 $n_2=540$r/min，Ⅰ 轴与 Ⅱ 轴之间的距离约为 500mm，工作中有轻微振动，两班制工作。

解　V 带传动设计计算如下。

① 确定计算功率 P_c

由表 8-5 查得工况系数 $K_A=1.2$,根据式(8-12)计算:
$$P_c=K_AP=1.2\times 8=9.6\text{ (kW)}$$

② 选择带的型号

根据 $P_c=9.6\text{kW}$,$n_1=970\text{r/min}$,从图 8-8 中选用 B 型 V 带。

③ 确定带轮的基准直径

由表 8-6 确定小带轮的基准直径 $d_{d1}=140\text{mm}>d_{d\min}$,根据传动比计算大带轮的直径为:
$$d_{d2}=\frac{n_1}{n_2}d_{d1}=\frac{970}{540}\times 140=251.48\text{ (mm)}$$

查表 8-6 取 $d_{d2}=250\text{mm}$。

④ 验算带速
$$v=\frac{\pi d_{d1}n_1}{60\times 1000}=\frac{\pi\times 140\times 970}{60\times 1000}=7.11\text{ (m/s)}$$

带速 v 在 5~25m/s 之间,故带轮基准直径合适。

⑤ 确定中心距和带长

由已知条件初定中心距 $a_0=500\text{mm}$,初定带长:
$$\begin{aligned}L_{d0}&=2a_0+\frac{\pi}{2}(d_{d1}+d_{d2})+\frac{(d_{d2}-d_{d1})^2}{4a_0}\\&=2\times 500+\frac{\pi}{2}(140+250)+\frac{(250-140)^2}{4\times 500}\\&=1619.45\text{ (mm)}\end{aligned}$$

查表 8-2 选取接近 L_{d0} 值的基准长度 $L_d=1600\text{mm}$。

计算实际中心距
$$a\approx a_0+\frac{L_d-L_{d0}}{2}=500+\frac{1600-1619.45}{2}=490\text{ (mm)}$$

⑥ 验算小带轮包角
$$\begin{aligned}\alpha_1&\approx 180°-\frac{d_{d2}-d_{d1}}{a}\times 57.3°\\&=180°-\frac{250-140}{490}\times 57.3°=167.14°>120°\end{aligned}$$

⑦ 确定 V 带的根数
$$z=\frac{P_c}{(P_1+\Delta P_1)K_\alpha K_L}$$

根据 B 型 V 带,$d_{d1}=140\text{mm}$,$v=7.11\text{m/s}$,查表 8-7,用内插法得 $P_1=2.10\text{kW}$,$i=n_1/n_2=970/540=1.796$,查表 8-8 得单根 V 带所能传递转矩修正值 $\Delta T=2.9\text{N}\cdot\text{m}$
$$\Delta P_1=0.0001\Delta Tn_1=0.0001\times 2.9\times 970=0.28\text{ (kW)}$$

查表 8-9 得包角修正系数 $K_\alpha=0.97$

查表 8-2 得带长修正系数 $K_L=0.92$

得:
$$z=\frac{P_c}{(P_1+\Delta P_1)K_\alpha K_L}=\frac{9.6}{(2.10+0.28)\times 0.97\times 0.92}=4.5$$

取 $z=5$ 根。

⑧ 计算初拉力

计算单根 V 带所需的初拉力，查表 8-1 得 V 带单位长度质量 $q=0.17\text{kg/m}$

$$F_0 = \frac{500P_c}{vz}\left(\frac{2.5}{K_\alpha}-1\right)+qv^2 = \frac{500\times 9.6}{7.11\times 5}\left(\frac{2.5}{0.97}-1\right)+0.17\times 7.11^2$$

$$=222\text{（N）}$$

⑨ 计算压轴力

$$F_Q = 2zF_0\sin\frac{\alpha_1}{2} = 2\times 5\times 222\times \sin\frac{167.14}{2} = 2206\text{（N）}$$

⑩ 带轮结构设计（略）

思考与练习

1. 打滑与弹性滑动有什么区别？
2. 张紧力、包角、带速对带传动有何影响？
3. 带在工作时，横截面上产生几种应力，最大应力发生在什么部位？
4. V 带传动的设计步骤是什么？
5. 车床变速箱与电动机之间采用 V 带传动。已知电动机功率 $P=5.5\text{kW}$，转速 $n_1=1440\text{r/min}$，传动比 $i=2.1$，两班制工作，中心距约为 800mm，试设计此 V 带传动。

第三节 链 传 动

自行车轮盘与飞轮之间采用的就是滚子链传动。如图 8-10 所示，链传动由主动链轮、从动链轮和链条及机架组成，依靠链轮齿和链条之间的啮合来传递运动和动力。链传动都有哪些类型？常见的滚子链及链轮其结构怎样？链轮常用什么材料制造？国家标准中滚子链及链轮的基本参数是什么？链传动用什么方法张紧？有哪些润滑方式？只有认识、了解了链传动，才能正确使用与维护。

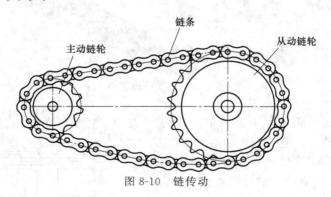

图 8-10 链传动

一、链传动的工作特点及应用范围

1. 工作特点

① 无弹性滑动和打滑现象，平均传动比准确。
② 属于啮合传动，传动效率较高。

③ 无需很大的张紧力，对轴的作用力较小。
④ 对环境的适应性强，能在恶劣环境条件下工作。
⑤ 瞬时传动比不为常数，所以传动平稳性差，有一定的冲击和噪声。

2. 应用范围

链传动主要用于工作可靠、两轴平行且相距较远的传动，特别适合环境恶劣的场合以及大载荷的低速传动，或具有良好润滑的高速传动等场合，如汽车、摩托车、自行车、建筑机械、农业机械、运输机械、石油化工机械等机械传动。

通常链传动的传递功率 $P \leqslant 100kW$；链速 $v \leqslant 5m/s$；传动比 $i \leqslant 8$；中心距 $a \leqslant 6m$；传动效率 $\eta = 95\% \sim 98\%$。

链传动按照链条的用途分为传动链、输送链、起重链等。而传动链按结构不同又可分为套筒滚子链和齿形链，其中滚子链最为常用。

二、滚子链和链轮

1. 滚子链的结构和标准

滚子链结构如图 8-11 所示，它由内链板 1、外链板 2、销轴 3、套筒 4 和滚子 5 组成，图 8-12 为拆装图。内链板与套筒、外链板与销轴分别采用过盈配合，而销轴与套筒、套筒与滚子采用间隙配合，当链条与链轮啮合时，内、外链板可相对转动，同时滚子可沿链轮齿廓滚动，以减少链条与轮齿的磨损。为减轻重量，链板制成"8"字形。

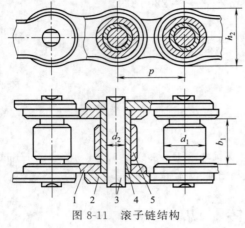

图 8-11 滚子链结构

图 8-12 滚子链拆装图

相邻两销轴之间的距离称为链条节距，用 p 表示，它是链条的主要参数。节距越大，链条各零件尺寸也越大，链条的传动能力也越强。

滚子链有单排和多排结构，p_t 为排距，排数愈多，承载能力愈高，但制造、安装误差也愈大，各排链受载不均匀现象愈严重。常用双排链（图 8-13）或三排链，一般排数不超过 4 排。

链条长度用链节数 L_P 表示。链节数常用偶数，接头处用开口销或弹簧卡锁紧，通常开口销［如图 8-14（a）所示］用于大节距，弹簧卡［如图 8-14（b）所示］用于小节距。当采用奇数链节时，需要

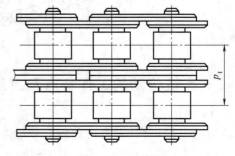

图 8-13 双排链

采用过渡链节［如图8-14（c）所示］，过渡链节的链板为了兼作内外链板，需要弯曲变形，受力时会产生附加弯曲应力，导致链的承载能力降低，奇数链链节接头如图8-15所示，因此，链节数应尽量取为偶数。

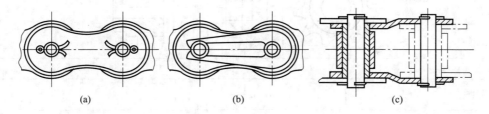

图 8-14 滚子链接头形式

图 8-15 奇数链链节接头

滚子链已标准化，分为 A、B 两种系列。表 8-10 给出了 A 系列滚子链的主要参数和尺寸。

表 8-10 A 系列滚子链的主要参数和尺寸

链号	节距 p/mm	排距 p_t/mm	滚子外径 d_1/mm 最大	内链节内宽 b_1/mm 最小	销轴直径 d_2/mm 最大	内链节外宽 b_2/mm 最大	销轴长度 单排 b_3/mm 最大	销轴长度 双排 b_4/mm 最大	内链板高度 h_1/mm 最大	抗拉载荷 $F_{\lim}$/kN 单排	抗拉载荷 $F_{\lim}$/kN 双排	每米质量 q/kg·m^{-1}
08A	12.70	14.38	7.95	7.85	3.98	11.18	17.8	32.3	12.07	13.8	27.8	0.6
10A	15.875	18.11	10.16	9.40	5.09	13.84	21.8	39.9	15.09	21.8	43.6	1.0
12A	19.05	22.78	11.91	12.57	5.96	17.75	26.9	49.8	18.08	31.1	62.3	1.5
16A	25.40	29.29	15.88	15.75	7.94	22.61	33.5	62.7	24.13	55.6	111.2	2.6
20A	31.75	35.76	19.05	18.90	9.54	27.46	41.1	77	30.18	86.7	173.5	3.8
24A	38.10	45.44	22.23	25.22	11.14	35.46	50.8	96.3	36.20	124.6	249.1	5.6
28A	44.45	48.87	25.40	25.22	12.71	37.19	54.9	103.6	42.24	169	338.1	7.5
32A	50.80	58.55	28.58	31.55	14.29	45.21	65.5	124.2	48.26	222.4	444.8	10.1
40A	63.50	71.55	39.68	37.85	19.85	54.89	80.3	151.8	60.33	347	693.9	16.1
48A	76.20	87.83	47.63	47.35	23.81	67.82	95.5	183.4	72.39	500.4	1000.8	22.6

滚子链的标记：链号-排数×链节数　标准号。例如标记为 12A-1×88 GB/T 1243—2006 的滚子链表示：节距为 19.05mm（链号 12×25.4/16），单排，88 节 A 系列滚子链。

2. 链轮的标准与结构

滚子链轮齿形用标准刀具加工。齿形分为端面齿形和轴面齿形，均已标准化（GB/T 1243—1997）。链轮的几何尺寸计算见表 8-11。

表 8-11 滚子链轮的几何尺寸计算

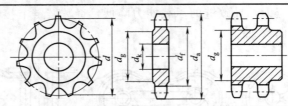

名称	代号	计算公式	备注
分度圆直径	d	$d = p / \sin\frac{180°}{z}$	
齿顶圆直径	d_a	$d_{a\max} = d + 1.25p - d_1$ $d_{a\min} = d + \left(1 - \frac{1.6}{z}\right)p - d_1$	(1) d_a 可在 $d_{a\max}$、$d_{a\min}$ 范围内任意选取 (2) d_1 为配用滚子链的滚子直径
齿根圆直径	d_f	$d_f = d - d_1$	
齿侧凸缘（或排间槽）直径	d_g	$d_g \leqslant p \cot\frac{180°}{z} - 1.04h_2 - 0.76$	h_2 为配用滚子的内链板高度

链轮结构类型如图 8-16 所示。小直径链轮可做成整体式 [图 8-16（a）]，中等直径链轮多用腹板式 [图 8-16（b）]，大直径链轮可制成组合式 [图 8-16（c）]。

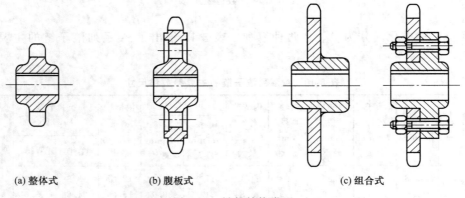

(a) 整体式　　　　(b) 腹板式　　　　(c) 组合式

图 8-16　链轮结构类型

链轮材料一般为中碳钢淬火处理。高速重载场合，用低碳钢渗碳淬火处理；低速时，大链轮可采用铸铁。由于小链轮的啮合次数多，所以小链轮的材料应优于大链轮。

三、链传动主要参数的选择

1. 链轮齿数和传动比

链轮齿数要选择适当。齿数过少，传动不均匀性和动载荷增大，传动平稳性差，冲击振动大；齿数过多，增大结构尺寸和重量，容易出现跳齿和脱链现象。一般小链轮齿数 $z_1 \geqslant 17$，大链轮齿数 $z_2 \leqslant 120$。传动比过大，小链轮包角过小，容易磨损和跳齿，因此限制 $i \leqslant 8$，推荐 $i = 2 \sim 3.5$。

2. 链条节距 p 和排数

链节距 p 越大，链的承载能力越大，但是，引起的冲击、振动和噪声也越大；链排数越多,链的承载能力增强,但链条受力不均且轴向尺寸大。为此,在满足承载能力的前提下,为使结构紧凑、寿命长,应尽量选用小节距的单排链。高速重载时,可选用小节距的多排链。

3. 中心距和链节数

中心距过小,小链轮的包角小,同时参与啮合的齿数少,容易磨损、脱链、跳齿;若中心距过大,使链条抖动。通常 $a=(30\sim50)p$, $a_{max}\leqslant 80p$。

链节数一般为偶数。考虑磨损均匀,链轮齿数 z_1、z_2 应取与链节数互为质数的奇数,并优先选用数列 17、19、21、23、25、38、57、76、85、114。

四、链传动的失效形式

链传动的失效形式主要指链条的失效,常见滚子链有如下几种失效形式,如图 8-17 所示。

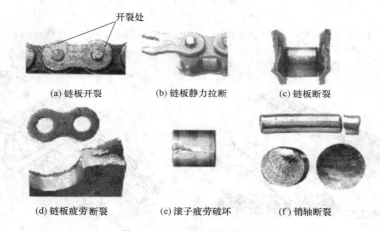

图 8-17 滚子链的失效形式

五、链传动的使用与维护

1. 链传动的布置

① 两轮轴线应平行,两轮运转平面应处于同一平面,两轮中心连线尽量水平,需要倾斜时,中心线与水平线夹角≤45°。

② 为了保证良好啮合,传动链应紧边在上,松边在下。

2. 链传动的张紧

传动链使用过程中由于磨损而伸长,使链条松弛引起啮合不良而影响正常传动,所以必须进行张紧,可采用如下方法张紧:

① 调整中心距。

② 采用张紧轮。张紧轮应设置在松边外侧且靠近小轮。

③ 缩短链长。去掉1~2个链节。

3. 链传动的润滑

良好润滑是提高传动效率、延长使用寿命的有效途径。润滑方式可根据图 8-18 选择,润滑装置见图 8-19。

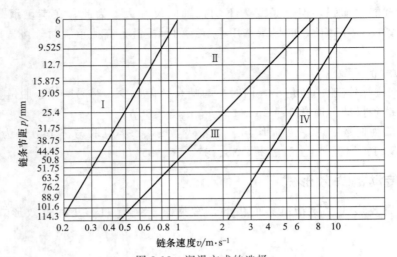

图 8-18 润滑方式的选择

Ⅰ—人工定期润滑；Ⅱ—滴油润滑；Ⅲ—油浴或飞溅润滑；Ⅳ—压力喷油润滑

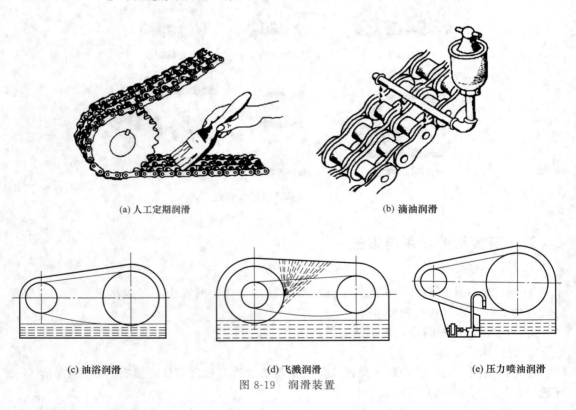

(a) 人工定期润滑　　(b) 滴油润滑

(c) 油浴润滑　　(d) 飞溅润滑　　(e) 压力喷油润滑

图 8-19 润滑装置

思考与练习

1. 滚子链的链号与链节距有何关系？
2. 为什么链传动瞬时传动比不是常数？
3. 链传动怎样合理布置？常见张紧方法有几种？
4. 链传动有哪些应用特点？
5. 怎样确定链传动的润滑方式和润滑装置？

小　结

① 带传动和链传动都属于挠性传动，借助于中间挠性件（带、链）传递运动和动力。其中，V 带传动属于摩擦传动，滚子链传动属于啮合传动。

② V 带已标准化，按截面尺寸大小分为七种型号；V 带传动的主要参数包括传动比、小带轮包角、带的基准长度和中心距等；带轮的结构有实体式、腹板式、孔板式和轮辐式。

③ 带传动的失效形式有打滑和带的疲劳断裂，影响其失效的因素包括初拉力、包角、带速、小带轮直径等。

④ 带传动应进行张紧，可采用调整中心距和设置张紧轮张紧。

⑤ 为保证带传动正常工作和延长寿命，应正确安装、使用、维护带传动。

⑥ 滚子链与链轮均已标准化，其重要参数是链节距；链传动瞬时传动比不为常数，使链传动具有运动不均匀性，所以，链传动不适宜高速传动。

⑦ 链节数尽量取偶数；尽量使用小节距多排链，常用两排或三排。

⑧ 链轮应布置成紧边在上，松边在下；可采用调整中心距和张紧轮张紧；应选择合适的润滑方式和润滑装置。

综 合 练 习

8-1　带传动为什么会出现打滑？

8-2　带传动和链传动的平均传动比怎样计算？

8-3　V 带和滚子链标准的基本参数是什么？

8-4　带传动与链传动张紧的目的有什么不同？

8-5　带传动与链传动的传动特点有什么不同？各适用什么场合？

8-6　已知带传动功率 $P=5\mathrm{kW}$，$n_1=400\mathrm{r/min}$，$d_{d1}=450\mathrm{mm}$，$d_{d2}=650\mathrm{mm}$，中心距 $a=1500\mathrm{mm}$，$f_v=0.2$，求带速 v、包角 α_1、有效拉力 F。

8-7　设计一破碎机的 V 带传动。已知电动机功率 $P=5.5\mathrm{kW}$，转速 $n_1=1440\mathrm{r/min}$，要求从动轮转速 $n_2=600\mathrm{r/min}$，允许转速误差±5%，两班制工作，中心距不超过 650mm。

第九章 齿轮传动

齿轮传动是机械传动中应用最为广泛的一种传动形式，能实现任意两轴之间运动和动力的传递。主要用来传递两轴间的回转运动，也可以实现回转运动与直线运动的转换。齿轮传动的圆周速度可以达到 300m/s，传递的功率可以达到十万千瓦，齿轮直径可以从 1mm 到 15m 以上，传动效率高，工作可靠，使用寿命长。本章将介绍各种齿轮传动的特点和应用，重点介绍直齿圆柱齿轮传动的基本参数、几何尺寸计算以及设计计算方法。

第一节 认识直齿圆柱齿轮

观察车床变速箱中的齿轮传动；如图 9-1 所示；认识直齿圆柱齿轮，如图 9-2 所示；分析图 9-3 齿轮系统的运动。

图 9-1 直齿圆柱齿轮减速器

图 9-2 直齿圆柱齿轮

图 9-3 齿轮系统

按照齿轮的齿向不同，圆柱齿轮分为直齿、斜齿、人字齿等，直齿廓的曲线是怎样形成的？有怎样的啮合特点？标准直齿圆柱齿轮传动的基本参数是什么？它对传动有何影响？齿轮是怎样加工的？通过相关知识的介绍，来认识齿轮传动，为进一步认识其他类型的齿轮传动提供基础知识。

一、渐开线的形成及渐开线齿廓的啮合特性

1. 渐开线的形成及性质

当一直线 n-n（渐开线的发生线）沿一个圆（基圆，半径为 r_b）作纯滚动时，直线上任

一点 k 的轨迹称为渐开线，如图 9-4 所示。

根据渐开线的形成过程，可以得出渐开线具有如下性质。

① 发生线在基圆上滚过的长度等于基圆上被滚过的弧长，即 $\overline{NK} = \overset{\frown}{NA}$。

② 渐开线上任一点的法线必切于基圆。渐开线上各点曲率半径不等，离基圆越近，曲率半径越小。

③ 渐开线上各点的压力角是变化的。渐开线上 K 点的法线（正压力的作用线）与该点的速度方向所夹的锐角 α_k 称为渐开线在该点的压力角，由图 9-4 可知，离基圆越远，压力角越大，基圆上的压力角等于零。

$$\cos\alpha_k = \frac{ON}{OK} = \frac{r_b}{r_k}$$

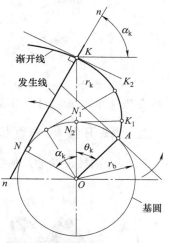

图 9-4 渐开线的形成

④ 渐开线形状取决于基圆大小。

⑤ 基圆内无渐开线。

2. 渐开线齿廓的啮合特性

如图 9-5 所示，一对齿轮传动是依靠主动轮齿 C_1 依次拨动从动轮齿 C_2 而实现传动的。

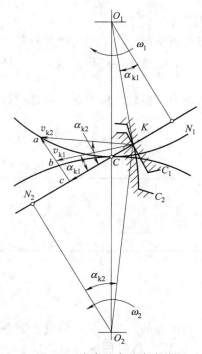

图 9-5 齿廓啮合基本定律

设某一瞬时，两齿轮的一对齿廓 C_1、C_2 在任意点 K 接触（啮合），K 点称为啮合点。过 K 点作两齿廓公法线 N-N 与两基圆半径为 r_{b1}，r_{b2} 分别切于 N_1、N_2 点，它与两齿轮的连心线 O_1、O_2 交于 C 点。

当主动齿轮 1 以 ω_1 顺时针转动时，并推动从动齿轮 2 以 ω_2 逆时针转动，两齿廓上 K 点的速度分别为：

$$v_{k1} = \omega_1 \overline{O_1K} \quad v_{k2} = \omega_2 \overline{O_2K}$$

为使两轮连续且平稳转动，两齿廓始终接触，既不能分离也不能压入，则有 v_{k1}、v_{k2} 在公法线 N-N 上的分速度应相等。

即：
$$v_{k1}\cos\alpha_{k1} = v_{k2}\cos\alpha_{k2} \tag{9-1}$$

由此得出：$\dfrac{\omega_1}{\omega_2} = \dfrac{\overline{O_2K}\cos\alpha_{k2}}{\overline{O_1K}\cos\alpha_{k1}}$

所以有：
$$i = \frac{\omega_1}{\omega_2} = \frac{\overline{O_2K}\cos\alpha_{k2}}{\overline{O_1K}\cos\alpha_{k1}} \tag{9-2}$$
$$= \frac{\overline{O_2N_2}}{\overline{O_1N_1}} = \frac{\overline{O_2C}}{\overline{O_1C}}$$

上式说明：不论两齿廓在任何位置接触，过两齿廓接触点所作的公法线都必须与两轮连心线交于一定点，这一规律称为齿轮啮合基本定律。

分别以两齿轮的轴心 O_1、O_2 为圆心，以 O_1C、O_2C 为半径所作的两个相切的圆称为该对齿轮的节圆。以 r'_1、r'_2 分别表示两节圆半径。

因为 $\triangle O_1CN_1 \backsim \triangle O_2CN_2$ 所以 $\dfrac{r_{b2}}{r_{b1}} = \dfrac{r'_2}{r'_1}$

有：
$$i = \dfrac{\omega_1}{\omega_2} = \dfrac{r_{b2}}{r_{b1}} = \dfrac{r'_2}{r'_1} = 常数 \qquad (9\text{-}3)$$

由上式得出：$\omega_1 r'_1 = \omega_2 r'_2$，说明两轮齿廓在节点啮合时，相对速度为零。即一对齿轮的啮合传动相当于它们的节圆作纯滚动。

二、渐开线标准直齿圆柱齿轮的基本参数和几何尺寸计算

1. 直齿圆柱齿轮的几何要素

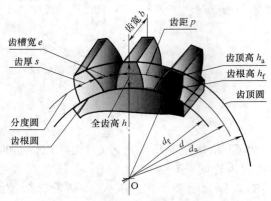

图 9-6 圆柱齿轮各部分名称

如图 9-6 所示，直齿圆柱齿轮的几何要素有：齿顶圆 d_a、齿根圆 d_f、分度圆 d、齿距 p、齿厚 s、齿槽宽 e、齿顶高 h_a、齿根高 h_f、全齿高 h、齿宽 b。

2. 直齿圆柱齿轮的基本参数

（1）齿数 z

齿数是齿轮上轮齿的个数。一般 $z \geqslant z_{\min} = 17$，推荐 $z_1 = 24 \sim 40$。z_1、z_2 应互为质数。

（2）模数 m

分度圆上有 $\pi d = pz$，则分度圆直径 $d = pz/\pi$，令 $m = p/\pi$，单位为 mm，称为模数。

模数反映轮齿的大小。模数越大，轮齿越大，承载能力越大，模数已标准化，标准模数系列见表 9-1。

分度圆直径可写成：$d = mz$。

表 9-1 标准模数系数   mm

第一系列	1	1.25	1.5	2	2.5	3	4	5	6
	8	10	12	16	20	25	32	40	50
第二系列	1.75	2.25	2.75	(3.25)	3.5	(3.75)	4.5	5.5	(6.5)
	7	9	(11)	14	18	22	28	36	45

注：1. 选用模数时，应优先采用第一系列，括号内的模数尽可能不用。
2. 本表适用于渐开线圆柱齿轮，对于斜齿轮则是指法面模数。

（3）压力角 α

由前所述，在不同直径的圆周上，齿廓各点的压力角也是不等的。为了便于设计、制造及互换，我们将分度圆上的压力角设定为标准值，分度圆上的压力角简称压力角，以 α 表示。国标规定，分度圆上的压力角 $\alpha = 20°$。

（4）齿顶高系数 h_a^* 和顶隙系数 c^*

这两个系数已标准化，国标规定：

项目	正常齿制	短齿制
h_a^*	1.0	0.8
c^*	0.25	0.3

模数 m、压力角 α、齿顶高系数 h_a^* 和顶隙系数 c^* 皆为标准值的齿轮称为标准齿轮。

3. 标准直齿圆柱齿轮几何尺寸计算

轮齿各部分名称和几何尺寸计算见表 9-2。

表 9-2　外啮合标准直齿圆柱齿轮的几何尺寸计算

名称	符号	计算公式	名称	符号	计算公式
分度圆直径	d	$d=mz$	齿顶圆直径	d_a	$d_a=d+2h_a$
基圆直径	d_b	$d_b=d\cos\alpha$	齿根圆直径	d_f	$d_f=d-2h_f$
齿顶高	h_a	$h_a=h_a^* m$	齿距	p	$p=m\pi$
齿根高	h_f	$h_f=(h_a^*+c^*)m$	齿厚	s	$s=p/2=m\pi/2$
全齿高	h	$h=h_a+h_f$	齿槽宽	e	$e=p/2=m\pi/2$
顶隙	c	$c=c^* m$	标准中心距	a	$a=m(z_1+z_2)/2$

三、直齿圆柱齿轮的正确啮合条件和连续传动条件

1. 正确啮合条件

要保证两个渐开线齿轮正确啮合，应使两齿轮在啮合线上的齿距（法向齿距）相等，如图 9-7 所示。又根据渐开线性质有：法向齿距和基圆齿距相等，通常以 p_b 表示基圆齿距，得出渐开线直齿圆柱齿轮的正确啮合（必要）条件为：

$$\left. \begin{array}{l} m_1=m_2=m \\ \alpha_1=\alpha_2=\alpha \end{array} \right\} \quad (9\text{-}4)$$

m、α 皆为标准值。

齿轮的传动比计算：

$$i=\frac{\omega_1}{\omega_2}=\frac{d_2'}{d_1'}=\frac{d_{b2}}{d_{b1}}=\frac{d_2}{d_1}=\frac{z_2}{z_1} \quad (9\text{-}5)$$

2. 连续传动条件

要使两啮合齿轮连续传动，两齿轮的实际啮合线 B_1B_2 应大于或等于齿轮的基圆齿距 p_b。B_1B_2 与 p_b 的比值称为重合度，用 ε 表示，如图 9-8 所示，即：

$$\varepsilon=\frac{B_1B_2}{p_b}\geqslant 1$$

重合度表明同时参与啮合轮齿的对数。ε 大，表明同时参与啮合轮齿的对数多，每对齿的负荷小，传动平稳。一般要求：$\varepsilon\geqslant 1.2$。

3. 中心距与啮合角

一对正确啮合的渐开线标准齿轮，模数相等，故两轮分度圆上的齿厚和齿槽宽相等，即 $s_1=e_1=s_2=e_2=\pi m/2$。显然当两分度圆相切并作纯滚动时，其侧隙为零。一对齿轮节圆与分度圆重合的安装称为标准安装，标准安装时的中心距成为标准安装中心距，简称标准中

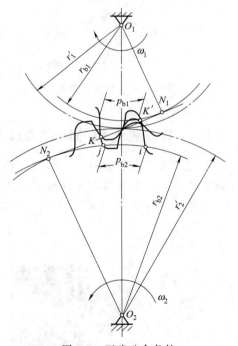

图 9-7　正确啮合条件

心距,以 a 表示。

啮合线与两节圆公切线 t-t 之间所夹的锐角称为两个齿轮的啮合角 α',如图 9-9 所示,标准安装有 $\alpha'=\alpha$。

标准中心距:
$$a=r'_1+r'_2=r_1+r_2=\frac{m(z_1+z_2)}{2} \tag{9-6}$$

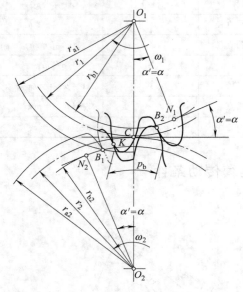

图 9-8 连续传动条件

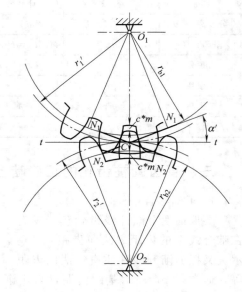

图 9-9 标准安装

四、渐开线齿轮的切齿原理与根切现象

齿轮的加工方法有铸造、锻造、热轧、冲压、切削加工等,其中切削加工应用最广。在切削加工中,按切齿原理不同有仿形法和展成法两大类。

仿形法是在铣床上加工齿轮,如图 9-10 所示。可用盘状铣刀或指状铣刀加工,如图 9-11所示。

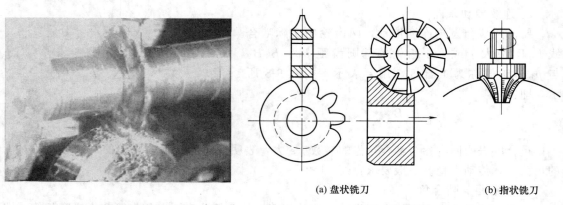

图 9-10 铣床上加工齿轮

(a) 盘状铣刀　　(b) 指状铣刀

图 9-11 仿形法

展成法是在插齿机和滚齿机上加工齿轮,其加工原理是利用一对相互啮合齿轮的齿廓曲

线互为包络线的原理来加工齿廓,如图 9-12 所示。常用的刀具有齿轮型刀具(如齿轮插刀)和齿条型刀具(如齿条插刀、滚刀)两大类,如图 9-13 所示。

用展成法切制齿轮时,当刀具的齿顶线超过了极限啮合点 N_1',见图 9-14,就会出现齿根处的渐开线齿廓被刀具齿顶再切去一部分,这种现象称为根切,如图 9-15 所示。产生根切的齿轮,降低了抗弯强度,影响传动能力,避免根切的最少齿数 $z_{\min} \geqslant 17$。

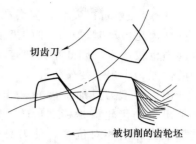

图 9-12 展成法加工原理

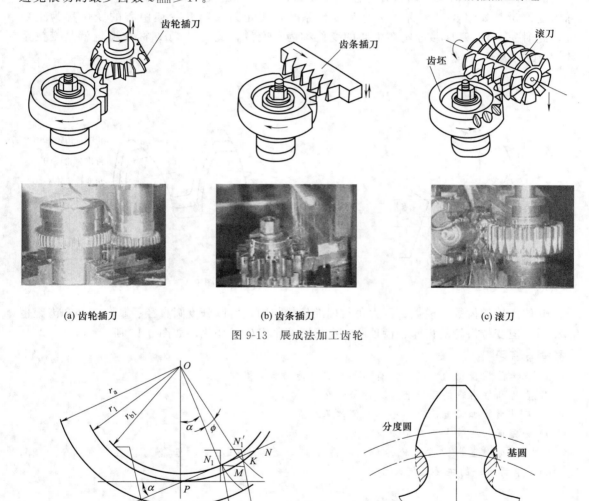

(a) 齿轮插刀　　　　(b) 齿条插刀　　　　(c) 滚刀

图 9-13 展成法加工齿轮

图 9-14 根切的产生　　　　图 9-15 根切现象

五、变位齿轮传动

前面分析的都是渐开线标准齿轮,标准齿轮设计计算简单,互换性好,但标准齿轮传动仍存在着一些缺陷:①受根切限制,齿数不得少于 $z_{\min}$,使传动结构不够紧凑。②标准齿轮的中心距 a 不能按照实际中心距 a' 的要求进行调整,也就是说,$a' < a$ 时无法安装;当

$a'>a$ 时，虽然可以安装，但会产生过大的侧隙而引起冲击振动，影响传动的平稳性。③一对标准齿轮传动时，小齿轮的齿根厚度小而啮合次数又较多，故小齿轮的强度较低，齿根部分磨损也较严重，因此小齿轮容易损坏，同时也限制了大齿轮的承载能力。为了改善齿轮传动的性能，出现了变位齿轮。

用齿条型刀具加工齿轮，当刀具中线（分度线）与被加工齿轮分度圆直径相切时，加工出来的齿轮就是标准齿轮。以切制标准齿轮的位置为基准，如果改变齿条型刀具与被加工齿轮的相对位置，使刀具远离或靠近齿轮毛坯中心，此时齿条型刀具的分度线与齿轮的分度圆不再相切，用这种方法加工出来的齿轮称为变位齿轮。刀具移动的距离 xm 称为变位量，如图 9-16 所示，x 称为变位系数，规定刀具离开轮坯中心的变位称为正变位，此时 $x>0$；刀具移近轮坯中心的变位称为负变位，此时 $x<0$；标准齿轮就是变位系数 $x=0$ 的齿轮。

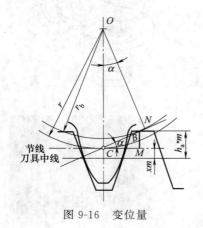

图 9-16 变位量

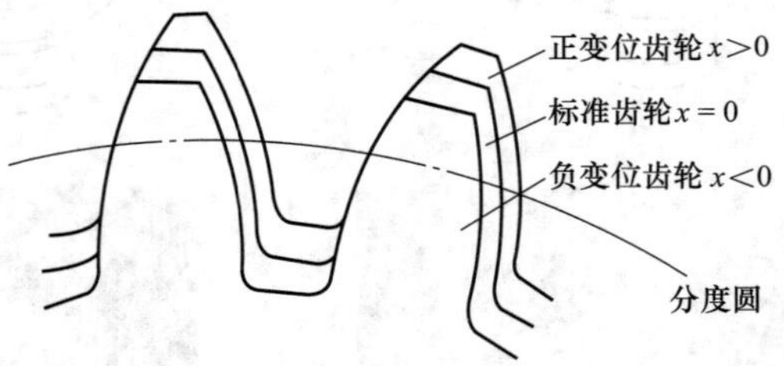

图 9-17 变位齿轮齿廓

变位齿轮的齿数、模数、压力角与标准齿轮相同，所以分度圆直径、基圆直径和齿距也都相同，但变位齿轮的齿厚、齿顶圆、齿根圆等都发生了变化，如图 9-17 所示。

思考与练习

1. 直齿圆柱齿轮的主要参数有哪些？它对传动有何影响？
2. 直齿圆柱齿轮的正确啮合条件是什么？
3. 常见齿轮加工方法有哪些？有何加工特点？
4. 避免根切的最少齿数是多少？
5. 一对标准直齿圆柱齿轮传动，测得其中心距为 160mm，两齿轮的齿数分别为 $z_1=20$，$z_2=44$，求两齿轮的主要几何尺寸。

第二节 设计直齿圆柱齿轮传动

一、齿轮传动的失效形式和设计准则

齿轮在传动过程中，由于某种原因而不能正常工作，从而失去了正常的工作能力，称为失效。齿轮传动的失效主要是指轮齿的失效。由于存在各种类型的齿轮传动，而各种传动的工作状况、所用材料、加工精度等因素各不相同，所以造成齿轮轮齿出现不同的失效形式。

1. 轮齿的失效形式
（1）轮齿折断

齿轮的轮齿沿齿根整体折断或局部折断。重复变化的弯曲应力的作用或齿根处的应力集中导致轮齿疲劳折断；轮齿受到短时过载或意外冲击而产生过载折断，如图9-18（a）所示。

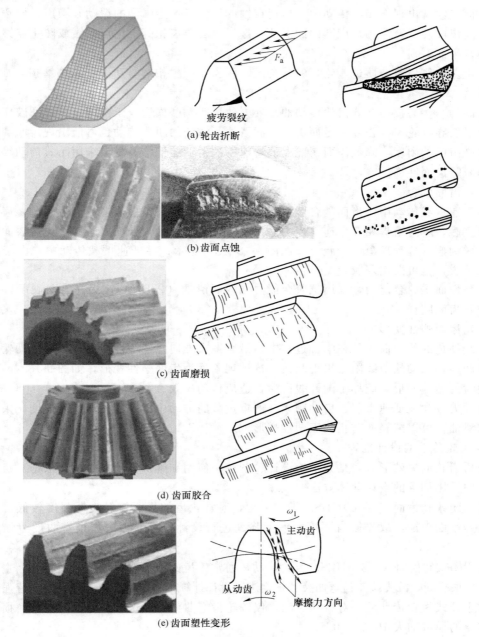

图 9-18　轮齿失效形式

轮齿折断造成齿轮无法工作，开式或闭式传动均有可能发生。采用正变位，增加齿根圆角半径，降低齿面粗糙度值，对齿根处进行喷丸、辊压等强化处理，均可提高轮齿的抗疲劳折断能力。

(2) 齿面点蚀

齿面接触应力是交变的，应力经多次重复后，靠近齿根一侧的节线附近出现细小裂纹，裂纹逐渐扩展，导致表层小片金属剥落而形成麻点状凹坑，称为齿面疲劳点蚀，如图9-18 (b) 所示。

齿面点蚀常出现在闭式传动中。出现点蚀的轮齿，产生强烈的振动和噪声，导致齿轮失效。提高齿面硬度，采用黏度高的润滑油，选择正变位齿轮等，均可减缓或防止点蚀产生。

(3) 齿面磨损

灰尘、金属屑等杂质进入轮齿的啮合区，两齿面产生相对滑动引起摩擦磨损，如图9-18 (c) 所示。

齿面的摩擦磨损是开式齿轮传动的主要失效形式，磨损后，正确的齿形遭到破坏，齿厚减薄，最后导致轮齿因强度不足而折断。润滑油不清洁的闭式传动也可能出现齿面磨损。为此，提高齿面的硬度，降低齿面粗糙度值，保持润滑油的清洁，尽量采用闭式传动等，均能有效地减轻齿面磨损。

(4) 齿面胶合

在高速重载传动中，齿面啮合区温度升高引起润滑油膜破裂而造成润滑失效，齿面间金属直接接触，瞬时熔焊相互粘连，当两齿轮继续转动时，粘焊处被撕脱后，轮齿表面沿滑动方向形成沟痕，这种现象称为胶合，如图9-18 (d) 所示；在低速重载传动中，由于齿面不易形成油膜，也可能出现胶合。

提高齿面抗胶合能力，采用抗胶合能力强的润滑油（极压油），提高齿面硬度，均可减缓或防止齿面胶合。

(5) 齿面塑性变形

未经硬化的软齿面齿轮在啮合过程中，沿摩擦力方向发生塑性变形，导致主动轮节线附近出现凹沟，从动轮节线附近出现凸棱，这种现象称为齿面塑性变形，如图9-18 (e) 所示，由于轮齿的塑性变形，破坏了渐开线齿形，造成传动失效。

这种失效常在低速重载、启动频繁、严重过载的传动中出现。提高齿面硬度，采用黏度大的润滑油，可以减轻或防止齿面塑性变形。

2. 齿轮传动的设计准则

分析齿轮的失效形式，是为了给设计、制造、使用和维护齿轮提供科学依据。目前，工程实际中采用如下的设计计算方法。

对于闭式软齿面（≤350HBS）齿轮传动，通常轮齿的齿面接触疲劳强度较低，主要失效形式是齿面点蚀，故先按齿面接触疲劳强度进行设计计算，再按齿根弯曲疲劳强度进行校核。

对于闭式硬齿面（>350HBS）齿轮传动，通常轮齿的齿根弯曲疲劳强度较低，主要失效形式是齿根折断，故先按轮齿弯曲疲劳强度进行设计计算，然后再校核齿面接触疲劳强度。

对于开式齿轮传动或一对铸铁齿轮，仅按轮齿弯曲疲劳强度设计计算，考虑磨损的影响可将求得的模数加大10%~20%。

二、齿轮常用材料及齿轮传动的精度等级

1. 齿轮常用材料

齿轮常用材料有碳素结构钢、合金结构钢、铸钢、铸铁、非金属材料等。常用材料的牌号、热处理及力学性能见表9-3。

表 9-3 齿轮常用材料及力学性能

材料	热处理方法	抗拉强度 σ_b/MPa	屈服强度 σ_s/MPa	齿面硬度（HBS）	许用接触应力 $[\sigma_H]$/MPa	许用弯曲应力 $[\sigma_F]$/MPa
HT300		300		187～255	290～347	80～105
QT600-3	正火	600		190～270	436～535	262～315
ZG310-570	正火	580	320	163～197	270～301	171～189
ZG340-640	正火	650	350	179～207	288～306	182～196
45	正火	580	290	162～217	468～513	280～301
ZG340-640	调质	700	380	241～269	468～490	248～259
45	调质	650	360	217～255	513～545	301～315
35SiMn	调质	750	450	217～269	585～648	388～420
40Cr	调质	700	500	241～286	612～675	399～427
45	调质后表面淬火			40～50HRC	972～1053	427～504
40Cr	调质后表面淬火			48～55HRC	1053～1098	483～518
20Cr	渗碳后淬火	650	400	56～62HRC	1350	645
20CrMnTi	渗碳后淬火	1100	850	56～62HRC	1350	645

2. 齿轮传动的精度

我国现行的齿轮精度标准体系包括 2 个推荐性国家标准 GB/T 10095.1—2001、GB/T 10095.2—2001 和 4 个指导性技术文件 GB/Z 18620.1—2002～GB/Z 18620.4—2002。

GB/T 10095.1—2001 规定了 13 个精度等级，第 0 级最高，第 12 级最低。通常 3～5 级称为高精度，6～8 为中等精度，9～12 称为低精度。相互啮合的两个齿轮，其精度等级一般选取成相同的精度等级。常见机械齿轮精度等级见表 9-4。

表 9-4 常见机械齿轮精度等级

机械名称	精度等级	机械名称	精度等级
汽轮机	3～6	通用减速器	6～8
金属切削机床	3～8	锻压机床	6～9
轻型汽车	5～8	起重机	7～10
载重汽车	7～9	矿山用卷扬机	8～10
拖拉机	6～8	农业机械	8～11

三、渐开线直齿圆柱齿轮传动的强度计算

为了进行齿轮的设计计算，首先需要对齿轮进行受力分析。

1. 轮齿的受力分析

如图 9-19 所示，主动轮在驱动力矩 T_1 作用下，轮齿沿啮合线方向受到来自从动轮齿的法向力 $\boldsymbol{F}_{n1}$ 的作用。由于直齿圆柱齿轮法面与端面重合，因此，$\boldsymbol{F}_{n1}$ 作用在端面内，可分解成圆周力 $\boldsymbol{F}_{t1}$ 和径向力 $\boldsymbol{F}_{r1}$。各力大小分别为：

圆周力 $$F_{t1}=\frac{2T_1}{d_1} \tag{9-7}$$

径向力 $$F_{r1}=F_{t1}\tan\alpha \tag{9-8}$$

法向力 $$F_{n1}=\frac{F_{t1}}{\cos\alpha} \tag{9-9}$$

$$T_1=9.55\times10^6\frac{P_1}{n_1}\quad(P_1\text{单位为 kW},n_1\text{单位为 r/min}) \tag{9-10}$$

式中 T_1——主动轮传递的转矩，N·mm；

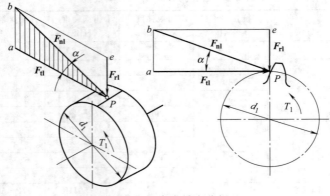

图 9-19 直齿受力分析

d_1——主动轮分度圆直径，mm；

α——压力角，$\alpha=20°$。

根据作用力与反作用力的关系，主动轮上的圆周力是工作阻力，方向与转向相反，从动轮上的圆周力是驱动力，方向与转向相同。两轮的径向力分别指向各自的轮心。

2. 计算载荷

上述受力分析涉及的载荷是在理想工作条件下确定的载荷，称为名义载荷。实际上，齿轮在工作中受到多种因素影响，如齿轮、轴、支承等的制造误差、安装误差以及在载荷作用下的变形等因素的影响，轮齿受力要比名义载荷大。为使齿轮受载情况尽量符合实际，考虑原动机与工作机的载荷变化，以及齿轮传动的各种误差所引起的传动不平稳性等，引入载荷系数，得到计算载荷：

$$F_{nc} = K F_n \tag{9-11}$$

式中 K——载荷系数，其值可查表 9-5。

表 9-5 载荷系数 K

原动机	工作机的载荷特性		
	平稳	中等冲击	大冲击
电动机	1.0～1.2	1.2～1.6	1.6～1.8
多缸内燃机	1.2～1.6	1.6～1.8	1.9～2.1
单缸内燃机	1.6～1.8	1.8～2.0	2.2～2.4

注：斜齿轮圆周速度低、精度高、齿宽系数较小时，取较小值；直齿轮圆周速度高、精度低、齿宽系数较大时，取较大值。轴承相对于齿轮对称布置、轴的刚度较大时，取较小值，反之取较大值。

3. 强度计算

（1）齿面接触疲劳强度计算

进行齿面接触疲劳强度计算的目的是防止发生齿面疲劳点蚀，齿面疲劳点蚀与齿面接触应力大小有关。根据有关强度条件，经过推导、整理得齿面接触疲劳强度的计算式为

$$d_1 \geqslant 76.6 \sqrt[3]{\frac{KT_1(i\pm 1)}{\Psi_d i [\sigma_H]^2}} \tag{9-12}$$

式中 i——大、小齿轮的齿数比 z_2/z_1；

Ψ_d——齿宽系数，见表 9-6；

$[\sigma_H]$——齿轮材料的许用接触应力，取两轮中的较小值，其值见表 9-3；

±——外啮合取"+"，内啮合取"-"。

表 9-6　齿宽系数 Ψ_d

齿面硬度	齿轮相对于轴承的位置		
	对称布置	非对称布置	悬臂布置
软齿面≤350HBS	0.8～1.4	0.6～1.2	0.3～0.4
硬齿面＞350HBS	0.4～0.9	0.3～0.6	0.2～0.25

需要说明的是：式（9-12）仅适用一对齿轮材料均为钢材。当齿轮材料为钢对铸铁时，将计算结果乘以 0.9；主动轮材料为铸铁对铸铁时，将计算结果乘以 0.83。

（2）齿根弯曲疲劳强度计算

进行齿根弯曲疲劳强度计算的目的是防止发生轮齿折断，轮齿折断与齿根弯曲应力大小有关。根据有关强度条件，经过推导、整理得轮齿齿根弯曲疲劳强度的计算式为

$$m \geqslant 1.26 \sqrt[3]{\frac{KT_1 Y_F}{\Psi_d z_1^2 [\sigma_F]}} \tag{9-13}$$

式中　Y_F——齿形系数，查表 9-7；

$[\sigma_F]$——齿轮材料的许用弯曲应力，其值见表 9-3。

表中数据是在单向受载条件下得到的，若轮齿双向受载，应将表中数据乘以 0.7。

表 9-7　标准外齿轮的齿形系数 Y_F 及当量齿数 z_v

$z(z_v)$	17	18	19	20	21	22	23	24	25	26	27	28	29
Y_F	4.51	4.45	4.41	4.36	4.33	4.30	4.27	4.24	4.21	4.19	4.17	4.15	4.13
$z(z_v)$	30	35	40	45	50	60	70	80	90	100	150	200	∞
Y_F	4.12	4.06	4.04	4.02	4.01	4.00	3.99	3.98	3.97	3.96	4.00	4.03	4.06

需要指出的是：一对直齿圆柱齿轮传动，当传动比≠1时，相啮合的两齿轮齿数是不相等的，故它们的齿形系数也不相等。而它们的齿根弯曲应力也不相等。通常两个齿轮的材料和热处理也不相同，则它们的许用应力也不一样。所以，在进行齿轮传动的设计计算时，应将两齿轮的 $Y_{F1}/[\sigma_{F1}]$ 和 $Y_{F2}/[\sigma_{F2}]$ 中的较大值代入式（9-13）中进行计算。

四、齿轮的结构

齿轮的结构一般由轮缘、轮毂、轮辐三部分组成，根据齿轮毛坯的制造方法不同，常见锻造齿轮和铸造齿轮等结构形式，具体结构类型见图 9-20。

1. 锻造齿轮

当齿根圆直径与轴的直径相差较小，齿根圆至键槽底部的距离 $x \leqslant (2\sim2.5)m$ 时，可采用齿轮轴，如图 9-20(a) 所示。

当齿轮的齿顶圆直径 $d_a \leqslant 200$mm 时，可采用实体式结构，如图 9-20(b) 所示。

当齿轮的齿顶圆直径 $d_a = 200\sim500$mm 时，可采用腹板式或孔板式结构，如图 9-20(c) 所示。

2. 铸造齿轮

当齿轮的齿顶圆直径 $d_a > 500$mm 时，可采用轮辐式结构，这种结构的齿轮常用铸钢或铸铁制造，如图 9-20(d) 所示。

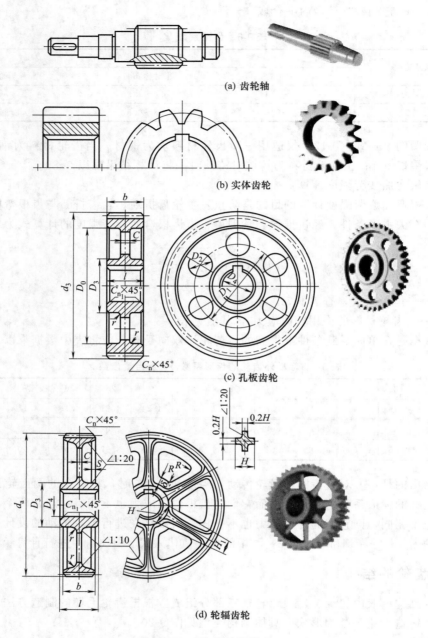

图 9-20 齿轮结构类型

齿轮的结构尺寸一般根据经验公式确定，可查相关手册。

【例 9-1】 设计一带式输送机的一级减速器中的直齿圆柱齿轮传动。已知减速器的输入功率 $P=10kW$，满载转速 $n_1=960r/min$，传动比 $i=3.5$，单向运转，载荷平稳，由电动机驱动。如何设计，才能满足输送机的需要？

解 ① 选择齿轮材料

考虑带式输送机载荷相对平稳，参考表 9-3 小齿轮选用 45 钢调质处理，硬度为 217～255HBS；大齿轮选用 45 钢正火处理，硬度为 162～217HBS。

由于两齿轮皆为软齿面齿轮,故先按齿面接触疲劳强度进行设计,再按轮齿弯曲疲劳强度校核。

② 按齿面接触疲劳强度计算

根据式(9-12)确定相关参数如下。

转矩 $T_1=9.55\times10^6\dfrac{P_1}{n_1}=9.55\times10^6\times\dfrac{10}{960}=10^5(\text{N}\cdot\text{mm})$

载荷系数查表 9-5,取 $K=1.1$。

齿数 由于采用闭式软齿面传动,取齿数 $z_1=23$,$z_2=i\times z_1=80.5$,取 $z_2=81$

齿宽系数 由于是单级齿轮减速器,轴承对称布置,由表 9-6 取 $\Psi_d=1.0$

许用应力 小齿轮齿面平均硬度为 240HBS,根据表 9-3 用内插法确定许用应力

$$[\sigma_{H1}]=\dfrac{545-513}{255-217}(240-217)+513=532\text{(MPa)}$$

$$[\sigma_{F1}]=\dfrac{315-301}{255-217}(240-217)+301=309\text{(MPa)}$$

大齿轮齿面平均硬度为 190HBS,同理得出 $[\sigma_{H2}]=491\text{MPa}$;$[\sigma_{F2}]=291\text{MPa}$。

将上述各参数代入式(9-12)中,得小齿轮的分度圆直径:

$$d_1\geqslant 76.6\sqrt[3]{\dfrac{KT_1(i\pm1)}{\Psi_d i[\sigma_H]^2}}=76.6\sqrt[3]{\dfrac{1.1\times10^5(3.5+1)}{1.0\times3.5\times532^2}}=60.8(\text{mm})$$

齿轮模数 $m=\dfrac{d_1}{z_1}=\dfrac{60.8}{23}=2.64\text{mm}$ 查表 9-1 取 $m=3\text{mm}$

③ 按轮齿弯曲疲劳强度校核

根据式(9-13)确定相关参数如下。

齿形系数 查表 9-7 知 $Y_{F1}=4.27$;$Y_{F2}=3.98$

$$\dfrac{Y_{F1}}{[\sigma_{F1}]}=\dfrac{4.27}{309}=0.01382 \qquad \dfrac{Y_{F2}}{[\sigma_{F2}]}=\dfrac{3.98}{291}=0.01368$$

取两者之中较大值代入式(9-13)中,得齿轮的模数:

$$m\geqslant 1.26\sqrt[3]{\dfrac{KT_1Y_F}{\Psi_d z_1^2[\sigma_F]}}=1.26\sqrt[3]{\dfrac{1.1\times10^5\times4.27}{1.0\times23^2\times309}}=1.79(\text{mm})<3\text{mm}$$

所以,弯曲强度足够。

④ 计算齿轮主要几何尺寸(略)

⑤ 齿轮结构设计(略)

思考与练习

1. 齿轮传动常见的失效形式有哪些?
2. 齿轮传动的设计准则是什么?
3. 设计单级减速器中的直齿圆柱齿轮传动。已知减速器由电动机驱动,输入功率 $P=10\text{kW}$,小轮转速 $n_1=970\text{r/min}$,传动比 $i=4$,单向转动,载荷平稳。

第三节 其他齿轮传动

两种齿轮减速器如图 9-21、图 9-23 所示,减速器中的斜齿圆柱齿轮和直齿圆锥齿轮如

图 9-22、图 9-24 所示;齿条传动零件如图 9-25 所示,本节将结合相关知识介绍,概括各种类型的齿轮传动特点及应用。

图 9-21 斜齿圆柱齿轮减速器

图 9-22 斜齿圆柱齿轮

图 9-23 圆锥齿轮减速器

图 9-24 直齿圆锥齿轮

图 9-25 齿条传动

一、齿轮传动的类型和特点

1. 齿轮传动的类型

在机械传动中,齿轮传动是一种应用最为广泛的传动机构,它可以在任意位置的两轴之间实现运动和动力的传递,如图 9-26 所示。通常有如下传动方式:

① 根据两轮轴线相对位置有平行轴、相交轴、交错轴传动。

(a) 外啮合　　　　(b) 内啮合　　　　(c) 齿条传动

(d) 斜齿轮传动　　　　(e) 人字齿轮传动

(f) 锥齿轮传动　　　　　　　　(g) 交错轴传动

图 9-26　齿轮传动类型

② 按啮合方式有外啮合、内啮合、齿轮齿条传动。
③ 根据轮齿齿向有直齿、斜齿、人字齿传动。
④ 按齿廓曲线形状分为渐开线、摆线、圆弧线齿轮。
⑤ 根据齿轮传动工作条件有开式传动和闭式传动。
⑥ 按齿面硬度分为软齿面（硬度≤350HBS）齿轮和硬齿面（硬度＞350HBS）齿轮传动等。

2. 齿轮传动的特点

齿轮传动的优点是：
① 齿轮传动 $i_{瞬}=$ 常数，故传动准确、平稳、精度高。
② 齿轮传动属于啮合传动，所以传动效率高，工作可靠。
③ 结构紧凑，寿命长。
④ 可实现任意两轴夹角的传动。
⑤ 传递的功率、圆周速度、齿轮直径等范围广泛。

齿轮传动的缺点是：
① 制造、安装精度要求高，成本高。
② 不宜用作远距离传动。

二、斜齿圆柱齿轮传动

1. 斜齿圆柱齿轮传动特点

前面讨论的直齿轮的齿廓曲线形成是以齿轮端面进行讨论的。实际上齿轮有一定的宽度，当考虑齿宽时，基圆应是基圆柱，发生线应为发生面。

当发生面沿基圆柱做纯滚动时，发生面上任意一条与基圆柱母线平行的直线在空间所走过的轨迹即为直齿轮的齿廓曲面，称为渐开线曲面，如图 9-27 所示。

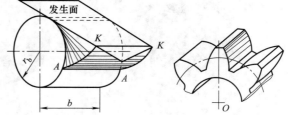

图 9-27　渐开线曲面

直齿轮的啮合特点是：齿面上的接触线平行于齿轮轴线，轮齿沿整个齿宽同时进入啮合并同时脱离啮合。因此，直齿圆柱齿轮的传动平稳性差，冲击噪声较大，不适于高速传动。

当发生面沿基圆柱做纯滚动时，发生面上任意一条与基圆柱母线成一倾斜角 β_b 的直线在空间所走过的轨迹即为斜齿圆柱齿轮的齿廓曲面，称为渐开线螺旋面，β_b 称为基圆柱上的螺旋角，如图 9-28 所示。

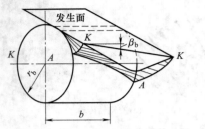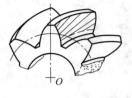

图 9-28　渐开线螺旋面

斜齿轮的啮合特点是：齿面上的接触线是由短变长，再由长变短，轮齿是逐渐进入和逐渐脱开啮合的，所以传动平稳，冲击和噪声较小；当其齿廓前端面脱离啮合时，齿廓的后端面仍在啮合中，啮合过程比直齿轮长，同时啮合的轮齿对数也比直齿轮多，故重合度较大，因此承载能力较强。另外，斜齿轮不产生根切的最少齿数也比直齿轮少，使其结构紧凑。所以，平行轴斜齿圆柱齿轮传动适用于高速、大功率的场合。但是，斜齿轮在工作时有轴向分力 F_a，其螺旋角 β 越大、轴向分力 F_a 越大，会对轴系支承结构产生不利影响，对选用轴承也提出了特殊要求。

为了克服斜齿轮产生的轴向分力，有了人字齿轮传动，如图 9-29 所示，但人字齿轮的加工制造成本较高。

图 9-29　人字齿轮

斜齿轮也有外啮合、内啮合和齿条传动几种形式，见图 9-30。

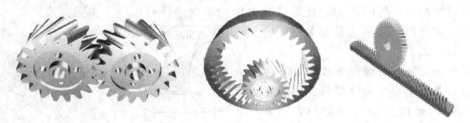

图 9-30　几种斜齿轮传动

2. 斜齿圆柱齿轮的基本参数和几何尺寸计算

（1）螺旋角 β

斜齿轮分度圆柱上，螺旋线的切线与齿轮轴线的夹角 β 称为螺旋角，如图 9-31 所示。

从图中的几何关系得出

$$\tan\beta = \frac{\pi d}{p_s} \tag{9-14}$$

p_s 为螺旋线的导程。

螺旋角表示轮齿的倾斜程度，螺旋角 β 越大，轮齿就越倾斜，传动的平稳性也越好，但轴向力也越大。一般取 $\beta=8°\sim25°$，人字齿取 $25°\sim40°$。

斜齿轮有左旋和右旋两种，见图 9-32。

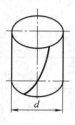
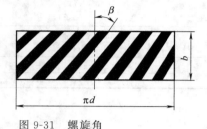

图 9-31 螺旋角

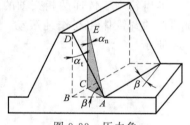

图 9-32 斜齿轮旋向

（2）模数

p_t 为端面齿距，m_t 为端面模数；p_n 为法面齿距，m_n 为法面模数，两者有如下关系：

$$\left.\begin{array}{l} p_n = p_t \cos\beta \\ m_n = m_t \cos\beta \end{array}\right\} \tag{9-15}$$

（3）压力角

端面压力角与法面压力角的关系如图 9-33 所示，从图中得出

$$\tan\alpha_n = \tan\alpha_t \cos\beta \tag{9-16}$$

法面是齿轮加工时的进刀方向，从加工和受力角度考虑，我国规定法面参数为标准值。

（4）齿顶高系数与顶隙系数

无论在端面还是在法面上，轮齿的齿顶高和顶隙都是相等的，所以有

$$\left.\begin{array}{l} h_{at}^* = h_{an}^* \cos\beta \\ c_t^* = c_n^* \cos\beta \end{array}\right.$$

图 9-33 压力角

通常用法面参数计算：

$$\left.\begin{array}{l} h_a = h_{an}^* m_n \\ h_f = (h_{an}^* + c_n^*) m_n \end{array}\right\} \tag{9-17}$$

外啮合标准斜齿圆柱齿轮的几何尺寸计算见表 9-8。

表 9-8 外啮合标准斜齿圆柱齿轮的几何尺寸计算

各部分名称	代号	计算公式
分度圆直径	d	$d = m_t z = \dfrac{m_n z}{\cos\beta}$
齿顶圆直径	d_a	$d_a = m_t(z + 2h_{at}^*) = m_n\left(\dfrac{z}{\cos\beta} + 2h_{an}^*\right)$
齿根圆直径	d_f	$d_f = m_t(z - 2h_{at}^* - 2c_t^*) = m_n\left(\dfrac{z}{\cos\beta} - 2h_{an}^* - 2c_n^*\right)$
基圆直径	d_b	$d_b = m_t z \cos\alpha_t = \dfrac{m_n z \cos\alpha_t}{\cos\beta}$

续表

各部分名称	代号	计 算 公 式
齿顶高	h_a	$h_a = h_{at}^* m_t = h_{an}^* m_n \quad h_{an}^* = 1$
齿根高	h_f	$h_f = (h_{at}^* + c_t^*) m_t = (h_{an}^* + c_n^*) m_n \quad c_n^* = 0.25$
全齿高	h	$h = (2h_{at}^* + c_t^*) m_t = (2h_{an}^* + c_n^*) m_n$
端面齿距	p_t	$p_t = \pi m_t = \dfrac{\pi m_n}{\cos\beta}$
端面齿厚	s_t	$s_t = \dfrac{\pi m_t}{2} = \dfrac{\pi m_n}{2\cos\beta}$
中心距	a	$a = \dfrac{d_1 + d_2}{2} = \dfrac{m_t(z_1 + z_2)}{2} = \dfrac{m_n(z_1 + z_2)}{2\cos\beta}$

3. 斜齿圆柱齿轮的正确啮合条件

一对平行轴斜齿轮的正确啮合条件为:

$$\left. \begin{array}{l} m_{n1} = m_{n2} = m_n \\ \alpha_{n1} = \alpha_{n2} = \alpha_n \\ \beta_1 = -\beta_2 (内啮合\ \beta_1 = \beta_2) \end{array} \right\} \quad (9\text{-}18)$$

三、直齿锥齿轮传动

1. 锥齿轮传动特点及应用

锥齿轮用于传递两相交轴的运动和动力,通常轴交角 $\Sigma = 90°$。其传动可看成是两个锥顶共点的圆锥体相互作纯滚动,轮齿分布在圆锥体上,齿形由大端到小端逐渐减小,如图 9-34 所示。

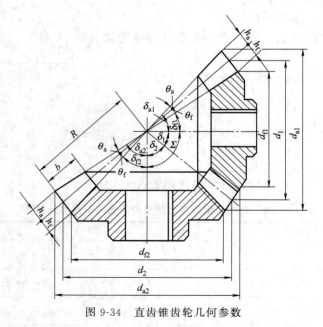

图 9-34 直齿锥齿轮几何参数

锥齿轮的轮齿有直齿和曲齿等形式,见图 9-35。由于直齿锥齿轮设计、制造、安装比较简单，所以应用最为广泛。曲齿与直齿相比传动平稳，承载能力高，常用于高速、重载的传动，如汽车、拖拉机、飞机中的变速机构，但其设计和制造比较复杂。

(a) 直齿锥齿轮

(b) 曲齿锥齿轮

图 9-35　锥齿轮

2. 直齿锥齿轮齿廓曲面的形成

直齿锥齿轮齿廓曲面的形成与直齿圆柱齿轮相似，如图 9-36 所示。圆发生面 S（圆平面半径与基圆锥锥距 R 相等，且圆心与锥顶重合，与基圆锥切于直线 ON）在基圆锥上作纯滚动时，圆发生面 S 上任意一条过锥顶的直线 OK 上的任意点 K 在空间展出一条渐开线 K_0K，渐开线在以 O 为中心、锥距 R 为半径的球面上，成为球面渐开线。而直线 OK 上各点展出的各条球面渐开线形成球面渐开线曲面，就是直齿锥齿轮的齿廓曲面。

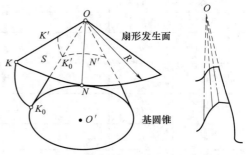

图 9-36　直齿锥齿轮齿廓曲面的形成

3. 直齿锥齿轮的基本参数和正确啮合条件

(1) 基本参数

因为轮齿由大端向锥顶逐渐缩小，大端的尺寸最大，在设计计算和测量时相对误差较小。为了计算和测量方便，国标规定圆锥齿轮大端分度圆上的模数为标准值，见表 9-9，压力角 $\alpha=20°$，$h_a^*=1$，$c^*=0.2$。

表 9-9　锥齿轮模数

0.1	0.35	0.9	1.75	3.25	5.5	10	20	36
0.12	0.4	1	2	3.5	6	11	22	40
0.15	0.5	1.125	2.25	3.75	6.5	12	25	45
0.2	0.6	1.25	2.5	4	7	14	28	50
0.25	0.7	1.375	2.75	4.5	8	16	30	
0.3	0.8	1.5	3	5	9	18	32	

(2) 正确啮合条件

圆锥齿轮大端的模数和压力角分别相等，且锥距相等，锥顶重合，所以直齿锥齿轮传动的正确啮合条件是：

$$\left.\begin{array}{r} m_1=m_2=m \\ \alpha_1=\alpha_2=\alpha \\ R_1=R_2=R \end{array}\right\} \tag{9-19}$$

(3) 传动比计算

一对标准直齿圆锥齿轮传动,当两轴线的夹角 $\Sigma = \delta_1 + \delta_2 = 90°$ 时如图 9-34 所示,传动比为:

$$i_{12} = \frac{\omega_1}{\omega_2} = \frac{d_2}{d_1} = \frac{z_2}{z_1} = \cot\delta_1 = \tan\delta_2 \tag{9-20}$$

4. 几何尺寸计算

标准直齿锥齿轮的几何尺寸计算见表 9-10。

表 9-10　标准直齿锥齿轮的几何尺寸计算

名称	代号	计算公式 小齿轮	计算公式 大齿轮
分度圆锥角	δ	$\delta_1 = \arctan\frac{z_1}{z_2}$	$\delta_2 = 90° - \delta_1$
齿顶高	h_a	$h_a = h_{a1} = h_{a2} = h_a^* m$	
齿根高	h_f	$h_f = h_{f1} = h_{f2} = (h_a^* + c^*)m$	
分度圆直径	d	$d_1 = mz_1$	$d_2 = mz_2$
齿顶圆直径	d_a	$d_{a1} = d_1 + 2h_a\cos\delta_1$	$d_{a2} = d_2 + 2h_a\cos\delta_2$
齿根圆直径	d_f	$d_{f1} = d_1 - 2h_f\cos\delta_1$	$d_{f2} = d_2 - 2h_f\cos\delta_2$
外锥距	R	$R = \frac{mz_1}{2\sin\delta_1} = \frac{mz_2}{2\sin\delta_2} = \frac{m}{2}\sqrt{z_1^2 + z_2^2}$	
齿顶角	θ_a	$\theta_a = \theta_{a1} = \theta_{a2} = \arctan\frac{h_a}{R}$	
齿根角	θ_f	$\theta_f = \theta_{f1} = \theta_{f2} = \arctan\frac{h_f}{R}$	
顶锥角	δ_a	$\delta_{a1} = \delta_1 + \theta_a$	$\delta_{a2} = \delta_2 + \theta_a$
根锥角	δ_f	$\delta_{f1} = \delta_1 - \theta_f$	$\delta_{f2} = \delta_2 - \theta_f$
齿宽	b	$b_1 = b_2 \leqslant \frac{R}{3}$	

四、齿轮齿条传动

1. 齿条齿廓的形成

一对外啮合的齿轮,可以实现两轮转向相反的传动。当其中一个齿轮的基圆半径趋于无穷大时,渐开线齿廓就变成了直线齿廓,齿轮就变成作直线运动的齿条,从而实现了转动与移动之间的运动和动力的传递,如图 9-37 所示。

图 9-37　齿条

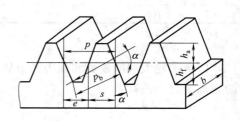

图 9-38　齿条各部分名称

2. 齿条各部分名称

齿条上各部分名称与齿轮上相应部分名称类似，齿轮上的各圆变成了齿条上的相应线，如图 9-38 所示，有齿顶线、齿根线、分度线（也称为中线）；且有齿顶高、齿根高、全齿高等。

3. 齿条齿形的特点

与齿轮相比，齿条主要有如下特点。

① 同侧齿廓相互平行，与中线平行的任意直线上的齿距均相等。所以，只有分度线上的齿厚和齿槽宽相等 $s=e=\dfrac{\pi m}{2}$。

② 齿条直线齿廓上的各点压力角相同，均等于标准压力角 α。直线齿廓的倾斜角称为齿条的齿形角，大小与压力角相等。

思考与练习

1. 斜齿廓是怎样形成的？
2. 斜齿轮的基本参数是什么？
3. 为什么规定锥齿轮大端模数是标准值？
4. 锥齿轮传动应用在什么场合？
5. 齿条齿廓是怎样形成的？

小　　结

① 渐开线齿廓能保证瞬时传动比等于常数，使得齿轮传动工作可靠，寿命长，传动效率高，结构紧凑，能实现任意位置的两轴传动，应用范围广泛。

② 齿轮的主要参数包括模数、压力角、齿顶高系数和顶隙系数等，它们都已标准化，设计计算时应取标准值。直齿轮的正确啮合条件是：$m_1=m_2=m$，$\alpha_1=\alpha_2=\alpha$；重合度表明齿轮传动的质量。

③ 由于螺旋角的存在，斜齿轮形成了渐开线螺旋面齿廓，斜齿轮重合度大，承载能力高，传动平稳，冲击噪声小，广泛应用在高速重载的传动中。斜齿轮法面模数是标准值，其正确啮合条件是：$m_{n1}=m_{n2}=m_n$，$\alpha_{n1}=\alpha_{n2}=\alpha_n$，$\beta_1=-\beta_2$（内啮合 $\beta_1=\beta_2$）。

④ 锥齿轮应用于两相交轴的传动，其大端模数为标准值。锥齿轮的正确啮合条件是：$m_1=m_2=m$，$\alpha_1=\alpha_2=\alpha$，$R_1=R_2=R$。

⑤ 齿条传动是齿轮传动的特例，齿条齿廓是直线，齿条传动用于改变运动形式。

⑥ 轮齿折断、齿面点蚀、齿面胶合、齿面磨损、齿面塑性变形是齿轮传动常见的失效形式。对于闭式软齿面齿轮，采用按齿面接触疲劳强度设计，再按齿根弯曲疲劳强度校核；对于闭式硬齿面齿轮，采用按齿根弯曲疲劳强度设计，再按齿面接触疲劳强度校核；对于开式传动，其主要失效形式是磨损或磨损过度造成的齿根折断，为此仅按弯曲疲劳强度设计。

⑦ 齿轮的结构形式有实体式、腹板式、孔板式和轮辐式；仿形法用于单件生产或修配，展成法适用于大批量生产，通常在插齿机、滚齿机上加工齿轮。

综合练习

9-1 对比带传动和链传动，齿轮传动有哪些优点？

9-2 渐开线是怎样形成的？有何性质？

9-3 重合度对齿轮传动有什么影响？

9-4 展成法加工原理是什么？什么是根切现象？如何避免？

9-5 什么是标准齿轮、标准安装、标准中心距？

9-6 齿轮传动常见哪些失效形式？分析齿轮各种失效原因。

9-7 斜齿轮与直齿轮相比有哪些优缺点？

9-8 已知一对标准渐开线直齿轮正确安装，齿轮的 $\alpha=20°$，$m=4\text{mm}$，传动比 $i_{12}=3$，中心距 $a=144\text{mm}$。试求两齿轮的齿数、分度圆直径、齿顶圆直径、齿根圆直径。

9-9 一标准直齿圆柱齿轮的齿顶圆直径 $d_a=120\text{mm}$，齿数 $z=22$，$\alpha=20°$ $h_a^*=1$，$c^*=0.25$，试求该齿轮的模数 m。

9-10 设计一单级闭式直齿圆柱齿轮减速器。已知输入功率 $P=7.5\text{kW}$，小轮转速 $n_1=1460\text{r/min}$，传动比 $i=3$，单向运转，载荷平稳，减速器由电动机驱动。

第十章 蜗杆传动

蜗杆传动是齿轮传动的一种特殊形式。蜗杆传动用于两交错轴之间运动和动力的传递，通常两轴交错角成 90°，如图 10-1 所示。形状类似螺杆的称为蜗杆，形状类似斜齿轮的称为蜗轮，蜗轮的齿顶和齿根常加工成凹弧形，以便与蜗杆更好地啮合。蜗杆传动广泛用于各种机械和仪表中。本章将重点介绍普通圆柱蜗杆传动的主要参数和几何尺寸计算以及蜗杆传动的热平衡计算；了解蜗杆、蜗轮常用材料和结构形式；熟悉蜗杆传动的润滑方式和润滑装置，以便正确使用维护。

图 10-1 蜗杆传动

第一节 认识蜗杆传动

一、蜗杆传动的类型特点

根据蜗杆的形状不同将蜗杆分为圆柱蜗杆、环面蜗杆和锥蜗杆，如图 10-2 所示。圆柱蜗杆加工方便，应用广泛；环面蜗杆承载能力大，制造安装精度要求高；而锥蜗杆较少使用。圆柱蜗杆又分为普通圆柱蜗杆和圆弧面圆柱蜗杆。其中，普通圆柱蜗杆传动以阿基米德

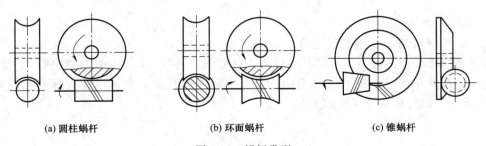

(a) 圆柱蜗杆　　　　(b) 环面蜗杆　　　　(c) 锥蜗杆

图 10-2 蜗杆类型

蜗杆最为常见，如图 10-3 所示。另外还有渐开线蜗杆，如图 10-4 所示。

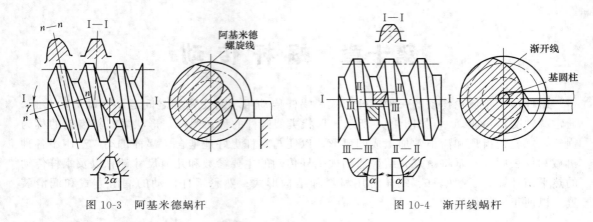

图 10-3 阿基米德蜗杆　　　　　图 10-4 渐开线蜗杆

根据蜗杆的螺旋线方向，将蜗杆分为右旋蜗杆和左旋蜗杆。

此外，按照蜗杆的线数分为单线蜗杆和多线蜗杆等。

二、蜗杆传动的主要参数和几何尺寸

在垂直蜗轮轴线并通过蜗杆轴线的平面内，该平面称为中间平面（也称作主平面），如图 10-5 所示。在中间平面内，阿基米德蜗杆的齿廓为直线齿廓，蜗轮的齿廓为渐开线齿廓，蜗杆与蜗轮的啮合相当于齿条和齿轮的啮合。

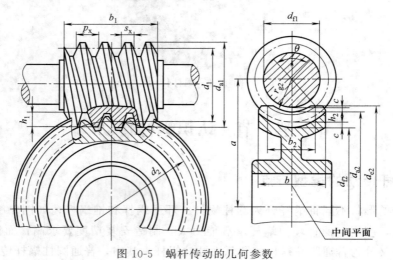

图 10-5 蜗杆传动的几何参数

1. 蜗杆传动的主要参数

(1) 蜗杆导程角 γ 和蜗轮螺旋角 β

蜗杆齿廓螺旋面与分度圆柱面的交线称为螺旋线，将蜗杆沿分度圆柱展开，则螺旋线与垂直蜗杆轴线的平面所夹锐角 γ 称为蜗杆分度圆柱上的螺旋升角，也称为蜗杆导程角，如图 10-6 所示。螺旋升角与导程的关系：

$$\tan\gamma = \frac{z_1 p_{x1}}{\pi d_1} = \frac{z_1 \pi m}{\pi d_1} = \frac{z_1 m}{d_1} \tag{10-1}$$

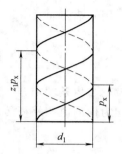
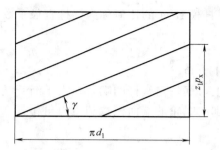

图 10-6 蜗杆分度圆柱展开图

螺旋升角大，传动效率高，但蜗杆强度和刚度会降低，若升角小，容易实现自锁。

蜗轮与斜齿轮相似，轮齿的旋向与轴线的夹角 β 称为螺旋角，蜗杆与蜗轮若要正确啮合，应有

$$\gamma = \beta$$

（2）蜗杆分度圆直径 d_1 和蜗杆直径系数 q

由式（10-1）得蜗杆分度圆直径

$$d_1 = \frac{z_1 m}{\tan\gamma} \tag{10-2}$$

对同一模数的蜗杆，d_1 因 z_1 和 γ 不同而变化，而蜗杆的尺寸和形状必须与加工蜗轮的滚刀相同。为了减少刀具规格，对蜗杆直径作了规定，m、z、d_1 的匹配关系见表 10-1。

表 10-1 蜗杆基本参数

模数 m /mm	分度圆直径 d_1/mm	蜗杆头数 z_1	直径系数 q	$m^2 d_1$ /mm³	模数 m /mm	分度圆直径 d_1/mm	蜗杆头数 z_1	直径系数 q	$m^2 d_1$ /mm³
1	18	1	18.000	18	6.3	(80)	1、2、4	12.698	3275
1.25	20	1	16.000	31.25		112	1	17.778	4445
	22.4	1	17.920	35	8	(63)	1、2、4	7.875	4032
1.6	20	1、2、4	12.500	51.2		80	1、2、4、6	10.000	5120
	28	1	17.500	71.8		(100)	1、2、4、6	12.500	6400
2	(18)	1、2、4	9.000	72		140	1	17.500	8960
	22.4	1、2、4、6	11.200	89.6	10	(71)	1、2、4	7.100	7100
	(28)	1、2、4	14.000	112		90	1、2、4、6	9.000	9000
	35.5	1	17.750	142		(112)	1、2、4	11.200	11200
2.5	(22.4)	1、2、4	8.960	140		160	1	16.000	16000
	28	1、2、4、6	11.200	175	12.5	(90)	1、2、4	7.200	14062
	(35.5)	1、2、4	14.200	221.9		112	1、2、4	8.960	17500
	45	1	18.000	281		(140)	1、2、4	8.960	17500
3.15	(28)	1、2、4	8.889	278		200	1	16.000	31250
	35.5	1、2、4、6	11.270	352	16	(112)	1、2、4	7.000	28675
	45	1、2、4	14.286	447.5		140	1、2、4	8.750	35940
	56	1	17.778	556		(180)	1、2、4	11.250	46080
4	(31.5)	1、2、4	7.875	504		250	1	15.625	64000
	40	1、2、4、6	10.000	640	20	(140)	1、2、4	7.000	56000
	(50)	1、2、4	12.500	800		160	1、2、4	8.000	64000
	71	1	17.750	1136		(224)	1、2、4	11.200	89600
5	(40)	1、2、4	8.000	1000		315	1	15.750	126000
	50	1、2、4、6	10.100	1250	25	(180)	1、2、4	7.200	112500
	(63)	1、2、4	12.610	1575		200	1、2、4	8.000	125000
	90	1	18.000	2350		(280)	1、2、4	11.200	175000
6.3	(50)	1、2、4	10.000	2500		400	1	16.000	250000
	63	1、2、4、6	10.000	2500					

蜗杆直径 d_1 与蜗杆模数 m 的比值称为蜗杆直径系数,用 q 表示:

$$q = \frac{d_1}{m} \tag{10-3}$$

(3) 模数和压力角

在中间平面上,蜗轮与蜗杆的啮合相当于渐开线齿轮与齿条的啮合。所以,蜗杆的轴向模数和压力角分别与蜗轮的端面模数和压力角相等,均为标准值。蜗杆传动的正确啮合条件为:

$$\left.\begin{array}{l} m_{a1} = m_{t2} = m \\ \alpha_{a1} = \alpha_{t2} = \alpha \\ \gamma = \beta \quad (\text{旋向相同}) \end{array}\right\} \tag{10-4}$$

(4) 蜗杆线数 z_1、蜗轮齿数 z_2 及传动比 i

一般,蜗杆线数 $z_1 = 1、2、4、6$,蜗轮齿数 $z_2 = 29 \sim 80$,则蜗杆传动的传动比为

$$i = \frac{n_1}{n_2} = \frac{z_2}{z_1} = \frac{d_2}{d_1 \tan \gamma} \tag{10-5}$$

2. 蜗杆传动的几何尺寸计算

圆柱蜗杆传动的几何尺寸计算见表 10-2。

表 10-2 标准圆柱蜗杆的几何尺寸计算

各部分名称	符号	计算公式 蜗杆	计算公式 蜗轮
分度圆直径	d	$d_1 = mq$	$d_2 = mz$
齿顶高	h_a	$h_a = m$	
齿根高	h_f	$h_f = 1.2m$	
齿顶圆直径	d_a	$d_{a1} = (q+2)m$	$d_{a2} = (z_2+2)m$
齿根圆直径	d_f	$d_{f1} = (q-2.4)m$	$d_{f2} = (z_2-2.4)m$
蜗杆分度圆柱上的升角	γ	$\gamma = \arctan(z_1/q)$	
蜗轮螺旋角	β		$\beta = \gamma$
径向间隙	c	$c = 0.2m$	
标准中心距	a	$a = 0.5(d_1+d_2) = 0.5m(q+z_2)$	

三、蜗杆与蜗轮的材料及结构

1. 蜗杆与蜗轮常用材料

考虑蜗杆传动的失效形式,蜗杆材料不仅要求具有足够的强度,更主要的是具有良好的减摩性、耐磨性和抗胶合能力。理想的材料配对是淬硬钢蜗杆,匹配青铜蜗轮。

(1) 蜗杆材料

对于低速轻载或不重要的蜗杆传动,可以采用 45、40 碳素钢,经过调质处理,硬度可以达到 $220 \sim 300$HBW;对于中速中载的传动,可以使用 45、35SiMn、40Cr 等调质钢,经过表面淬火,表面硬度达到 $45 \sim 55$HRC。对于高速重载的蜗杆传动,应采用 15Cr、20Cr、20CrMnTi 等渗碳钢,经渗碳淬火处理,表面硬度可达 $56 \sim 62$HRC。

(2) 蜗轮材料

铸造锡青铜如 ZCuSn10P1、ZCuSn5Pb5Zn5 等材料,减摩性和耐磨性最好,抗胶合能力较强,容易切削加工,但价格较高,主要用于高速传动 $v_s \leqslant 25$m/s 或重要的传动场合。

铝铁青铜如 ZCuAl10Fe3，具有足够的强度，并且耐冲击，价格便宜，但切削性能和抗胶合性能较差，故不适于高速传动，常用于 $v_s \leqslant 4\text{m/s}$ 的场合。灰铸铁如 HT150、HT200 主要用于低速、轻载的场合。

2. 蜗杆蜗轮的结构

（1）蜗杆的结构

蜗杆与轴常做成一体，称为蜗杆轴。蜗杆轴可以车制和铣制，如图 10-7 所示。

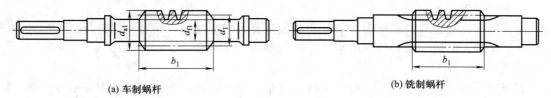

(a) 车制蜗杆　　　　　　　　　　　(b) 铣制蜗杆

图 10-7　蜗杆轴

（2）蜗轮的结构

蜗轮结构分为整体式和组合式。蜗轮直径小于 100mm 的做成整体式，大多数蜗轮采用组合结构，即齿圈采用青铜，而轮芯用价格较低的铸铁或钢制造。齿圈与轮芯的连接方式有压配式、螺栓连接式、浇注式等。具体结构见图 10-8。

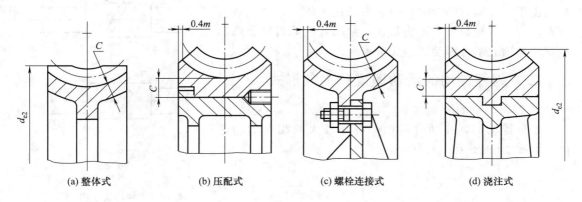

(a) 整体式　　　(b) 压配式　　　(c) 螺栓连接式　　　(d) 浇注式

图 10-8　蜗轮的结构形式

思考与练习

1. 蜗杆传动有哪些类型？圆柱蜗杆有几种？
2. 怎样判断蜗杆的旋向？
3. 蜗杆传动正确啮合条件是什么？
4. 怎样计算蜗杆传动的传动比？
5. 已知一蜗杆传动，蜗杆线数 $z_1=3$，转速 $n_1=970\text{r/min}$，模数 $m=10\text{mm}$，分度圆直径 $d_1=90\text{mm}$，左旋蜗杆，蜗轮转速 $n_2=50\text{r/min}$。试计算蜗轮的主要尺寸。

第二节　蜗杆传动的特点与维护

一、蜗杆传动的应用特点

蜗杆传动广泛用于各种机械和仪表中，如反应釜搅拌器、电梯曳引机、万能分度头等。

多数情况蜗杆为主动件,常用作减速。但在离心机、内燃机增压器中,蜗轮则为主动件,用于增速传动。蜗杆传动与齿轮传动相比,具有如下传动特点。

1. 传动比大,结构紧凑

蜗杆传动能保证准确的传动比。蜗杆线数一般取 $z_1=1$、2、4、6,蜗轮齿数通常在 $z_2=29\sim80$ 范围内,所以,在动力传动中单级蜗杆传动比 i 可达 80;分度机构中传动比 i 可达 1000。

2. 传动平稳,噪声小

由于蜗杆齿是连续的螺旋齿,因此与蜗轮啮合也是连续的,蜗杆与蜗轮是逐渐进入和逐渐脱离啮合的,所以,蜗杆传动平稳,冲击、振动、噪声小。

3. 容易实现自锁

适当设计蜗杆的螺旋升角,使得蜗杆只能带动蜗轮转动,而蜗轮不能带动蜗杆转动。蜗杆传动的自锁常用于起重装备中,防止机器反转。

4. 蜗杆传动效率低

具有自锁性的蜗杆传动,效率在 0.5 以下,一般蜗杆传动的效率只有 0.7~0.9,所以,蜗杆传动不适宜大功率和连续传动的场合。

5. 加工制造成本高

由于蜗杆蜗轮啮合时,相对滑动速度较大,摩擦磨损严重,为了减轻磨损,防止胶合,常用青铜等贵重金属制造蜗轮,因此蜗杆传动制造成本较高。

二、蜗杆传动的滑动速度和失效形式

1. 蜗杆传动的滑动速度

蜗杆传动时,在啮合齿面间存在较大的相对滑动速度,如图 10-9 所示,大小为

$$v_s=\sqrt{v_1^2+v_2^2}=\frac{v_1}{\cos\gamma}=\frac{\pi d_1 n_1}{60\times 1000\cos\gamma} \quad (10\text{-}6)$$

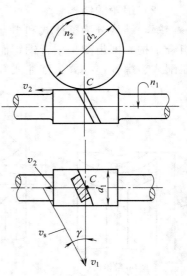

图 10-9 蜗杆传动滑动速度

式中 v_1,v_2——蜗杆和蜗轮分度圆周速度,m/s;

d_1——蜗杆分度圆直径,mm;

n_1——蜗杆转速,r/min;

γ——蜗杆螺旋升角,rad。

2. 蜗杆传动的失效形式

蜗杆传动的失效形式和齿轮传动类似。蜗杆的轮齿是连续的,其螺旋部分的强度高于蜗轮轮齿的强度,所以蜗杆传动的失效多发生在蜗轮上。

由于蜗杆与蜗轮啮合齿面间的相对滑动速度较大,摩擦发热量大,传动效率低,因此闭式蜗杆传动的主要失效形式是蜗轮齿面的胶合和点蚀;开式传动的主要失效形式是齿面磨损以及因磨损过度引起的轮齿折断。

三、蜗杆传动的效率和润滑

1. 蜗杆传动的效率

闭式蜗杆传动的总效率 η 通常包括蜗杆传动啮合效率 η_1、轴承效率 η_2 和搅油损耗效率 η_3 三部分，即

$$\eta = \eta_1 \eta_2 \eta_3 \tag{10-7}$$

在蜗杆传动的设计计算中，总效率一般可根据蜗杆的线数从表10-3中初步确定。

表 10-3　蜗杆传动的总效率

传动形式	蜗杆线数 z_1	总效率 η
闭式	1	0.7~0.75
	2	0.75~0.82
	4	0.82~0.92
	6	0.86~0.95
开式	1、2	0.6~0.7
自锁		<0.5

2. 蜗杆传动的润滑

蜗杆传动存在较大的滑动速度，摩擦产生较大的热量，因此要求蜗杆传动要有良好的润滑条件，用以降低齿面工作温度，提高传动效率，防止胶合，减少摩擦磨损。

润滑包括选择合适的润滑剂和确定合理的润滑方式。

蜗杆传动一般采用油润滑。润滑方式有浸油润滑和喷油润滑两种。中、低速蜗杆传动（$v_s < 10$m/s）一般采用浸油润滑；高速蜗杆传动（$v_s > 10$m/s），采用喷油润滑，蜗杆或蜗轮应有少量浸油。

蜗杆传动的润滑油应具有较高的黏度、良好的油性，并且应含有抗压性、减摩性和耐磨性较好的添加剂。对于一般蜗杆传动，可使用极压齿轮油；对于大功率等重要的蜗杆传动，应使用蜗杆传动专用油。闭式蜗杆传动常用润滑油的黏度牌号及润滑方式可参考表10-4或查相关资料。

表 10-4　蜗杆传动润滑油黏度和润滑方式的选择

滑动速度 v_s/m·s^{-1}	<1	<2.5	<5	5~10	10~15	15~25	>25
工作条件	重负荷	重负荷	中负荷	—	—	—	—
40℃(100℃)运动黏度 /mm^2·s^{-1}	100(50)	460(32)	220(20)	100(12)	150(15)	100(12)	68(85)
润滑方式	浸油润滑			浸油或喷油润滑	喷油润滑的表压力/MPa		
					0.07	0.2	0.3

四、蜗杆传动的热平衡计算

由于蜗杆传动相对滑动速度大，发热量大，如果不及时散热，会导致润滑不良而使轮齿磨损加剧，甚至产生胶合。因此，对于连续工作的闭式蜗杆传动，应进行热平衡计算。

蜗杆传动转化为热能所消耗的功率 P_s 为

$$P_s = 1000(1-\eta)P_1 \tag{10-8}$$

经箱体散发热量的相当功率 P_c 为

$$P_c = k_s A(t_1 - t_0) \tag{10-9}$$

达到热平衡时 $P_s = P_c$，因此可得到热平衡时润滑油的工作温度 t_1 的计算式：

$$t_1 = \frac{1000 P_1 (1-\eta)}{k_s A} + t_0 \leqslant [t_1] \tag{10-10}$$

$$A = 0.33 \left(\frac{a}{100}\right)^{1.75} \quad (\text{m}^2) \tag{10-11}$$

式中 P_1——蜗杆的输入功率，kW；

η——蜗杆传动的效率，见表 10-3；

k_s——箱体表面散热系数，$k_s = 10 \sim 17 \mathrm{W/(m^2 \cdot ℃)}$，通风良好取大值；

A——箱体散热面积，$\mathrm{m^2}$；

a——中心距，mm；

t_0——箱体外周围空气的温度，通常取 $t_0 = 20℃$；

$[t_1]$——润滑油的允许温度，一般取 $[t_1] = 75 \sim 85℃$，最高不超过 $90℃$。

如果润滑油的工作温度超过许用值，可采取下列措施进行冷却。

(1) 增加散热面积

合理设计箱体结构，在箱体上铸出或焊上散热片，如图 10-10 所示。

(2) 提高表面传热系数

在蜗杆轴上加装风扇，或在箱体油池内装蛇形冷却水管，或用循环油冷却，如图 10-11 所示。

图 10-10 蜗杆减速器散热片

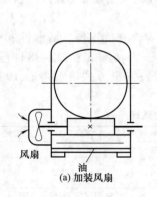
(a) 加装风扇

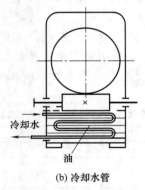
(b) 冷却水管

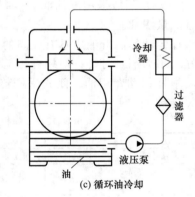
(c) 循环油冷却

图 10-11 蜗杆传动的散热方式

【例 10-1】 有一搅拌机的闭式蜗杆传动。已知蜗杆输入功率 $P_1 = 3.5\mathrm{kW}$，蜗杆转速 $n_1 = 1000\mathrm{r/min}$，蜗杆线数 $z = 2$，中心距 $a = 200\mathrm{mm}$，载荷平稳，通风情况良好，试进行热平衡计算。

解 ① 计算箱体散热面积

$$A = 0.33 \left(\frac{a}{100}\right)^{1.75} = 0.33 \left(\frac{200}{100}\right)^{1.75} = 1.11 \ (\mathrm{m^2})$$

取箱体周围空气温度 $t_0 = 20℃$，润滑油的允许温度 $[t_1] = 90℃$，查表 10-3 取 $\eta = 0.8$，通风情况良好，取 $k_s = 14\mathrm{W/(m^2 \cdot ℃)}$。

② 计算润滑油工作温度

$$t_1 = \frac{1000 P_1 (1-\eta)}{k_s A} + t_0 = \frac{1000 \times 3.5 \times (1-0.8)}{14 \times 1.11} + 20 = 75.5 (℃) < [t_1] = 90℃$$

所以，油温符合要求。

思考与练习

1. 蜗杆传动的应用特点有哪些？
2. 蜗杆传动的失效形式有哪些？
3. 蜗杆传动为什么必须进行润滑？如何选择润滑油和润滑方式？
4. 常见有哪些散热方式？
5. 有一运输机的闭式蜗杆传动。已知输入功率 $P_1=3$kW，蜗杆转速 $n_1=960$r/min，蜗杆线数 $z_1=2$，中心距 $a=150$mm，载荷平稳，通风良好，试进行热平衡计算。

小 结

① 蜗杆传动由于其传动比大，传动平稳，容易实现自锁，被广泛用于两交错轴之间的运动和动力的传递，通常两轴交错角成 90°。按蜗杆的形状有圆柱蜗杆、环面蜗杆、锥蜗杆。多线蜗杆传动效率高，单线蜗杆容易实现自锁。

② 蜗杆传动的主要参数包括蜗杆导程角、蜗杆分度圆直径和直径系数、模数和压力角、蜗杆线数和蜗轮齿数等。

③ 由于蜗杆传动相对滑动速度大，传动效率低，容易产生胶合和磨损，所以要求蜗杆蜗轮的材料应具有减摩性、耐磨性和抗胶合能力。理想的材料配对是淬硬钢蜗杆，匹配青铜蜗轮。

④ 蜗杆一般做成蜗杆轴；蜗轮有整体式、压配式、螺栓连接式、浇注式等组合式结构。

⑤ 为了减少摩擦磨损，延长蜗杆传动的使用寿命，对蜗杆传动必须进行润滑，根据工作条件选择合适的润滑油和润滑方式，闭式蜗杆传动应进行热平衡计算，采取必要的散热措施。

综 合 练 习

10-1 蜗杆传动适用于什么场合？

10-2 蜗杆直径系数的含义是什么？为什么要引入直径系数？

10-3 与齿轮传动相比，蜗杆传动的失效形式有何特点？为什么？

10-4 如何计算蜗杆传动的相对滑动速度？它对蜗杆传动有何影响？

10-5 如果润滑油温过高，会对蜗杆传动产生什么影响？

10-6 某蜗杆传动，已知蜗杆线数 $z_1=2$，模数 $m=2$mm，传动比 $i=20$。试计算蜗杆、蜗轮各部分几何尺寸。

10-7 有一闭式蜗杆传动，已知蜗杆输入功率 $P_1=7.5$kW，蜗杆线数 $z_1=2$，转速 $n_1=1440$r/min，传动比 $i=20$，中心距 $a=191.5$mm。判断润滑油油温是否在允许的范围内？

第十一章 轮 系

在大多数的机械传动中,都广泛地应用了轮系,图 11-1 所示为轮系的传动简图。由图中可以看出,首轮到末轮之间的传动,即输入轴到输出轴的传动,是通过各对齿轮依次传动完成的。这种由一系列相互啮合的齿轮组成的传动系统称为轮系。

本章将介绍轮系的分类、应用,并结合实例着重介绍各种轮系传动计算的方法。

图 11-1 轮系的传动简图

第一节 定 轴 轮 系

如图 11-2(a)所示为北京切诺基吉普车变速器结构示意图,如图 11-2(b)所示为其

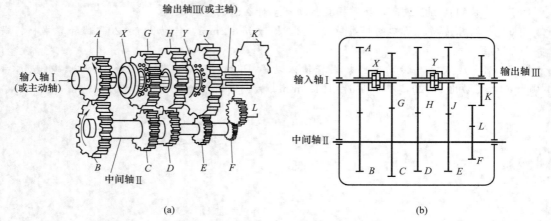

(a)   (b)

图 11-2 吉普车变速器结构示意图

传动简图。该车采用的 AX4 型手动变速器，设有四个前进挡和一个倒挡，那么该车能实现几种车速？如何计算这几种车速呢？

一、轮系的分类

根据各齿轮轴线的位置是否固定，轮系分为定轴轮系和周转轮系两大类。轮系中各个齿轮在运转中轴线位置都是固定不动的，属于定轴轮系，如图 11-1 所示。而轮系中至少有一个齿轮的轴线不是固定的轮系，称为周转轮系，如图 11-3 所示。

轮系的形式很多，组成各异，其中以定轴轮系在工程中应用最为广泛。定轴轮系根据各轴线是否平行，又可分为平面定轴轮系和空间定轴轮系。由此可见，图 11-4 中（a）为平面定轴轮系，（b）为空间定轴轮系。

图 11-3　周转轮系

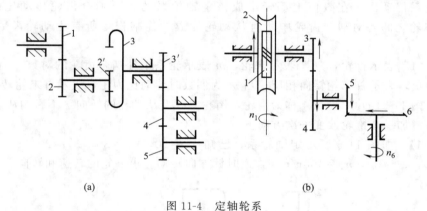

图 11-4　定轴轮系

二、定轴轮系传动比计算

整个轮系输入轴与输出轴转速之比称为轮系的传动比，即首轮与末轮转速之比，用 i_{1k} 表示，即 $i_{1k}=n_1/n_k$。

轮系的传动比计算包含两个方面内容：传动比有大小；输出轴（末轮）的转向（相对于首轮）。

一对齿轮的传动比为

$$i_{12}=\frac{n_1}{n_2}=\pm\frac{z_2}{z_1}$$

齿数比前的正负号的含义为：内啮合取"＋"，表示两轮转向相同；外啮合取"－"，表示两轮转向相反。

以图 11-4(a) 所示定轴轮系为例，可推导出定轴轮系的传动比。各对齿轮的传动比为：

$$i_{12}=\frac{n_1}{n_2}=-\frac{z_2}{z_1}$$

$$i_{2'3} = \frac{n_{2'}}{n_3} = \frac{z_3}{z_{2'}}$$

$$i_{3'4} = \frac{n_{3'}}{n_4} = -\frac{z_4}{z_{3'}}$$

$$i_{45} = \frac{n_4}{n_5} = -\frac{z_5}{z_4}$$

连乘

$$i_{12}i_{2'3}i_{3'4}i_{45} = \frac{n_1 n_{2'} n_{3'} n_4}{n_2 n_3 n_4 n_5} = \left(-\frac{z_2}{z_1}\right)\left(\frac{z_3}{z_{2'}}\right)\left(-\frac{z_4}{z_{3'}}\right)\left(-\frac{z_5}{z_4}\right)$$

得

$$i_{15} = \frac{n_1}{n_5} = (-1)^3 \frac{z_2 z_3 z_4 z_5}{z_1 z_{2'} z_{3'} z_4}$$

归纳得定轴轮系传动比的计算公式为

$$i_{1k} = \frac{n_1}{n_k} = (-1)^m \frac{\text{所有从动轮齿数的乘积}}{\text{所有主动轮齿数的乘积}} \tag{11-1}$$

定轴轮系传动比，在数值上等于组成该定轴轮系的各对啮合齿轮传动比的连乘积，也等于首末轮之间各对啮合齿轮中所有从动轮齿数的连乘积与所有主动轮齿数的连乘积之比。

式中，"1"表示首轮，"k"表示末轮，m表示轮系中外啮合齿轮的对数。当m为奇数时传动比为负，表示首末轮转向相反；当m为偶数时传动比为正，表示首末轮转向相同。

注意：图 11-4(a) 中齿轮 4 称为惰轮，惰轮只改变从动轮的转向，不影响从动轮传动比的大小，每增加一个惰轮改变一次方向。

【例 11-1】 如图 11-5 所示定轴轮系，已知 $z_1=20$，$z_2=30$，$z_2'=20$，$z_3=60$，$z_3'=20$，$z_4=20$，$z_5=30$，$n_1=100\text{r/min}$，逆时针方向转动。求末轮的转速和转向。

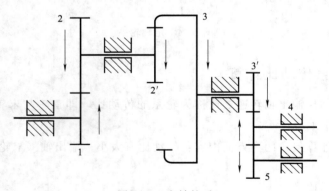

图 11-5 定轴轮系

解 根据定轴轮系传动比公式，并考虑 1 到 5 间有 3 对外啮合，故

$$i_{15} = \frac{n_1}{n_5} = (-1)^3 \frac{z_2 z_3 z_5}{z_1 z_2' z_3'}$$

末轮 5 的转速

$$n_5 = \frac{n_1}{i_{15}} = \frac{100}{-6.75} = -14.8 \ (\text{r/min})$$

负号表示末轮 5 的转向与首轮 1 相反，顺时针转动。

【例 11-2】 如图 11-6 所示齿轮系，蜗杆的头数 $z_1=1$，右旋；蜗轮的齿数 $z_2=26$。一对圆锥齿轮 $z_3=20$，$z_4=21$。一对圆柱齿轮 $z_5=21$，$z_6=28$。若蜗杆为主动轮，其转速 $n_1=1500 \text{r/min}$，试求齿轮 6 的转速 n_6 的大小和转向。

解 根据定轴轮系传动比公式：

$$i_{16}=\frac{n_1}{n_6}=\frac{z_2 z_4 z_6}{z_1 z_3 z_5}=\frac{26\times 21\times 28}{1\times 20\times 21}=36.4$$

所以，$n_6=\dfrac{n_1}{i_{16}}=\dfrac{1500}{36.4}=41.2 \text{ (r/min)}$

转向如图 11-6 中箭头所示。

三、轮系的应用

轮系的应用是十分广泛的，虽然结构有所不同，但轮系的应用大至都可归纳为以下几个方面。

1. 实现相距较远的传动

当两轴中心距较大时，若仅用一对齿轮传动，两齿轮的尺寸较大，结构很不紧凑且小齿轮易坏，若改用定轴轮系传动，则可克服上述缺点。

2. 获得大传动比

一对齿轮传动时，一般传动比 $i<8$。采用轮系传动，传动比 i 可达 10000。

3. 实现变速换向和分路传动

所谓变速和换向，是指主动轴转速不变时，利用轮系使从动轴获得多种工作速度，并能方便地在传动过程中改变速度的方向，以适应工件条件的变化。

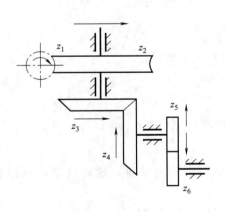

图 11-6 齿轮系

图 11-7 车床走刀丝杠

所谓分路传动，是指主动轴转速一定时，利用轮系将主动轴的一种转速同时传到几根从动轴上，获得所需的各种转速。

如图 11-7 所示为车床上走刀丝杠的三星轮换向机构，扳动手柄可实现两种传动方案。

4. 运动的合成与分解

具有两个自由度的行星齿轮系可以用作实现运动的合成和分解。即将两个输入运动合成为一个输出运动，或将一个输入运动分解为两个输出运动。

【例 11-3】 如图 11-2（a）所示北京切诺基吉普车采用 AX4 型手动变速器，变速器是传动系中的重要组成部分之一，通过对该车变速器轮系结构简图的分析可知，该轮系属于定轴轮系，并通过该轮系实现变速（变传动比）、变向的要求。

如图 11-2（b）所示，已知 $z_A=19$，$z_B=38$，$z_C=31$，$z_G=26$，$z_D=21$，$z_H=36$，$z_E=19$，$z_J=38$，$z_F=12$，$z_L=14$，$z_K=31$，轴 I（输入轴）$n_1=1000 \text{r/min}$，试求轴 III（输出轴）的四挡转速及倒挡转速。

解 ① 高速挡

当滑接齿套 X 向左移动时，轴 I 和轴 III 以同一转速转动，这时汽车调整前进（轴 III 和轴 I 转向相同）：

$$n_{III}=n_I=1000 \text{r/min}$$

② 三挡

从齿轮 A、B、C、G 经滑接齿套 X（向右移动）到输出轴：

$$i_{1-3}=\frac{n_1}{n_3}=\frac{z_B z_G}{z_A z_C}=\frac{38\times26}{19\times31}=\frac{52}{31}$$

$$n_3=\frac{n_1}{i_{1-3}}=\frac{31}{52}n_1=\frac{31}{52}\times1000=596 \text{ (r/min)}$$

③ 二挡

从齿轮 A、B、D、H 经滑接齿套 Y（向左移动）到输出轴：

$$i_{1-3}=\frac{n_1}{n_3}=\frac{z_B z_H}{z_A z_D}=\frac{38\times36}{19\times21}=\frac{24}{7}$$

$$n_3=\frac{n_1}{i_{1-3}}=\frac{7}{24}n_1=\frac{7}{24}\times1000=292 \text{ (r/min)}$$

④ 低速挡

从齿轮 A、B、E、J 经滑接齿套 Y（向右移动）到输出轴：

$$i_{1-3}=\frac{n_1}{n_3}=\frac{z_B z_J}{z_A z_E}=\frac{38\times38}{19\times19}=\frac{4}{1}$$

$$n_3=\frac{n_1}{i_{1-3}}=\frac{1}{4}n_1=\frac{1}{4}\times1000=250 \text{ (r/min)}$$

⑤ 实现变向要求

从齿轮 A、B、F、L、K 经齿轮 K（向左移动）到输出轴 III，这时汽车以低速倒车（轴 III 和轴 I 转向相反）：

$$i_{1-3}=\frac{n_1}{n_3}=-\frac{z_B z_L z_K}{z_A z_F z_L}=-\frac{38\times31}{19\times12}=-\frac{31}{6}$$

$$n_3=-\frac{6}{31}n_1=-\frac{6}{31}\times1000=-194 \text{ (r/min)}$$

思考与练习

1. 什么是轮系？什么是定轴轮系？如何区分定轴轮系与周转轮系？轮系的主要功用有哪些？

2. 什么是惰轮？其对轮系传动比的计算有什么影响？

3. 在定轴轮系中，如何确定首、末两轮转向间的关系？

第二节　周转轮系

如图11-8所示的轮系中齿轮2的几何轴线不是固定的,而是绕齿轮1回转,这种轮系中至少有一个齿轮的轴线不是固定的,称为周转轮系。本节主要解决周转轮系传动比的计算问题。

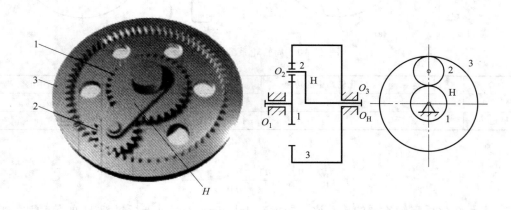

图 11-8　周转轮系
1,3—中心轮；2—行星轮；H—行星架

一、周转轮系的组成及分类

图11-9所示为周转轮系的两种轮系：图（a）为行星轮系,图（b）为差动轮系。齿轮1、3和构件H均绕固定的互相重合的几何轴线转动（行星轮系中齿轮3不动）,齿轮2空套在构件H上,与齿轮1、3相啮合。齿轮2一方面绕其自身轴线O_1O_1转动（自转）,同时又随构件H绕轴线OO转动（公转）。齿轮2称为行星轮,H称为行星架或系杆,齿轮1、3称为太阳轮。

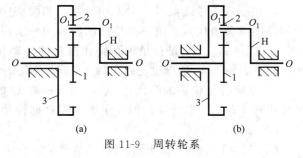

图 11-9　周转轮系

二、周转轮系的传动比计算

在周转轮系中,由于行星轮的运动不是绕定轴的简单运动,因此不能套用定轴轮系传动比公式来进行计算。周转轮系传动比的计算可以应用转化机构法,即根据相对运动原理,假想对整个行星轮系加上一个绕主轴线O_1O_1转动的公共转速$-n_H$。显然,各构件的相对运动关系并不变,但此时系杆H的转速为$n_H-n_H=0$,即相对静止不动,而齿轮1、2、3则成为绕定轴转动的齿轮,原周转轮系便转化为假想的定轮轮系。该假想的定轴轮系称为原行星轮系的转化机构,如图11-10所示。

转化机构各构件的转速如下：

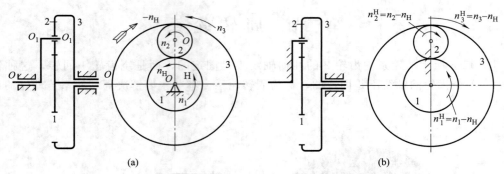

图 11-10 周转轮系的转化机构

构件	原转速	转化轮系中的转速	构件	原转速	转化轮系中的转速
太阳轮 1	n_1	$n_1^H = n_1 - n_H$	太阳轮 3	n_3	$n_3^H = n_3 - n_H$
行星轮 2	n_2	$n_2^H = n_2 - n_H$	行星架 H	n_H	$n_H^H = n_H - n_H$

所以

$$i_{13}^H = \frac{n_1^H}{n_3^H} = \frac{n_1 - n_H}{n_3 - n_H} = -\frac{z_3}{z_1}$$

i_{13}^H 表示转化后定轴轮系的传动比,即齿轮 1 与齿轮 3 相对于行星架 H 的传动比。将上式推广到一般情况,可得

$$i_{1k}^H = \frac{n_1 - n_H}{n_k - n_H} = (-1)^m \frac{\text{所有从动轮齿数的乘积}}{\text{所有主动轮齿数的乘积}} \tag{11-2}$$

式中,m 为齿轮 1 到齿轮 k 间外啮合的次数。

注意问题:

① 轮 1、轮 k 和 H 三个构件的轴线应互相重合,而且将 n_1、n_k、n_H 的值代入上式计算时,必须带正号或负号。对差动轮系,如两构件转速相反时,一个构件用正值代入,另一个构件则以负值代入,第三个构件的转速用所求得的正负号来判别。

② $i_{1k}^H \neq i_{1k}$。i_{1k}^H 是行星轮系转化机构的传动比,即齿轮 1、k 相对于行星架 H 的传动比,而 $i_{1k} = n_1/n_k$ 是行星轮系中的 1、k 两齿轮的传动比。

③ 空间行星轮系的两齿轮 1、k 和行星架 H 的轴线互相重合时,其转化机构的传动比仍可用式(11-2)来计算,但其正负号应根据转化机构中 1、k 两齿轮的转向来确定,如图 11-11 所示。

【例 11-4】 图 11-12 所示为一读数机构,它可实现很大的传动比。已知其中各齿轮数为 $z_1 = 100$,$z_2 = 101$,$z_2' = 100$,$z_3 = 99$。试求传动比 i_{H1}。

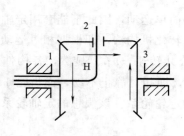

图 11-11 空间行星轮系

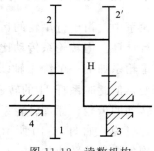

图 11-12 读数机构

解 此机构为一行星轮系,其转化机构的传动比由式（11-2）得

$$i_{13}^{H}=\frac{n_1-n_H}{n_3-n_H}=\frac{n_1-n_H}{0-n_H}=1-\frac{n_1}{n_H}=1-i_{1H}$$

故

$$i_{1H}=1-i_{13}^{H}$$

又因为

$$i_{13}^{H}=(-1)^2\frac{z_2z_3}{z_1z_2'}=\frac{101\times99}{100\times100}$$

所以

$$i_{1H}=1-i_{13}^{H}=1-\frac{101\times99}{100\times100}=\frac{1}{10000}$$

所以

$$i_{H1}=\frac{1}{i_{1H}}=10000$$

即当系杆 H 转 10000 转,齿轮 1 才转 1 转,且两构件转向相同。本例也说明行星轮系用少数几个齿轮就能获得很大的传动比。

若将 z_3 由 99 改为 100,则

$$i_{H1}=\frac{n_H}{n_1}=-100$$

若将 z_2 由 101 改为 100,则

$$i_{H1}=\frac{n_H}{n_1}=100$$

由此结果可见,同一种结构形式的行星轮系,由于某一齿轮数略有变化（本例中仅差一个齿）,其传动比则会发生巨大变化,同时转向也会改变。

三、混合轮系传动比计算

由于混合轮系中既包含定轴轮系,又包含周转轮系,所以计算混合轮系的传动比时,不能将整个轮系单纯地按求定轴轮系或周转轮系区别开,应该分别列出它们的传动比计算公式,最后联立求解。

分析混合轮系的关键是先找出周转轮系。方法是先找出行星与行星架,再找出与行星轮相啮合的太阳轮。行星轮、太阳轮、行星架构成一个周转轮系。找出所有的周转轮系后,剩下的就是定轴轮系。

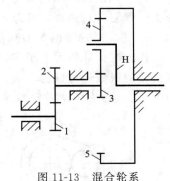

图 11-13 混合轮系

【例 11-5】 在图 11-13 所示的混合轮系中,已知各齿轮齿数为 $z_1=24$, $z_2=36$, $z_3=20$, $z_4=40$, $z_5=80$。轮 1 的转速 $n_1=600$ r/min,试求传动比 i_{1H} 和行星架 H 的转速 n_H。

解 这是一个混合轮系,先将定轴轮系和周转轮系划分清楚。齿轮 3、4、5 和行星架 H 组成周转轮系;齿轮 1、2 组成定轴轮系,分别列出它们的传动比计算公式。

定轴轮系传动比按式（11-1）计算得

$$i_{12}=\frac{n_1}{n_2}=-\frac{z_2}{z_1}=-\frac{36}{24}=-\frac{3}{2}$$

于是

$$n_2 = -\frac{2}{3}n_1 = -\frac{2}{3} \times 600 = -400 \text{ (r/min)}$$

周转轮系传动比按式（11-2）计算得

$$i_{35}^H = \frac{n_3 - n_H}{n_5 - n_H} = -\frac{z_5}{z_3} = -\frac{80}{20} = -4$$

因为 $n_3 = n_2 = -400\text{r/min}$，$n_5 = 0$，代入上式得

$$\frac{-400 - n_H}{0 - n_H} = -4$$

解得

$$n_H = -80\text{r/min}$$

$$i_{1H} = \frac{n_1}{n_H} = -\frac{600}{80} = -7.5$$

由计算结果可知：n_2、n_H 均为负值，表示轮 2 和行星架 H 的转向相同，而与轮 1 的转向相反。

【例 11-6】 如图 11-8 所示，已知 $z_1 = 20$，$z_2 = 15$，$z_3 = 50$，中心轮 3 固定不动，试求行星轮系传动比 i_{1H}。当中心轮 1 的转速 $n_1 = 70\text{r/min}$ 时，求行星架转速 n_H。

解 用机构转化法对轮系加一个转速为 $-n_H$ 的附加转动，由公式可得：

$$i_{1H} = \frac{n_1}{n_H} = 1 + \frac{z_3}{z_1} = 1 + \frac{50}{20} = 3.5$$

当 $n_1 = 70\text{r/min}$ 时，$n_H = \frac{n_1}{i_{1H}} = \frac{70}{3.5} = 20$ （r/min）

四、齿轮减速器简介

齿轮减速器是原动机与工作机之间的闭式齿轮传动装置，大部分已标准化，一般根据工作机的需要进行选择，可起到降低转速和增大转矩的作用。

1. 齿轮减速器的类型和特点

齿轮减速器的种类很多，常用的有圆柱齿轮减速器、圆锥齿轮减速器、蜗杆减速器等，按齿轮的级数还可分为单级、双级和多级齿轮减速器。单级圆柱齿轮减速器的最大传动比一般为 $i_{max} = 8 \sim 10$。齿轮减速器的特点是效率高、寿命长、使用维护方便，因而应用十分广泛。

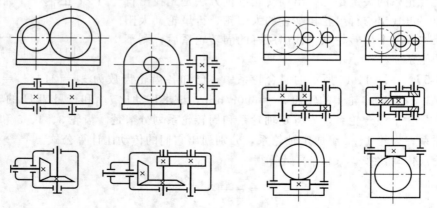

图 11-14 常用齿轮减速器的类型

常用齿轮减速器的类型如图 11-14 所示。

2. 齿轮减速器的结构

图 11-15 为单级圆柱齿轮减速器的结构,它主要由箱体、轴承、轴、齿轮(或蜗杆蜗轮)和附件等组成。箱体应有足够的强度和刚度,为保证箱体的刚度和散热,常在箱体外壁上制有加强肋。

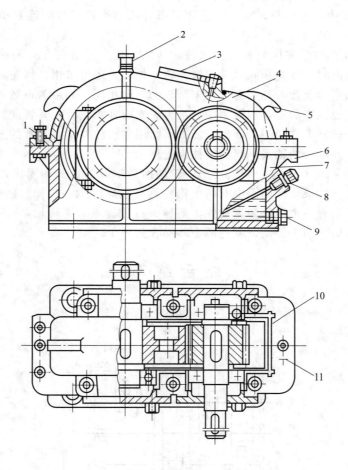

图 11-15 单级圆柱齿轮减速器的结构

1—螺钉;2—通气器;3—视孔盖;4—箱盖;5—吊耳;6—吊钩;
7—箱座;8—油标尺;9—油塞;10—集油沟;11—定位销

齿轮减速器的箱体为剖分式结构,由箱盖和箱座组成,剖分线通过齿轮轴线平面。部分剖面上铣出导油沟,将飞溅到箱盖上的润滑油沿内壁流入油沟,引入轴承室润滑轴承。为方便齿轮减速器的制造、装配及使用,还在齿轮减速器上设置一系列附件,如窥视孔、通气器、油标尺及油面指示器、起盖螺钉、吊环、定位销等。

思考与练习

1. 周转轮系分哪两种?它们的主要区别在哪里?
2. 什么是转化轮系?其传动比如何计算?
3. 怎样计算行星轮系的传动比?

小　结

① 定轴轮系在传动中所有齿轮的回转轴线都有固定的位置，可用作较远距离的传动，获得较大的传动比，可改变从动轴的转向，获得多种传动比。

② 在定轴轮系中，首轮与末轮的转速比等于各从动齿轮齿数的连乘积与各主动齿轮齿数的连乘积之比。

③ 用标注箭头的方法来区分首轮与末轮的转向，要注意箭头方向表示齿轮可见侧的圆周速度方向。当同向时，转向相同；反向时，转向相反。还可采用数齿轮外啮合的对数的方法来确定转向，如果为偶数对外啮合，首末两轮的转向相同；如果为奇数对外啮合，首末两轮的转向相反。需要注意的是，当轮系中有锥齿轮或蜗杆蜗轮时，其转向只能用画箭头的方法确定，因各轮的运动不在同一平面内，所以不能用数齿轮外啮合对数的方法确定转向。因为该方法仅适用于外啮合的轴线平行的圆柱齿轮传动。

④ 周转轮系是指传动中有一个或几个齿轮的回转轴线的位置不固定，而是绕着其他齿轮的固定轴线回转。如果周转轮系中有两个构件具有独立的运动规律（两个主动件），则称为差动轮系。如果只有一个构件为主动件，则称为行星轮系。周转轮系具有很大的传动比，并能把一个转动分解为两个转动，或把两个转动合为一个转动。

综　合　练　习

11-1　题图 11-1 所示滑移齿轮变速机构输出轴 V 的转速有（　　）
A. 18 种　　B. 16 种　　C. 12 种　　D. 9 种

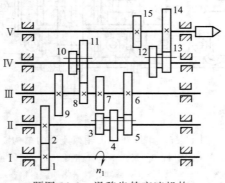

题图 11-1　滑移齿轮变速机构

11-2　题图 11-2 所示定轴轮系中，已知 $z_1=30$，$z_2=45$，$z_3=20$，$z_4=48$。试求轮系传动比 i_{14}，并用箭头在图上标明各齿轮的回转方向。

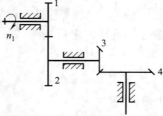

题图 11-2　定轴轮系（1）

11-3 题图 11-3 所示定轴轮系中，已知 $z_1=24$，$z_2=28$，$z_3=20$，$z_4=60$，$z_5=20$，$z_6=20$，$z_7=28$，求轮系传动比 i_{17}。若 n_1 的转向已知，试判定轮 7 的转向。

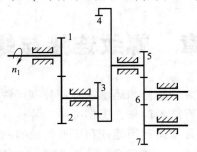

题图 11-3 定轴轮系（2）

11-4 一提升装置如题图 11-4 所示，其中各齿轮齿数为 $z_1=20$，$z_2=50$，$z_2'=16$，$z_3=30$，$z_4'=18$，$z_5=52$，蜗杆为右旋单头，蜗轮齿数 $z_4=40$。（1）试求传动比 $i_{15}=$？并指出提升重物时手柄的转向；（2）若卷筒直径 $D=250\mathrm{mm}$，当 $n_1=1000\mathrm{r/min}$ 时，重物上升速度 $v=$？

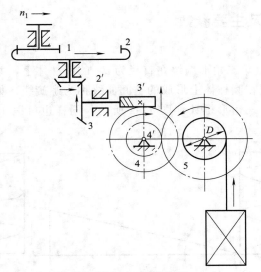

题图 11-4 提升装置

11-5 行星减速器如题图 11-5 所示，已知 $n_3=2400\mathrm{r/min}$，$z_1=105$，$z_2=135$，试求系杆 H 的转速 n_H。

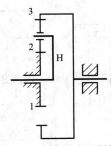

题图 11-5 行星减速器简图

第十二章 螺纹连接与螺旋传动

为了便于机器的制造、安装、维修和运输,将各种零部件组合在一起,这种组合在工程中称为连接。由于螺纹连接具有结构简单、工作可靠、装拆方便、类型多样、成本较低等特点,所以应用极为广泛。螺旋传动是利用螺杆和螺母组成的螺旋副来实现传动要求,它主要用于将回转运动转变为直线运动,同时传递运动和动力。本章主要介绍机械中常见螺纹连接的类型、特点、应用、主要参数和螺栓连接的强度计算;螺旋传动的应用形式和传动特点。

第一节 认识螺纹

一、螺纹的形成及主要参数

1. 螺纹的形成和分类

如图 12-1 所示,将直角三角形缠绕在直径为 d_2 的圆柱体上,并使三角形的底边与圆柱体的底边重合,则其斜边在圆柱体上形成的空间曲线称为螺旋线。如果用车刀沿螺旋线车削出三角形的沟槽,就形成三角形螺纹如图 12-2 所示,同样也可以车削出矩形螺纹和梯形螺

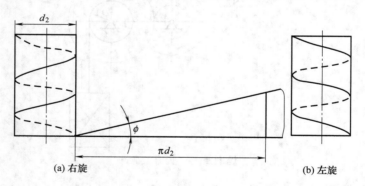

图 12-1 螺旋线的形成

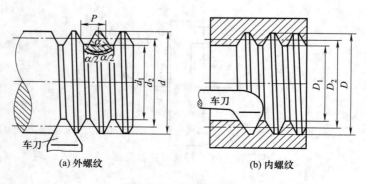

图 12-2 螺纹的形成

纹。螺纹就是在圆柱或圆锥表面上，沿着螺旋线形成的具有相同剖面的连续凸起。

根据螺旋线的绕行方向不同，螺纹分为右旋螺纹和左旋螺纹，如图 12-3 所示，其中右旋螺纹应用较多。根据螺旋线的数目，螺纹又可分为单线、双线和多线螺纹，如图 12-4 所示，单线螺纹主要用于连接，双线和多线螺纹主要用于传动。为制造方便，螺纹线数一般不超过 4。

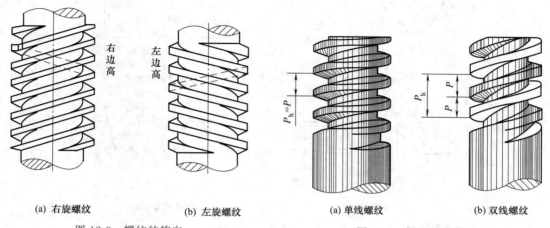

(a) 右旋螺纹　　　　(b) 左旋螺纹　　　　(a) 单线螺纹　　　　(b) 双线螺纹

图 12-3　螺纹的旋向　　　　　　图 12-4　螺纹的线数

在圆柱表面形成的螺纹是圆柱螺纹，在圆锥表面形成的螺纹是圆锥螺纹，圆锥螺纹常见于管道的连接；在圆柱或圆锥外表面上形成的螺纹称为外螺纹，如螺栓上的螺纹，在圆柱或圆锥内表面上形成的螺纹称为内螺纹，如螺母上的螺纹。外螺纹与内螺纹组成螺纹副，用于连接或传动。

2. 螺纹的主要参数

普通螺纹的主要参数如图 12-5 所示。

① 大径 d（D）　螺纹的最大直径，即外螺纹的牙顶和内螺纹的牙底的圆柱体直径。大径在标准中定为公称直径。

② 小径 d_1（D_1）　螺纹的最小直径，即外螺纹的牙底和内螺纹的牙顶的圆柱体的直径，小径主要用于强度计算。

③ 中径 d_2（D_2）　在轴向截面内牙厚与牙槽宽相等处的假想圆柱体直径。

④ 螺距 P　相邻两牙在中径线上对应两点间的轴向距离。

⑤ 导程 P_h　同一条螺旋线上的相邻两牙在中径线上对应两点间的轴向距离。

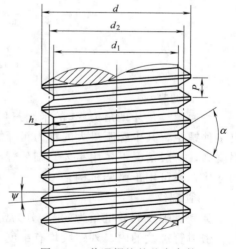

图 12-5　普通螺纹的基本参数

⑥ 牙型角 α　在轴向截面内螺纹牙型两侧边所夹的角。

⑦ 螺纹升角 ψ　在中径圆柱上，螺旋线的切线与垂直于螺纹轴线的平面之间的夹角。

二、常用螺纹的特点及应用

螺纹的种类很多，常用螺纹包括普通螺纹、管螺纹、矩形螺纹、梯形螺纹、锯齿形螺纹等,如图12-6所示。前两种主要用于连接,后三种主要用于传动。

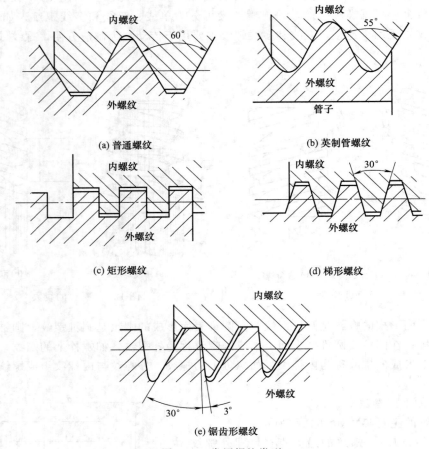

图12-6 常用螺纹类型

1. 普通螺纹

普通螺纹是牙型角为60°的米制三角形螺纹,广泛用于各种紧固连接。同一公称直径下有多种螺距,其中螺距最大的称为粗牙螺纹,其余为细牙螺纹。普通螺纹的牙根较厚,牙根强度高,一般情况下多用粗牙。细牙螺纹自锁性能好,但易滑牙,常用于薄壁零件或受动载的连接,还可用于微调机构。

2. 管螺纹

英制管螺纹的牙型角为55°,分为密封管螺纹和非密封管螺纹。非密封管螺纹为圆柱螺纹,密封管螺纹的内、外螺纹均有锥度(锥度为1:16)或外螺纹为圆锥螺纹而内螺纹为圆柱螺纹。管螺纹广泛用于水管、煤气管、油管等气体、液体管路系统的连接。

3. 矩形螺纹

矩形螺纹牙型为矩形,牙厚为螺距的一半,尚未标准化。矩形螺纹传动效率最高,但牙根强度低,传动精度低,常用于传力或传导螺旋。

4. 梯形螺纹

梯形螺纹的牙型为等腰梯形,牙型角为30°,传动效率低于矩形螺纹,但牙根强度高,对中性好,广泛用于传力或传导螺旋,如机床的丝杠、螺旋举重器等。

5. 锯齿形螺纹

锯齿形螺纹工作面的牙型斜角为 3°，非工作面的牙型斜角为 30°，锯齿形螺纹综合了矩形螺纹效率高和梯形螺纹牙根强度高的特点，但仅用于单向受力的传力螺旋。

三、普通螺纹的代号与标记

连接螺纹中，普通螺纹应用最广，普通螺纹的代号与标记如表 12-1 所示。

【例 12-1】 如图 12-7 所示的阶梯轴零件中，右端的螺纹标记 M12×1.25，试识别该螺纹的类型，并查阅相关手册获得其基本尺寸。

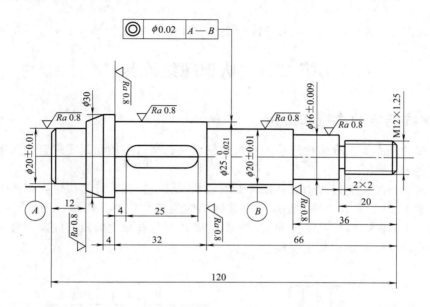

图 12-7 阶梯轴

解 由标记可知，该螺纹为细牙普通螺纹，螺纹旋向为右旋，查阅相关手册并计算，该螺纹的主要参数值如下：

螺纹大径 $d=12$mm；

表 12-1 普通螺纹的代号与标记

种类		特征代号	标记示例及说明	螺纹副标记示例	附 注
普通螺纹	粗牙	M	M20LH-6g-L M—粗牙普通螺纹 20—公称直径 LH—左旋 6g—中径和顶径公差带代号 L—长旋合长度	M24LH-6H/6g 6H—内螺纹公差带代号 6g—外螺纹公差带代号	(1)粗牙普通螺纹不标螺距，而细牙应标注 (2)右旋不标旋向代号，左旋用 LH 表示 (3)旋合长度有长、中、短三种，分别用 L、N、S 表示，中等旋合长度可省略 N (4)公差带代号中，前者为中径公差带代号，后者为顶径公差带代号，两者相同则只标一个 (5)螺纹副的公差带代号中，前者为内螺纹公差带代号，后者为外螺纹公差带代号，中间用"/"隔开
	细牙		M20×2-6H7H M—细牙普通螺纹 20—公称直径 2—螺距 6H—中径公差带代号 7H—顶径公差带代号	M24×1LH-6H/5g6g 6H—内螺纹公差带代号 5g6g—外螺纹公差带代号	

螺纹小径 $d_1=10.647$mm；
螺纹中径 $d_2=11.188$mm；
螺距 $P=1.25$mm；
牙型高度 $h=0.6765$mm；
牙型角 $\alpha=60°$。

思考与练习

1. 将直角三角形缠绕在铅笔的表面上，观察其斜边形成的螺旋线，并判断其旋向。
2. 观察水管接头、普通螺栓、车床丝杠、虎钳、活动扳手上的螺纹，并判定其类型（旋向、线数、牙型等）。
3. 识别以下普通螺纹标记：M20；M30×2-L；M16LH-6g-L；M20×2-6H/5g6g。

第二节　认识螺纹连接

一、螺纹连接的类型和应用

螺纹连接的基本类型有螺栓连接、双头螺柱连接、螺钉连接和紧定螺钉连接等。

1. 螺栓连接

螺栓连接是将螺栓穿过两个被连接件上的通孔，套上垫圈，拧紧螺母，将两个被连接件连接起来，如图12-8所示。螺栓连接分为普通螺栓连接和铰制孔用螺栓连接。前者螺栓杆与孔壁之间留有间隙，螺栓承受拉伸变形；后者螺栓杆与孔壁之间没有间隙，常采用基孔制过渡配合，螺栓承受剪切和挤压变形。

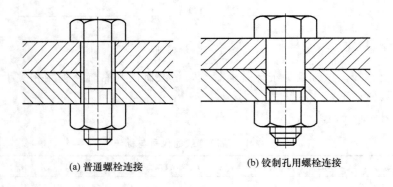

图 12-8　螺栓连接

螺栓连接无需在被连接件上切制螺纹孔，因此结构简单，装拆方便，易于更换，应用较广。主要用于被连接件不厚、通孔、经常拆卸的场合。

2. 双头螺柱连接

螺杆两端无钉头，但均有螺纹，装配时一端旋入被连接件，另一端配以螺母，如图12-9所示。拆装时只需拆装螺母，而无需将双头螺柱从被连接件中拧出。适用于被连接件之一较厚、盲孔且经常拆卸的场合。

3. 螺钉连接

螺钉连接是将螺钉穿过一被连接件的光孔，再旋入另一被连接件的螺纹孔中，然后拧紧，如图 12-10 所示。螺钉连接不用螺母，用于被连接件之一较厚、且不经常拆卸的场合。

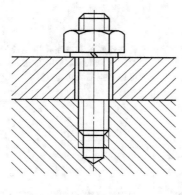

图 12-9　双头螺柱连接

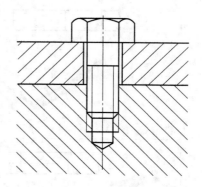

图 12-10　螺钉连接

4. 紧定螺钉连接

紧定螺钉连接是将紧定螺钉旋入被连接件之一的螺纹孔中，螺钉末端顶住另一被连接件的表面或顶入其相应的凹坑内，从而固定两被连接件的相对位置，并可传递不大的轴向力或扭矩，常用于轴和轴上零件的连接，如图 12-11 所示。

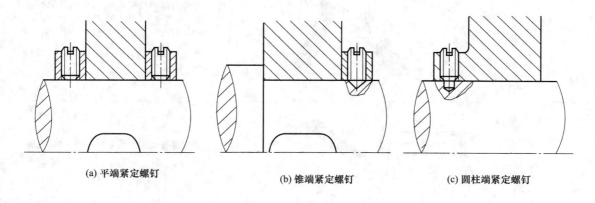

(a) 平端紧定螺钉　　　　　　(b) 锥端紧定螺钉　　　　　　(c) 圆柱端紧定螺钉

图 12-11　紧定螺钉连接

紧定螺钉的末端类型有锥端、平端和圆柱端。锥端适用于零件表面硬度较低不常拆卸的场合。平端的接触面积大、不伤零件表面，用于顶紧硬度较大的平面，适于经常拆卸的场合。圆柱端可以压入轴上凹坑中，适于紧定空心轴上零件的位置、轻材料和金属薄板等。

二、螺纹连接件

螺纹连接件品种繁多，常用的有螺栓、双头螺柱、螺钉、紧定螺钉、螺母和垫圈等，这类零件的结构形式和尺寸都已标准化，设计时可根据有关标准选用。常用螺纹连接件见表 12-2。

表 12-2 常用螺纹连接件

类型	图例	结构及应用
螺栓	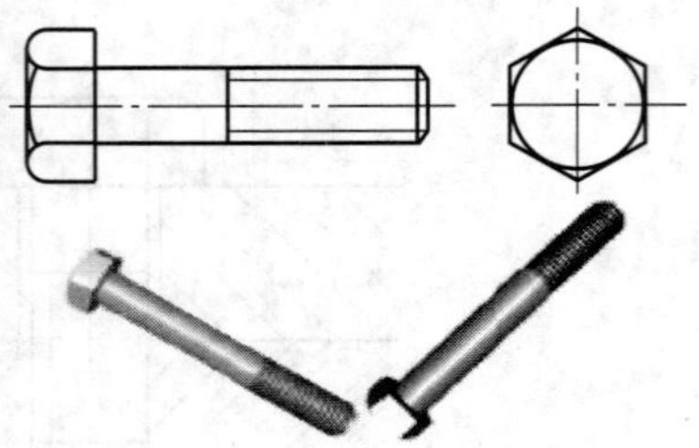	有普通螺栓和铰制孔用螺栓,精度分为 A、B、C 三级,通常多用 C 级,杆部螺纹长度可以根据需要确定
双头螺柱	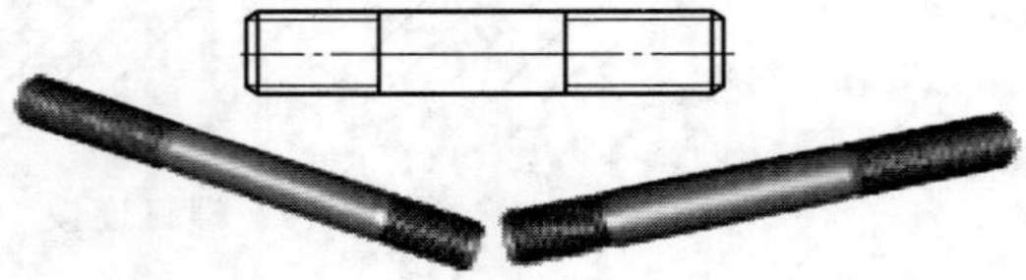	两端带螺纹,分为 A 型(有退刀槽)和 B 型(无退刀槽)
螺钉	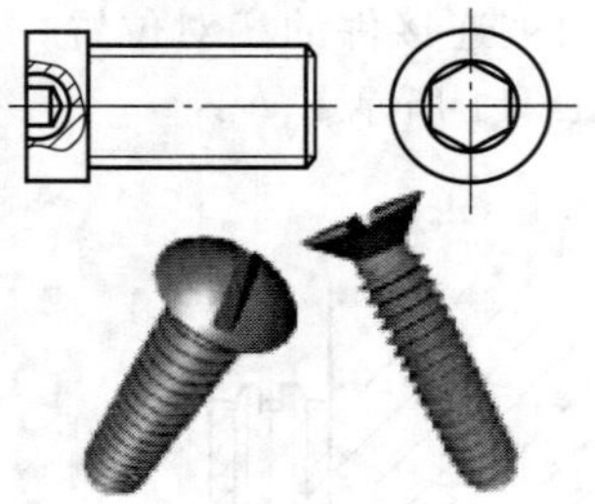	螺钉的结构与螺栓相似,但头部的形状较多,有六角头、圆柱头、半圆头、沉头等,旋具槽有内六角孔、十字槽、一字槽等
紧定螺钉	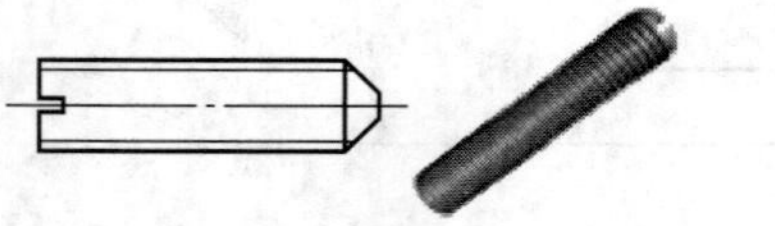	紧定螺钉的末端类型有锥端、平端和圆柱端
六角螺母	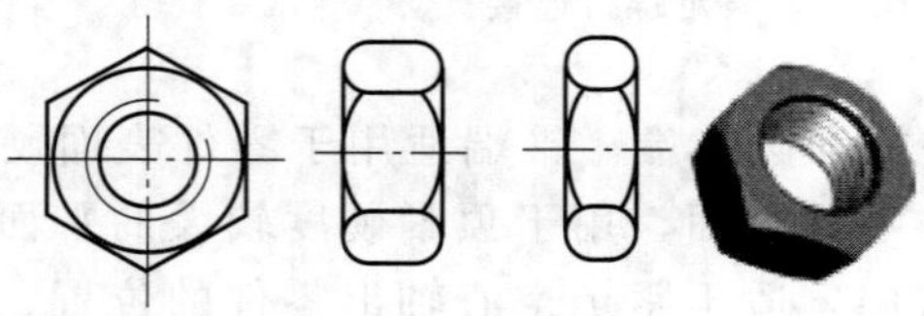	六角螺母按厚度分为标准、薄型两种,薄螺母常用于受剪力的螺栓或空间尺寸受限制的场合。螺母精度与螺栓对应,分 A、B、C 三级,分别与同级别的螺栓配用
圆螺母	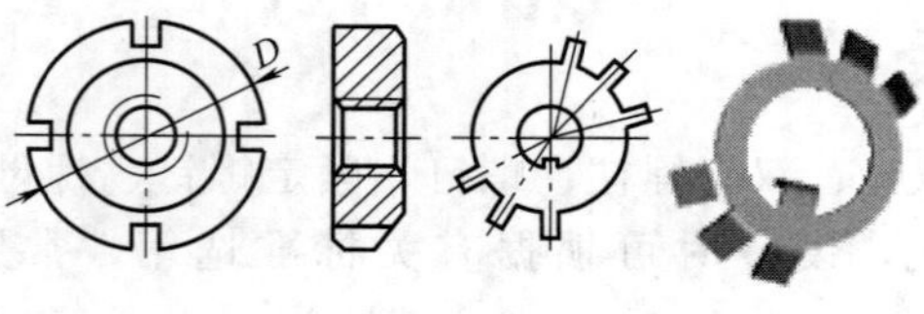	圆螺母与带翅垫圈配用,螺母带有缺口,应用时带翅垫圈内舌嵌入轴槽中,外舌嵌入圆螺母的槽内,螺母即被锁紧

续表

类型	图 例	结构及应用
垫圈		垫圈放在螺母与被连接件之间,保护支承面。常用的有平垫圈、斜垫圈和弹簧垫圈。斜垫圈用于垫平倾斜的支承面,弹簧垫圈与螺母配合使用,可起到摩擦防松的作用

三、螺纹连接的预紧与防松

1. 螺纹连接的预紧

螺纹连接在装配时一般要拧紧,从而起到预紧的作用。预紧的目的是增加连接的可靠性、紧密性和紧固性,防止受载后被连接件间出现缝隙和相对滑动。

预紧时螺栓所受拉力 F_0 称为预紧力。预紧力要适度,控制预紧力的方法可采用测力矩扳手或定力矩扳手,如图 12-12 所示。

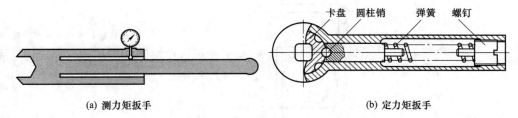

(a) 测力矩扳手　　　　　　　　　(b) 定力矩扳手

图 12-12　预紧力控制扳手

2. 螺纹连接的防松

一般螺纹连接具有自锁性,在静载荷作用下,工作温度变化不大时,这种自锁性能防止螺母松脱。但在实际工作中,当外载荷有振动、变化时,或材料高温蠕变等会造成摩擦力减少,螺纹副中正压力在某一瞬间消失、摩擦力为零,从而使螺纹连接松动,经过反复作用,螺纹连接就会松弛而失效。因此,必须进行防松,否则会影响正常工作,造成事故。

螺纹连接防松的原理就是消除(或限制)螺纹副之间的相对运动,或增大相对运动的难度。常用的防松方法见表 12-3。

表 12-3　螺纹连接的防松方法

防松方法	结构形式	特点及应用
利用摩擦力防松	双螺母	利用两螺母的对顶作用,保持螺纹间的压力。外廓尺寸大,防松不可靠。适用于平稳、低速、重载的连接

续表

防松方法		结构形式	特点及应用
利用摩擦力防松	弹簧垫圈	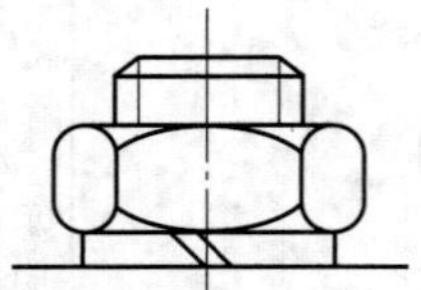	弹簧垫圈装配后被压平,其反弹力使螺纹间保持压紧力和摩擦力,同时切口尖也有阻止螺母反转的作用。结构简单,尺寸小,工作可靠。广泛用于一般连接
机械防松	槽形螺母与开口销	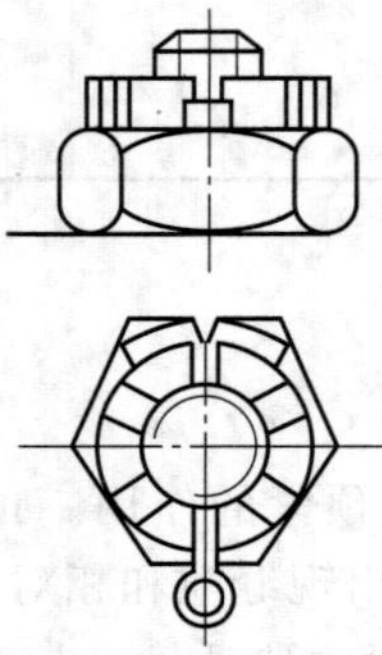	槽形螺母拧紧后,开口销穿过螺栓尾部小孔和螺母槽,开口销尾部掰开与螺母侧面贴紧,防松可靠。适用于较大冲击、振动的高速机械中运动部件的连接
机械防松	止动垫片	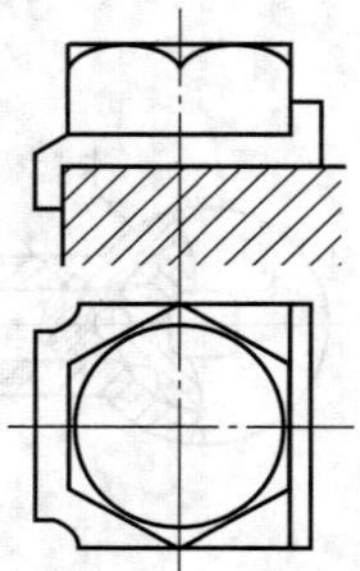	将垫圈折边,以固定六角螺母和被连接件的相对位置。结构简单,防松可靠。用于受力较大的场合
机械防松	圆螺母与带翅垫圈	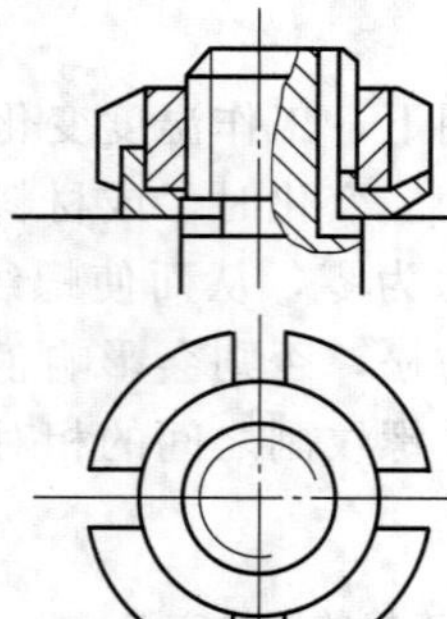	装配时将垫圈内翅插入轴上的槽内,将垫圈外翅嵌入圆螺母的槽内,螺母被锁紧。常用于滚动轴承的轴向固定
机械防松	串联金属丝	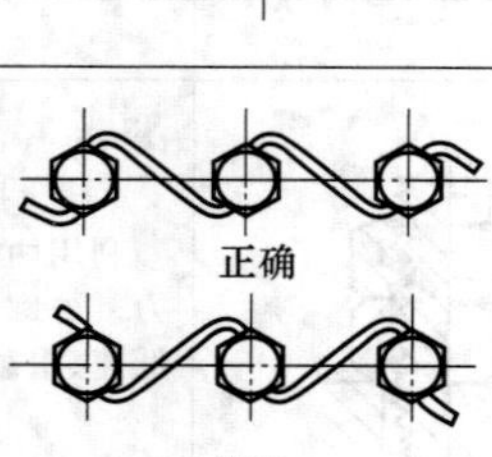 正确 / 错误	用低碳钢丝穿入各螺钉头部的孔内,将螺钉串联起来,使其相互牵制。防松可靠,拆卸不便。适用于螺钉组连接

续表

防松方法	结构形式	特点及应用
破坏螺纹副	冲点和焊点 — 冲点 / 焊点	螺母拧紧后,在螺栓末端与螺母的旋合缝处冲点或焊接来防松。防松可靠,但拆卸后连接不能再用。适用于装配后不再拆开的场合
	黏结防松 — 涂黏结剂	在旋合螺纹间涂以黏结剂,使螺纹副紧密胶合。防松可靠,且有密封作用

【例 12-2】

如图 12-13 所示凸缘联轴器,用 6 个 M20 的螺栓加平垫圈和标准螺母将两个半联轴器紧固在一起。工作一段时间后,螺纹连接出现松动,螺栓和螺母出现了滑牙,不能正常使用。试分析原因,重新更换螺纹连接件并做适当防松、紧固处理。

解 ① 螺纹连接失效分析

根据两半联轴器连接的特点,此处采用螺栓连接是恰当的。工作一段时间后螺纹连接出现松动主要是由于平垫圈不能起到防松的作用或预紧力不够;螺栓、螺母出现滑牙是因为螺纹连接松动后使螺纹受到的附加载荷过大造成的。因此,螺纹连接件的规格仍采用原来的 M20 的螺栓、

图 12-13 凸缘联轴器

螺母,采取一定的防松措施:考虑此处载荷较平稳,选用结构简单、应用较广的弹簧垫圈进行防松。螺栓、螺母材料选用 45 钢,弹簧垫圈材料选用 65Mn。

② 螺纹连接的紧固和预紧

将两半联轴器的螺栓孔对齐,接合面贴紧,将 6 个螺栓依次穿过螺栓孔后,套上弹簧垫圈,拧上螺母,使用扳手逐个拧紧,并凭感觉和经验来控制预紧力。

注意:

① 螺栓的穿入方向要一致。

② 必须分两次进行螺栓的紧固。第一次紧固到螺栓预紧力的 60%~80%;第二次再完全紧固。为使螺栓均匀受力,两次拧紧都应按一定顺序进行。

思考与练习

1. 螺纹连接的四种基本类型在结构和应用上各有何特点？观察螺纹连接的不同类型在实际生产、生活中的应用。
2. 螺纹连接为何要预紧，控制预紧力的方法有哪些？
3. 螺纹连接为什么要防松？防松的基本原理有哪几种？具体的防松方法和装置各有哪些？观察各种防松方法在机械上的应用。

第三节　螺栓连接的强度计算

在设计螺纹连接时，首先应由强度计算来确定螺栓直径，然后按标准选用螺栓及其对应的螺母、垫圈等连接件。

在螺纹连接中，螺栓或螺钉多数是成组使用的，计算时应根据连接所受的载荷和结构的布置情况进行受力分析，找出螺栓组中受力最大的螺栓，把螺栓组的强度计算问题简化为受力最大的单个螺栓的强度计算问题。

螺栓连接中的单个螺栓的受力分为受轴向拉力和横向剪切力两种，前者的失效形式多为螺纹部分的塑性变形或断裂，如果连接经常拆卸也可能导致滑扣；对于后者，螺栓在接合面处受剪，并与被连接孔相互挤压，其失效形式为螺杆被剪断，螺杆或孔壁被压溃。

一、受拉螺栓连接

1. 松螺栓连接的强度计算

这种连接在承受工作载荷以前螺栓不旋紧，即不受力，如图 12-14 所示的起重吊钩尾部的松螺栓连接。工作时只承受轴向工作载荷 F 作用，其强度校核与设计计算式分别为：

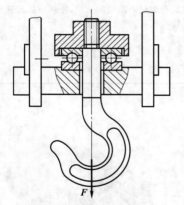

图 12-14　松螺栓连接

$$\sigma = \frac{F}{\frac{\pi}{4}d_1^2} \leqslant [\sigma] \tag{12-1}$$

$$d_1 \geqslant \sqrt{\frac{4F}{\pi[\sigma]}} \tag{12-2}$$

式中　d_1——螺栓小径，mm；
　　　F——轴向工作载荷，N；
　　　σ——螺栓的工作应力，MPa；
　　　$[\sigma]$——螺栓材料的许用应力，MPa。

2. 紧螺栓连接的强度计算

（1）只受预紧力作用的紧螺栓连接

如图 12-15 所示的螺栓连接中，螺栓杆与孔之间留有间隙。在横向工作载荷 F_s 的作用下，被连接件接合面之间有相对滑动的趋势。为防止滑动，由预紧力 F_0 所产生的摩擦力应大

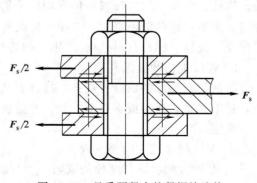

图 12-15　只受预紧力的紧螺栓连接

于或等于横向工作载荷 F_s，即：

$$F_0 fm \geqslant F_s$$

引入可靠性系数 K_f，整理得

$$F_0 = \frac{K_f F_s}{fm} \tag{12-3}$$

式中　F_0——螺栓所受轴向预紧力，N；
　　　K_f——可靠性系数，通常取 $K_f = 1.1 \sim 1.3$；
　　　F_s——螺栓连接所受横向工作载荷，N；
　　　f——接合面间的摩擦因数，对于干燥的钢件表面取 $f = 0.1 \sim 0.16$，其他可从相关手册中查取；
　　　m——接合面的数目。

紧螺栓连接在承受工作载荷之前必须预紧。因此，螺栓既受拉伸，又因螺纹副中摩擦阻力矩的作用而受扭转，故在危险截面上既有拉应力，又有受扭转而产生的剪应力。螺栓常用塑性材料，其螺杆部分的强度仍按拉伸强度公式计算，考虑到剪应力的影响，把螺栓所受轴向拉应力增加 30%，即变为 1.3 倍，因此，其螺栓的强度条件和设计计算公式分别可简化为：

$$\sigma = \frac{1.3 F_0}{\frac{\pi}{4} d_1^2} \leqslant [\sigma] \tag{12-4}$$

$$d_1 \geqslant \sqrt{\frac{5.2 F_0}{\pi [\sigma]}} \tag{12-5}$$

式中各符号意义同前。

（2）受预紧力和轴向工作载荷的螺栓连接

如图 12-16 所示压力容器螺栓连接，当螺母拧紧后，螺栓受到预紧力 F_0 作用，被连接件接触面则受到与 F_0 大小相同的压力。工作时由于容器内部压力 p 的作用，使螺栓受轴向工作拉力 F 的作用而进一步伸长，因此被连接件接触面之间随着这一变化而回松，其压力由初始的 F_0 减至 F_0'，F_0' 称为残余预紧力或剩余压缩力。

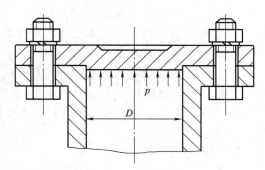

图 12-16　受预紧力和工作载荷的紧螺栓连接

由此可知，螺栓受轴向载荷 F 后，螺栓所受的总拉力 F_Σ 等于工作拉力 F 与剩余预紧力 F_0' 之和，即 $F_\Sigma = F_0' + F$。则受预紧力和轴向工作载荷的螺栓强度校核与设计计算式分别为：

$$\sigma = \frac{1.3 F_\Sigma}{\frac{\pi}{4} d_1^2} \leqslant [\sigma] \tag{12-6}$$

$$d_1 \geqslant \sqrt{\frac{5.2 F_\Sigma}{\pi [\sigma]}} \tag{12-7}$$

残余预紧力 F_0' 的值可参照表 12-4。
式中其他符号意义同前。

表 12-4 残余预紧力 F_0' 的推荐值

连接性质		残余预紧力 F_0' 的推荐值
紧固连接	F 无变化	$(0.2\sim0.6)F$
	F 有变化	$(0.6\sim1.0)F$
紧密连接		$(1.5\sim1.8)F$
地脚螺栓连接		$\geqslant F$

二、受剪螺栓连接

图 12-17 所示的铰制孔螺栓连接是靠螺栓杆受剪切和挤压来承受横向工作载荷的。工作时，螺栓在被连接件之间的接合面处受剪切，螺栓杆与被连接件的孔壁相互挤压，因此应分别按剪切和挤压强度计算。这类连接的预紧力不大，计算时可忽略不计。

螺栓的剪切强度条件为：

$$\tau = \frac{F_s}{\dfrac{\pi d_0^2}{4}} \leqslant [\tau] \qquad (12\text{-}8)$$

螺栓杆与孔壁的挤压强度条件为：

$$\sigma_p = \frac{F_s}{d_0 h_{\min}} \leqslant [\sigma_p] \qquad (12\text{-}9)$$

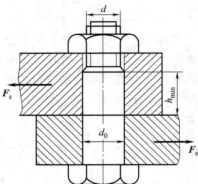

图 12-17 受剪螺栓连接

式中 F_s——单个铰制孔用螺栓所受的横向工作载荷，N；
d_0——铰制孔用螺栓剪切面直径，mm；
$h_{\min}$——螺栓杆与孔壁挤压面的最小高度，mm；
$[\tau]$——螺栓许用剪切应力，MPa；
$[\sigma_p]$——螺栓或被连接件的许用挤压应力，MPa。

一般机械用螺栓连接在静载荷下的许用应力与安全系数见表 12-5，螺栓与被连接件材料不同时取最弱的。计算中用到的抗拉强度和屈服点可查阅相关资料，部分常用材料的力学性能参见表 12-6。

【例 12-3】

如图 12-18 所示的钢制凸缘联轴器需传递的扭矩 $T=1200\text{N}\cdot\text{m}$，用均布直径 $D=250\text{mm}$ 圆周上的 6 个螺栓将两半联轴器紧固在一起，凸缘厚度 $b=30\text{mm}$。试选择螺栓的材料，并通过强度计算确定螺栓的尺寸。

解 ① 单个螺栓所受横向工作载荷

通过分析可知，该连接属于只受预紧力作用的紧螺栓连接，每个螺栓所受横向工作载荷：

$$F_s = \frac{2T}{Dz} = \frac{2\times1200\times1000}{250\times6} = 1600 \text{ (N)}$$

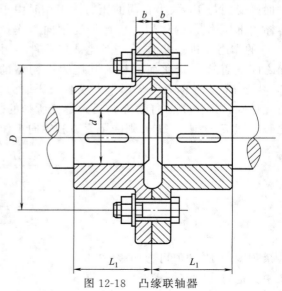

图 12-18 凸缘联轴器

表 12-5　一般机械用螺栓连接在静载荷下的许用应力与安全系数

类型	许用应力	相关因素			安全系数
受拉螺栓连接	许用拉应力 $[\sigma]=\dfrac{\sigma_s}{S_s}$	松连接			$S_s=1.2\sim1.7$
		紧连接	控制预紧力	扭力扳手或定力扳手	$S_s=1.6\sim2$
				测量螺栓伸长量	$S_s=1.3\sim1.5$
			不控制预紧力	碳素钢	$S_s=1.3\sim4$
				合金钢	$S_s=2.5\sim5$
受剪螺栓连接	许用剪应力 $[\tau]=\dfrac{\sigma_s}{S_s}$	紧连接	螺栓材料	钢	$S_s=2.5$
	许用挤压应力 $[\sigma_p]=\dfrac{\sigma_{\lim}}{S_p}$		螺栓或孔壁材料	钢 $\sigma_{\lim}=\sigma_s$	$S_p=1\sim1.25$
				铸铁 $\sigma_{\lim}=\sigma_b$	$S_p=2\sim2.5$

表 12-6　部分常用材料的力学性能

材料	抗拉强度 σ_b/MPa	屈服点 σ_s/MPa	材料	抗拉强度 σ_b/MPa	屈服点 σ_s/MPa
10	340~420	210	35	540	320
Q215	340~420	220	45	610	360
Q235	410~470	240	40Cr	750~1000	650~900

② 预紧力 F_0 的计算

可靠性系数 K_f 取 1.2，接合面摩擦因数 $f=0.15$，由该连接情况可知接合面数目 $m=1$。由式（12-3）得

$$F_0=\frac{K_f F_s}{fm}=\frac{1.2\times1600}{0.15\times1}=12800\text{（N）}$$

③ 选择螺栓材料，确定许用应力

查表选择螺栓材料 45 钢，其 $\sigma_b=610$MPa，$\sigma_s=360$MPa。由表可知，当不控制预紧力时，对碳素钢取 $S_s=4$，所以有 $[\sigma]=\dfrac{\sigma_s}{S_s}=\dfrac{360}{4}=90$（MPa）。

④ 计算螺栓直径

由式（12-5）得

$$d_1\geqslant\sqrt{\frac{5.2F_0}{\pi[\sigma]}}=\sqrt{\frac{5.2\times12800}{3.14\times90}}=15.347\text{（mm）}$$

查普通螺纹基本尺寸，取 $d=20$mm，$d_1=17.159$mm，$P=2.5$mm。

思考与练习

1. 受拉螺栓的主要破坏形式是什么？受剪螺栓的主要破坏形式是什么？
2. 承受预紧力 F_0 和工作拉力 F 的紧螺栓连接，螺栓所受的总拉力 F_Σ 是否等于 F_0+F，为什么？
3. 对于紧螺栓连接，其螺栓的拉伸强度条件式中的系数 1.3 的含义是什么？
4. 本课题任务中的两半联轴器若采用 3 个 $d=20$mm 的铰制孔用螺栓连接，螺栓材料选用 Q235，试校核螺栓连接的强度是否足够。

第四节 螺旋传动

螺旋传动是一种常见的传动形式，如台式虎钳、螺旋千斤顶、螺旋测微器等。

螺旋传动是利用螺杆和螺母组成的螺旋副来实现传动要求的。它主要用于将回转运动转变为直线运动，同时传递运动和动力。

螺旋传动按其用途不同可分为调整螺旋（如螺旋测微器）、传力螺旋（如螺旋千斤顶）、传动螺旋（如机床丝杠）。螺旋传动按其螺纹间摩擦性质的不同，可分为滑动螺旋、滚动螺旋和静压螺旋，其中滑动螺旋传动结构简单，加工方便，应用最广；滑动螺旋传动又有单螺旋传动和双螺旋传动之分，单螺旋传动又称为普通螺旋传动。

一、普通螺旋传动

1. 普通螺旋传动的应用形式

普通螺旋传动即单螺旋传动，是由单一螺旋副组成的，它主要有以下四种形式。

① 螺母固定不动，螺杆回转并作直线运动。

如图 12-19 所示的台式虎钳，螺杆 1 上装有活动钳口 2，螺母 4 与固定钳口 3 连接（固定在工作台上），当转动螺杆 1 时可带动活动钳口 2 左右移动，使之与固定钳口 3 分离或合拢，完成松开与夹紧工件的操作。这种螺旋传动通常还应用于千斤顶、千分尺和螺旋压力机等。

② 螺杆固定不动，螺母回转并作直线运动。

如图 12-20 所示的螺旋千斤顶，螺杆 4 安置在底座上静止不动，转动手柄 3 使螺母 2 回转，螺母就会上升或下降，从而举起或放下托盘 1 上的重物。这种螺旋传动的形式还常应用于插齿机刀架转动中。

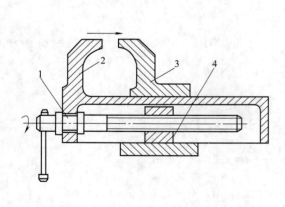

图 12-19 台式虎钳
1—螺杆；2—活动钳口；3—固定钳口；4—螺母

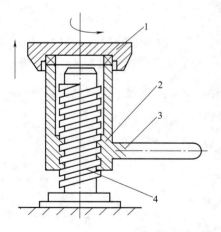

图 12-20 螺旋千斤顶
1—托盘；2—螺母；3—手柄；4—螺杆

③ 螺杆原位回转，螺母作直线运动。

如图 12-21 所示的车床滑板丝杠螺母传动，螺杆 1 在机架 3 中可以转动而不能移动，螺母 2 与滑板 4 相连只能移动而不能转动，当转动手柄使螺杆转动时，螺母 2 即可带动滑板 4 移动。

螺杆回转、螺母作直线运动的形式应用较广，如摇臂钻床中摇臂的升降机构、牛头刨床工作台的升降机构均属于这种传动形式。

④ 螺母原位回转，螺杆作直线运动。

如图12-22所示应力试验机上的观察镜螺旋调整装置，由机架4、螺杆2、螺母3和观察镜1组成。当转动螺母3时便可使螺杆2向上或向下移动，以满足观察镜1上下调整的要求。

2. 移动方向的判定

普通螺旋传动时，从动件作直线移动的方向不仅与螺纹的回转方向有关，还与螺纹的旋向有关，其判断步骤如下。

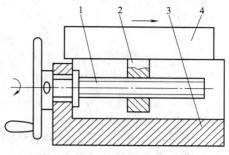

图12-21 车床滑板丝杠螺母传动
1—螺杆；2—螺母；3—机架；4—滑板

① 右旋用右手，左旋用左手。手握空拳，四指的指向与螺杆（或螺母）回转方向相同，大拇指竖直。

② 若螺杆（或螺母）回转并移动，螺母（或螺杆）不动，则大拇指的指向即为螺杆（或螺母）的移动方向。

③ 若螺杆（或螺母）回转，螺母（或螺杆）移动，则大拇指指向的反方向即为螺母（或螺杆）的移动方向。

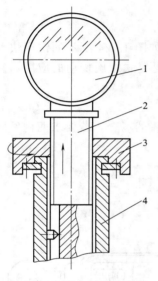

图12-22 应力试验机观察镜螺旋调整装置
1—观察镜；2—螺杆；3—螺母；4—机架

3. 移动距离的确定

普通螺旋传动中，螺杆相对于螺母每回转一圈，螺母就移动一个导程P_h的距离。因此，移动距离L等于回转圈数N与导程P_h的乘积，即

$$L = NP_h \tag{12-10}$$

式中 L——移动件的移动距离，mm；
N——回转件的回转圈数，r；
P_h——螺纹导程，mm。

4. 移动速度的计算

普通螺旋传动中，移动件的直线移动速度

$$v = nP_h \tag{12-11}$$

式中 v——螺杆（或螺母）的移动速度，mm/min；
n——转速，r/min；
P_h——螺纹导程，mm。

二、双螺旋传动

如图12-23所示的螺旋传动中，螺杆2上两端不同导程的螺纹分别与螺母1、3组成两个螺旋副，其中固定螺母3作为机架，当螺杆2回转时，一方面相对螺母3移动，同时又使不能转动的螺母1相对螺杆移动，这是一个典型的双螺旋传动。

按两螺旋副旋向的不同，双螺旋传动可分为差动螺旋传动和复式螺旋传动两种形式。

1. 差动螺旋传动

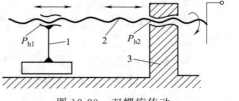

图12-23 双螺旋传动
1、3—螺母；2—螺杆

两螺旋副中螺纹旋向相同的双螺旋传动称为差动螺旋传动,其活动螺母相对于固定螺母(机架)的移动距离

$$L = N(P_{h1} - P_{h2}) \qquad (12\text{-}12)$$

式中　L——活动螺母相对于固定螺母的移动距离,mm;
　　　N——螺杆的回转圈数,r;
　　　P_{h1}——固定螺母的导程,mm;
　　　P_{h2}——活动螺母的导程,mm。

差动螺旋传动中,活动螺母的移动方向可按以下步骤进行判定。

① 先按普通螺旋传动的判定方法,根据螺纹的旋向和螺杆的回转方向判定螺杆的移动方向。

② 根据 L 的符号判定活动螺母的移动方向:$L>0$,活动螺母的移动方向与螺杆的移动方向相同;$L<0$,活动螺母的移动方向与螺杆的移动方向相反。

2. 复式螺旋传动

两螺旋副中螺纹旋向相反的双螺旋传动称为复式螺旋传动。如图 12-24 所示的铣床快动夹紧装置和图 12-25 所示的电线杆钢索拉紧装置的松紧螺套,都是复式螺旋传动的应用。复式螺旋传动中,两螺母的相对移动距离

$$L = N(P_{h1} + P_{h2}) \qquad (12\text{-}13)$$

因此,复式螺旋传动多用于需快速调整或移动两构件相对位置的场合,若要求两构件同步移动,只需 $P_{h1} = P_{h2}$。

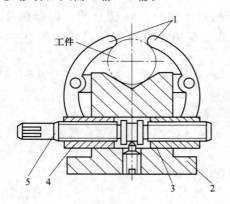

图 12-24　铣床快动夹具
1—夹爪;2—机架;3,4—螺母;5—螺杆

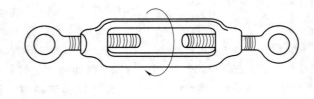

图 12-25　松紧螺套

【例 12-4】

图 12-26 所示是应用在微调镗刀上的螺旋传动实例。螺杆 1 在 Ⅰ 和 Ⅱ 两处均为右旋螺纹,刀套 3 固定在镗杆 2 上,镗刀 4 在刀套中不能回转,只能移动,当螺杆回转时,可使镗刀得到微量移动。试分析:

① 当螺杆 1 按图示方向回转时,镗刀的移动方向如何;若螺杆回转 1 圈,镗刀的移动距离是多少?

② 微调镗刀是如何实现微距离调整的?

解　通过对微调镗刀的结构和传动原理的分析可知,它是一个差动螺旋传动的实例。

设固定螺母螺纹(刀套)的导程 $P_{h1} = 1.5\text{mm}$,活动螺母(镗刀)的导程 $P_{h2} = 1.25\text{mm}$,则螺杆按图示方向回转 1 转时镗刀移动距离:

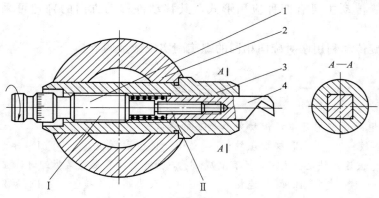

图 12-26 微调镗刀中的螺旋传动
1—螺杆；2—镗杆；3—刀套；4—镗刀

$$L = N(P_{h1} - P_{h2}) = 1 \times (1.5 - 1.25) = +0.25 \text{ (mm)} \quad （右移）$$

如果螺杆圆周按 100 等份刻线，螺杆每转过 1 格，镗刀的实际位移

$$L = (1.5 - 1.25)/100 = +0.0025 \text{ (mm)}$$

由此可知，差动螺旋传动可以方便地实现微量调节。

思考与练习

1. 试分析洛氏硬度计载样台螺旋传动机构的工作原理。

2. 如题图 12-1 所示的螺旋传动中，螺杆 1 的右段螺纹为右旋，与机架 3 组成螺旋副 a，其导程 $P_{h1} = 2.8$ mm。螺杆 1 的左段与活动螺母 2 组成螺旋副 b，活动螺母 2 不能回转而只能沿机架的导向槽 4 移动。现要求当螺杆 1 按图示方向回转 1 周时，活动螺母 2 向右移动 0.2 mm。问螺旋副 b 的导程 P_{h2} 应为多少？右旋还是左旋？

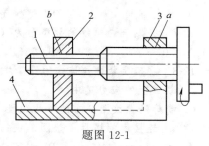

题图 12-1
1—螺杆；2—活动螺母；3—机架；4—导向槽

小　　结

① 螺纹是在圆柱或圆锥表面上，沿着螺旋线形成的具有相同剖面的连续凸起，普通螺纹的公称直径是指螺纹的大径。

② 螺纹的种类很多，常用螺纹包括普通螺纹、管螺纹、矩形螺纹、梯形螺纹、锯齿形螺纹等，前两种主要用于连接，后三种主要用于传动。

③ 普通螺纹的完整标记包括特征代号、尺寸代号、公差带代号和旋合长度代号四部分。

④ 螺纹连接的类型主要包括螺栓连接、双头螺柱连接、螺钉连接和紧定螺钉连接等。

⑤ 常用螺纹连接件包括螺栓、双头螺柱、螺钉、紧定螺钉、螺母和垫圈等。

⑥ 螺纹连接的防松措施有三类：摩擦防松、机械防松和永久防松。

⑦ 螺栓连接中的单个螺栓的受力分为受轴向拉力和横向剪切力两种，设计、校核时应分别采用不同的计算公式。

⑧ 螺旋传动利用螺杆、螺母组成的螺旋副可以方便地把回转运动变为直线运动，并传递运动和动力。

⑨ 普通螺旋传动主要有四种应用形式，其移动件移动方向的判定可采用右（左）手定则。

⑩ 差动螺旋传动利用两对旋向相同的螺旋副实现微量调节。

综 合 练 习

12-1　在常用的螺旋传动中，传动效率最高的螺纹是（　　）。
A. 三角形螺纹　　　　B. 梯形螺纹　　　　C. 锯齿形螺纹　　　　D. 矩形螺纹

12-2　当两个被连接件之一太厚，不宜制成通孔，且连接不需要经常拆卸时，往往采用（　　）。
A. 螺栓连接　　　　B. 螺钉连接　　　　C. 双头螺柱连接　　　　D. 紧定螺钉连接

12-3　两被连接件之一较厚，采用盲孔且经常拆卸时，常用（　　）。
A. 螺栓连接　　　　B. 双头螺柱连接　　　　C. 螺钉连接

12-4　常用连接的螺纹是（　　）。
A. 三角形螺纹　　　　B. 梯形螺纹　　　　C. 锯齿形螺纹　　　　D. 矩形螺纹

12-5　承受横向载荷的紧螺栓连接，连接中的螺栓受（　　）作用。
A. 剪切　　　　B. 拉伸　　　　C. 剪切和拉伸

12-6　当两个被连接件不厚，通孔，且需要经常拆卸时，往往采用（　　）。
A. 螺钉连接　　　　B. 螺栓连接　　　　C. 双头螺柱连接　　　　D. 紧定螺钉连接

12-7　公制普通螺纹的牙型角为（　　）。
A. 30°　　　　B. 55°　　　　C. 60°

12-8　在确定紧螺栓连接的计算载荷时，预紧力 F_0 比一般值提高 30%，这是考虑了（　　）。
A. 螺纹上的应力集中　　　　B. 螺栓杆横截面上的扭转应力
C. 载荷沿螺纹圈分布的不均匀性　　　　D. 螺纹毛刺的部分挤压

12-9　连接用的螺母、垫圈是根据螺栓的（　　）选用的。
A. 中径　　　　B. 小径　　　　C. 大径

12-10　螺纹标记 M10×1 表示（　　）。
A. 粗牙普通螺纹，公称直径 10mm
B. 细牙普通螺纹，公称直径 10mm，螺距 1mm
C. 粗牙普通螺纹，公称直径 10mm，双线
D. 细牙普通螺纹，公称直径 10mm，双线

12-11　单螺旋机构中，螺纹为双线，螺距为 3mm，当螺杆回转 2 转时，移动件的移动距离是（　　）。
A. 6mm　　　　B. 12mm　　　　C. 9mm　　　　D. 24mm

12-12　螺旋传动机构中，移动件的移动方向取决于（　　）。
A. 螺纹的旋向　　　　B. 回转件的转向　　　　C. 螺纹的旋向和回转件的转向

第十三章 轴系零部件

图 13-1(a) 所示为减速装置的传动简图。图中电动机 1 的运动和动力经联轴器 2 传给齿轮减速器 3 的输入轴Ⅰ，再经二级齿轮传动 4 和 5 传至轴端装有联轴器 6 的齿轮减速器输出轴Ⅲ，通过联轴器带动工作机械 7。图 13-1(b) 所示为减速器输出轴Ⅲ的结构简图，在该轴上安装有轴承、齿轮、键、联轴器等零件。其中，轴和轴承起支承作用，并使传动零件（如齿轮、联轴器等）具有确定的工作位置，以传递运动和动力；键用来实现齿轮、联轴器与轴的连接。它们共同形成了一个以轴为基准，所有轴上零件都围绕轴心线作回转运动的组合体——轴系部件。

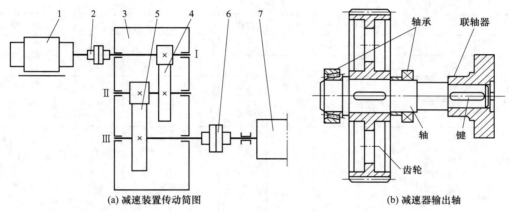

(a) 减速装置传动简图　　(b) 减速器输出轴

1—电动机；2,6—联轴器；3—齿轮减速器；4—高速级齿轮传动；5—低速级齿轮传动；7—工作机械

图 13-1 减速装置

本章主要学习轴系部件上常见的轴、键及联轴器等零部件的结构类型、应用特点、材料选用及有关设计计算。

第一节 轴

一、轴的材料和类型

1. 轴的材料

轴的材料主要采用优质碳素结构钢和合金钢。轴的材料应当满足强度、刚度、耐磨性和耐腐蚀性等要求，采用何种轴材料取决于轴的工作性能及工作条件。

① 优质碳素结构钢对应力集中敏感性小，价格相对便宜，具有较好的机械强度，主要用于制造不重要的轴或受力较小的轴，应用最为广泛。常用的优质碳素结构钢有 35、40、45 钢。为了提高材料的力学性能和改善材料的可加工性，优质碳素结构钢要进行调质或正火热处理。

② 合金钢对应力集中敏感性强，价格较碳素钢贵，但机械强度较碳素钢高，热处理性能好，多用于高速、重载和耐磨、耐高温等特殊条件的场合。常用的合金钢有 40Cr、35SiMn、40MnB 等。

轴的毛坯一般采用热轧圆钢和锻件。对于直径相差不大的轴通常采用热轧圆钢，对于直径相差较大或力学性能要求高的轴采用锻件，对于形状复杂的轴也可以采用铸钢或球墨铸铁。

轴的常用材料及力学性能见表 13-1。

表 13-1 轴的常用材料及其主要力学性能

材料牌号	热处理方法	毛坯直径 /mm	硬度 (HBW)	抗拉强度 σ_b/MPa 不小于	屈服点 σ_s/MPa 不小于	许用弯曲应力/MPa $[\sigma_{+1}]_b$	$[\sigma_0]_b$	$[\sigma_{-1}]_b$	备注
Q235A	热轧或锻后空冷	≤100 >100~250		400~420 375~390	225 215	125	70	40	用于不重要的轴
35	正火	≤100	149~187	520	270	170	75	45	用于一般轴
45	正火	≤100	170~217	600	300	200	95	55	用于较重要的轴
	调质	≤200	217~255	650	360	215	108	60	
40Cr	调质	≤100	241~286	750	550	45	120	70	用于载荷较大，但冲击不太大的重要轴
	调质	>100~300		700	500				
35SiMn 42SiMn	调质	≤100	229~286	800	520	270	130	75	用于中、小型轴，可代替 40Cr
40MnB	调质	≤200	241~286	750	500	245	120	70	用于小型轴，可代替 40Cr

2. 轴的类型

按照轴线形状的不同，可将轴分为曲轴（图 13-2）、直轴（图 13-3）和软轴（图 13-4）。曲轴常用于往复式机械（如内燃机，见图 13-5）。软轴用于有特殊要求的场合（如管道疏通机、电动工具等）。直轴被广泛应用在各种机器上。本节主要讨论常用的直轴。

图 13-2 曲轴　　　　(a) 光轴　　　　(b) 阶梯轴

图 13-3 直轴

直轴按其外形不同可分为光轴［如图 13-3(a) 所示］和阶梯轴［如图 13-3(b) 所示］，在一般机械中阶梯轴的应用最为广泛。直轴按其承载情况不同又可分为心轴、传动轴和转轴三种类型。

（1）心轴

心轴指只承受弯矩的轴（仅起支承转动零件的作用，不传递动力），按其是否转动又分为转动心轴（图 13-6）和固定心轴（图 13-7）。

图 13-4 安装在电动工具上的软轴

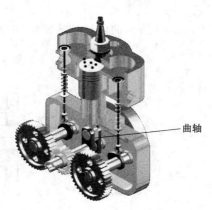

图 13-5 内燃机气缸

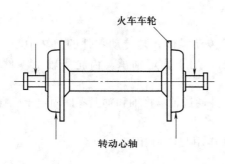

图 13-6 火车车轮与轴

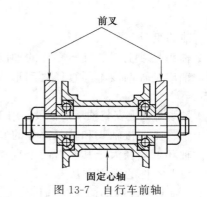

图 13-7 自行车前轴

（2）传动轴

传动轴指只承受转矩的轴（只传递运动和动力）。例如将汽车前置变速器的运动和动力传至后桥，从而使汽车后轮转动的轴就是传动轴（图 13-8）。

（3）转轴

转轴指既承受弯矩又承受转矩的轴（既支承转动零件又传递运动和动力）。例如齿轮减速器中的轴就是转轴（图 13-9）。

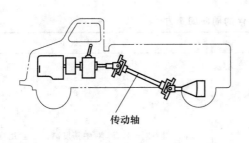

图 13-8 汽车传动轴

图 13-9 减速器中的转轴

二、轴的结构设计

轴的结构主要决定于载荷情况，轴上零件的布置、定位及固定方式，毛坯类型、加工和装配工艺，轴承类型和尺寸等条件。

以图 13-10 所示的阶梯轴典型结构为例进行讨论。

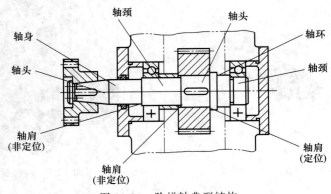

图 13-10　阶梯轴典型结构

1. 轴的组成部分

① 轴头是轴上安装旋转零件的轴段，用于支承传动零件，是传动零件的回转中心。

② 轴肩是轴两段不同直径之间形成的台阶端面，用于确定轴承、齿轮等轴上零件的轴向位置。

③ 轴颈是轴上安装轴承的轴段，用于支承轴承，并通过轴承将轴和轴上零件固定于机身上。

④ 轴身是连接轴头和轴颈部分的非配合轴段。

⑤ 轴环是直径大于其左右两个直径的轴段，其作用与轴肩相同。

2. 轴上零件的固定方法

（1）轴上零件的周向定位与固定

周向定位与固定是为了限制轴上零件与轴之间的相对转动和保证同心度，以准确地传递运动与转矩。常用的周向定位与固定的方法有销、键、花键、过盈配合和紧定螺钉连接等，见表 13-2。

（2）轴上零件的轴向定位与固定

轴向定位与固定是为了使轴上零件准确地位于规定的位置上，以保证机器的正常运转。常用的轴向定位与固定的方法有轴肩、轴环、套筒、圆螺母、止动垫圈、弹性挡圈、螺钉锁紧挡圈、轴端挡圈和圆锥面，见表 13-3。

表 13-2　零件的周向固定方法

方式	结构简图	应用说明
过盈配合		轴向、周向同时固定，对中精度高。一般用在传递转矩小，不便开键槽，或要求零件与轴心线对中性高的场合

续表

方式	结构简图	应用说明
平键连接	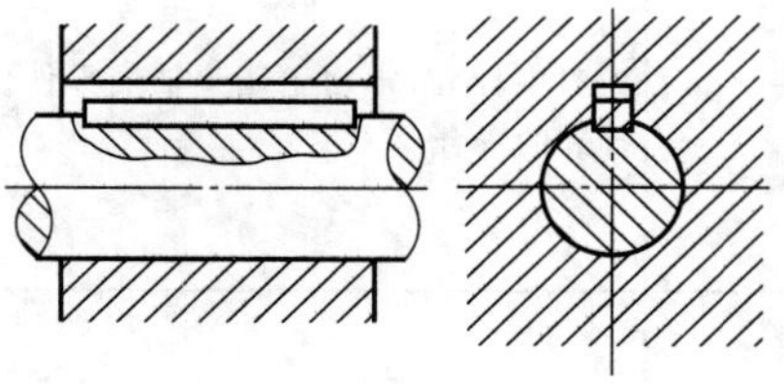	加工容易,拆卸方便。轴向不能限位,不承受轴向载荷。适用于传递转矩较大、对中性要求一般的场合,使用最为广泛
花键连接	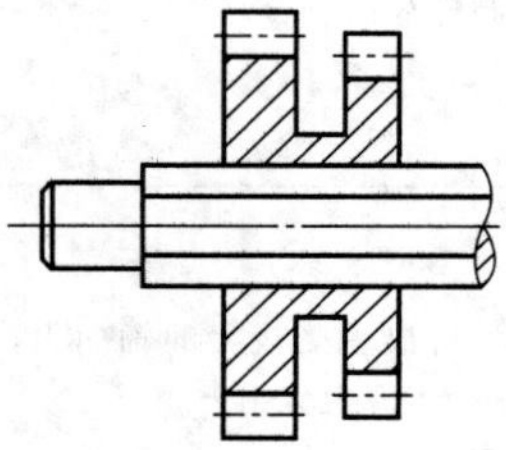	适用于传递转矩大、对中性要求高或零件在轴上移动时要求导向性良好的场合
销连接	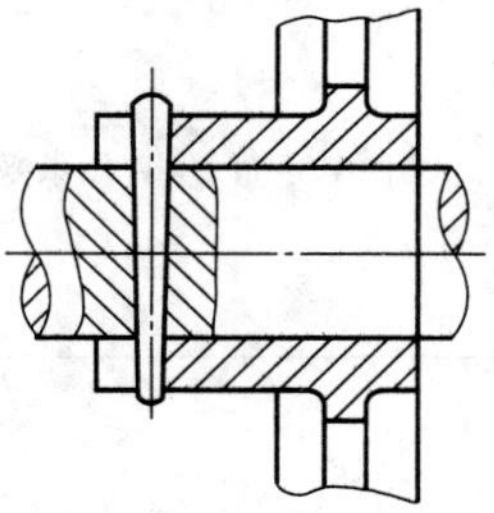	轴向、周向都固定,不能承受较大载荷。按极限载荷设计的圆柱销可以作为过载时被剪断以保护其他重要零件的安全装置

表 13-3 轴上零件的轴向固定方法

固定方式	结构图形	应用说明
轴肩或轴环	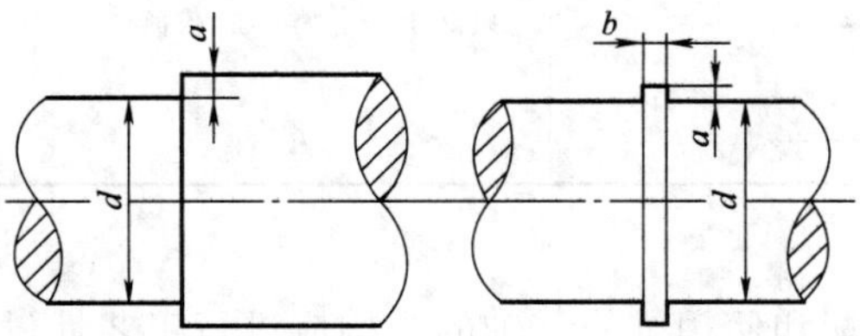	固定可靠,承受的轴向力大。具体尺寸的确定可查阅机械零件设计手册
套筒	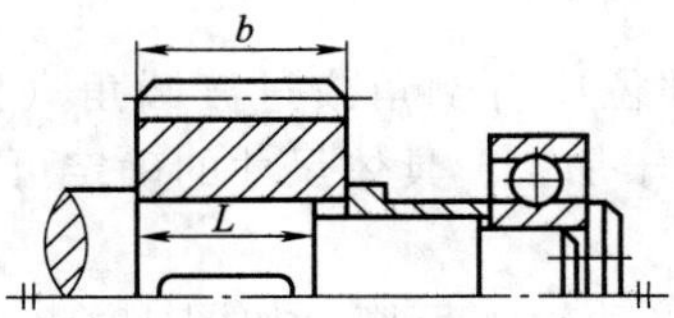	固定可靠,承受轴向力大,多用于轴上相邻两零件相距不远的场合

续表

固定方式	结构图形	应用说明
锥面	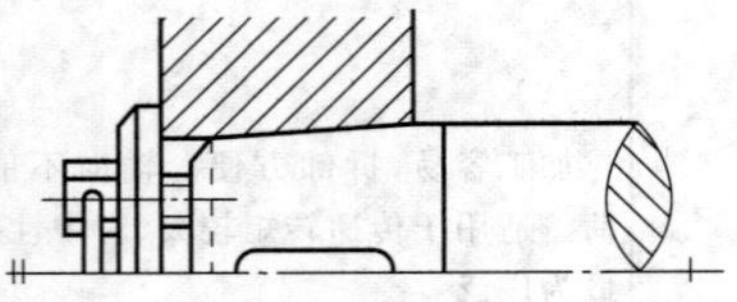	对中性好,常用于调整轴端零件位置或需经常拆卸的场合
圆螺母与止动垫圈	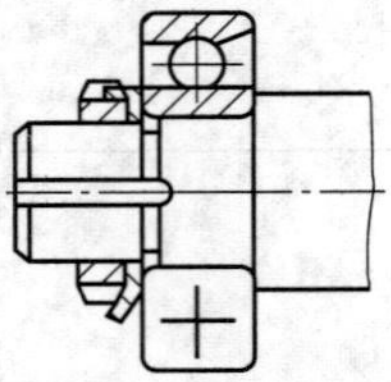	常用于零件与轴承之间距离较大,轴上允许车制螺纹的场合
双圆螺母	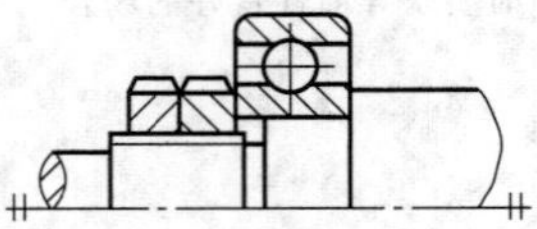	可以承受较大的轴向力,螺纹对轴的强度削弱较大,应力集中严重
轴用弹性挡圈	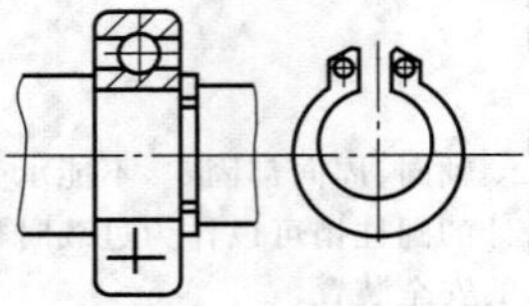	尺寸小,重量轻,只能承受较小的轴向载荷
轴端挡圈	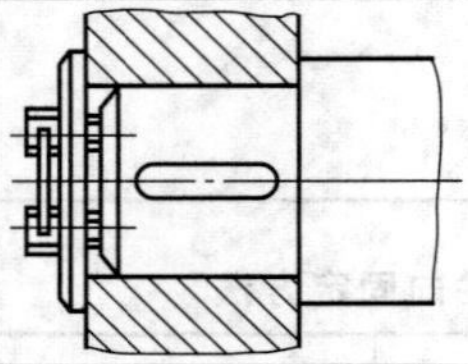	承受轴向力小或不承受轴向力的场合
紧定螺钉	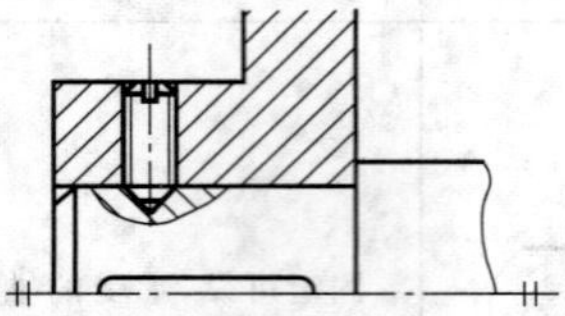	只能承受非常小的载荷

3. 轴的结构工艺性

为了便于轴的制造、轴上零件的装配和使用维修,轴的结构应进行工艺性设计。设计时须注意以下几点。

① 轴的形状应力求简单,阶梯数尽可能少且直径应该是中间大、两端小,便于轴上零件的装拆,如图 13-10 所示。

② 轴端、轴颈与轴肩(或轴环)的过渡部位应有倒角或过渡圆角(见图 13-11),并应尽可能使倒角大小一致和圆角半径相同,以便于加工。具体尺寸的确定可查阅机械零件设计手册。

③ 轴端若需要磨削或切制螺纹时,须留出砂轮越程槽(如图 13-12 所示)和螺纹退刀槽(如图 13-13 所示)。具体尺寸的确定可查阅机械零件设计手册。

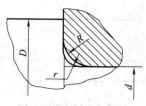 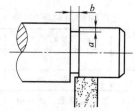 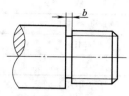

图 13-11　倒圆与倒角　　　　图 13-12　砂轮越程槽　　　　图 13-13　螺纹退刀槽

④ 当轴上零件与轴过盈配合时，为便于装配，轴的装入端应加工出导向锥面。

三、轴的强度计算

轴在工作时应有足够的疲劳强度，所以设计时必须验算轴的强度。常用的强度验算方法有：按抗扭强度条件估算转轴的最小直径和验算传动轴的强度；按抗弯扭合成强度条件验算转轴的强度。

减速器输出轴的各部位直径均是经计算设计并按标准直径系列（见表 13-4）圆整后得到的，其中轴颈直径尺寸还必须符合滚动轴承的内径标准。轴的直径可根据强度计算确定，也可应用经验公式进行估算。目的是确保轴在支承轴上零件的同时，能可靠地传递运动和动力。

表 13-4　标准直径系列（摘自 GB/T 2822—2005）　　　　　　　　　　　　　　　mm

10	11.2	12.5	13.2	14	15	16	17	18	19	20	21.2
22.4	23.6	25	26.5	28	30	31.5	33.5	35.5	37.5	40	42.5
45	47.5	50	53	56	60	63	67	71	75	80	85
90	95	100	106	112	118	125	132	140	150	160	170

1. 按抗扭强度计算

对于圆截面传动轴，其抗扭强度条件为

$$\tau = \frac{T}{W_T} = \frac{9.55 \times 10^6 P}{0.2 d^3 n} \leq [\tau] \tag{13-1}$$

或

$$d \geq \sqrt[3]{\frac{9.55 \times 10^6 P}{0.2 [\tau] n}} = A \sqrt[3]{\frac{P}{n}} \tag{13-2}$$

其中

$$T = 9.55 \times 10^6 \frac{P}{n} \quad (\text{N} \cdot \text{mm})$$

式中　τ——危险截面的切应力，MPa；
　　　$[\tau]$——轴的许用扭应力，MPa，见表 13-5；
　　　T——轴所承受的转矩，N·mm；
　　　W_T——轴危险截面的抗扭截面系数，mm³；
　　　P——轴传递的功率，kW；
　　　n——轴的转速，r/min；
　　　d——轴径，mm；
　　　A——按 $[\tau]$ 而定的系数，见表 13-5。

注意：按式（13-1）计算所得的直径 d，当轴上开有一个键槽时应加大 5%，开有两个键槽时应加大 10%，然后再按表 13-4 圆整。

表 13-5　几种常用材料的 $[\tau]$ 及 A 值

轴的材料	Q235A	Q275、35	45	40Cr、35SiMn
$[\tau]$/MPa	12～20	20～30	30～40	40～52
A	160～135	135～120	120～110	110～100

注：1. 表中所列的 $[\tau]$ 及 A 值是考虑了弯曲影响而降低了的数值。
　　2. 当弯矩相对转矩较小或只受转矩时，$[\tau]$ 取较大值，A 取较小值；反之，$[\tau]$ 取较小值，A 取较大值。
　　3. 当用 Q235A、Q275 及 35SiMn 时，$[\tau]$ 取较小值，A 取较大值。

2. 按抗弯扭合成强度计算

在轴的结构设计完成后，要验算其强度。对于一般钢制的转轴，按第三强度理论得到的抗弯扭合成强度条件为

$$\sigma=\frac{M_e}{W}=\frac{\sqrt{M^2+(\alpha T)^2}}{0.1d^3} \leqslant [\sigma_{-1}]_b \tag{13-3}$$

其中，$M=\sqrt{M_H^2+M_V^2}$，M_H 指水平平面弯矩，N·mm；M_V 指竖直平面弯矩，N·mm。

式中　σ——危险截面的当量应力，MPa；
　　M_e——危险截面的当量弯矩，N·mm；
　　M——合成弯矩，N·mm；
　　W——抗弯截面系数，mm^3；
　　α——根据转矩性质而定的折合系数，稳定的转矩取 $\alpha=0.3$，脉动循环变化的转矩取 $\alpha=0.6$，对称循环变化的转矩取 $\alpha=1$，若转矩变化的规律不清楚，一般也按脉动循环处理；
　　$[\sigma_{-1}]_b$——对称循环应力状态下材料的许用弯曲应力，MPa，见表 13-1。

式 (13-3) 可改写成下式，计算轴的直径：

$$d \geqslant \sqrt[3]{\frac{M_e}{0.1[\sigma_{-1}]_b}} \tag{13-4}$$

对于有键槽的危险截面，单键时应将轴径加大 5%，双键时加大 10%。

【例 13-1】 如图 13-14 所示为二级斜齿圆柱齿轮减速器示意图，试设计减速器的输出轴。已知输出轴功率 $P=9.8$kW，转速 $n=260$r/min，齿轮 4 的分度圆直径 $d_4=238$mm，所受的作用力分别为圆周力 $F_t=6065$N，径向力 $F_r=2260$N，轴向力 $F_a=1315$N。各齿轮的宽度均为 80mm。齿轮、箱体、联轴器之间的距离如图 13-14 所示。

解　(1) 选择轴的材料

因无特殊要求，故选 45 钢，正火，查表 13-1 得 $[\sigma_{-1}]_b=55$MPa，取 $A=115$。

(2) 估算轴的最小直径

$$d \geqslant A\sqrt[3]{\frac{P}{n}}=115\sqrt[3]{\frac{9.8}{260}}=38.56 \text{ (mm)}$$

因最小直径与联轴器配合，故有一键槽，可将轴径加大 5%，即 $d=38.56\times 105\%=40.488$（mm），选凸缘联轴器，取其标准内孔直径 $d=42$mm。

(3) 轴的结构设计

如图 13-15 所示，齿轮由轴环、套筒固定，左端轴承采用端盖和套筒固定，右端轴承采用轴肩和端盖固定。齿轮和左端轴承从左侧装拆，右端轴承从右侧装拆。因为右端轴承与齿

轮距离较远,所以轴环布置在齿轮的右侧,以免套筒过长。

① 轴的各段直径的确定。与联轴器相连的轴段是最小直径,取 $d_6=42\text{mm}$;联轴器定位轴肩的高度取 $h=3\text{mm}$,则 $d_5=48\text{mm}$;选 7210AC 型轴承,则 $d_1=50\text{mm}$,右端轴承定位轴肩高度取 $h=3.5\text{mm}$,则 $d_4=57\text{mm}$;与齿轮配合的轴段直径 $d_2=53\text{mm}$,齿轮的定位轴肩高度取 $h=5\text{mm}$,则 $d_3=63\text{mm}$。

② 轴上零件的轴向尺寸及其位置。轴承宽度 $b=20\text{mm}$,齿轮宽度 $B_1=80\text{mm}$,联轴器宽度 $B_2=84\text{mm}$,轴承端盖宽度为 20mm。箱体内侧与轴承端面间隙取 $\Delta_1=2\text{mm}$,齿轮与箱体内侧的距离如图 13-14 所示,分别为 $\Delta_2=20\text{mm}$,$\Delta_3=15+80+20=115\text{mm}$,联轴器与箱体之间间隙 $\Delta_4=50\text{mm}$。

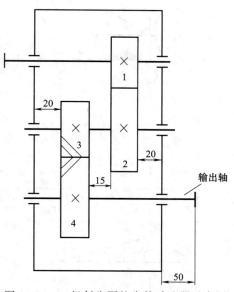

图 13-14 二级斜齿圆柱齿轮减速器示意图

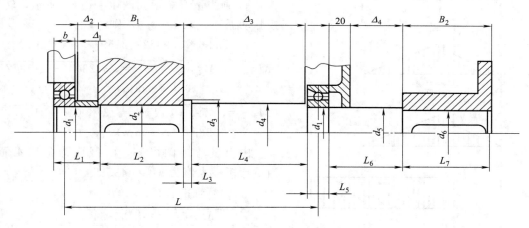

图 13-15 轴的结构设计

与之对应的轴各段长度分别为 $L_1=44\text{mm}$,$L_2=78\text{mm}$,轴环取 $L_3=8\text{mm}$,$L_4=109\text{mm}$,$L_5=20\text{mm}$,$L_6=70\text{mm}$,$L_7=82\text{mm}$。轴承的支承跨度为

$$L=L_1+L_2+L_3+L_4=239 \text{ (mm)}$$

(4) 验算轴的疲劳强度

① 画输出轴的受力简图,如图 13-16(a) 所示。

② 画水平平面的弯矩图,如图 13-16(b) 所示。通过列水平平面的受力平衡方程,可求得

$$F_{AH}=4238\text{N} \qquad F_{BH}=1827\text{N}$$

则

$$M_{CH}=72\times F_{AH}=72\times 4238=305136 \text{ (N·mm)}$$

③ 画竖直平面的弯矩图,如图 13-16(c) 所示。通过列竖直平面的受力平衡方程,可

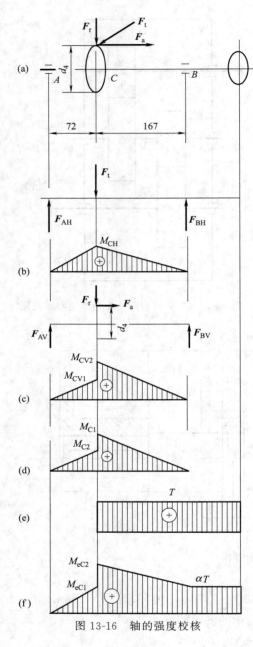

图 13-16 轴的强度校核

求得

$$F_{AV}=924\text{N} \quad F_{BV}=1336\text{N}$$

则

$$M_{CV1}=72\times F_{AV}=72\times 924=66528 \text{ (N·mm)}$$
$$M_{CV2}=167\times F_{BV}=167\times 1336=223112 \text{ (N·mm)}$$

④ 画合成弯矩图,如图 13-16(d) 所示。

$$M_{C1}=\sqrt{M_{CH}^2+M_{CV1}^2}=\sqrt{305136^2+66528^2}$$
$$=312304 \text{ (N·mm)}$$
$$M_{C2}=\sqrt{M_{CH}^2+M_{CV2}^2}=\sqrt{305136^2+223112^2}$$
$$=378004 \text{ (N·mm)}$$

⑤ 画转矩图,如图 13-16(e) 所示。

$$T=9.55\times 10^6 \frac{P}{n}=9.55\times 10^6 \times \frac{9.8}{260}$$
$$=359962 \text{ (N·mm)}$$

⑥ 画当量弯矩图如图 13-16(f) 所示,转矩按脉动循环,取 $\alpha=0.6$,则

$$\alpha T=0.6\times 359962=215977 \text{ (N·mm)}$$
$$M_{eC1}=\sqrt{M_{C1}^2+(\alpha T)^2}=\sqrt{312304^2+215977^2}$$
$$=379710 \text{ (N·mm)}$$
$$M_{eC2}=\sqrt{M_{C2}^2+(\alpha T)^2}=\sqrt{378004^2+215977^2}$$
$$=435354 \text{ (N·mm)}$$

由当量弯矩图可知,C 截面为危险截面,当量弯矩最大值为 $M_{ec}=435354$ (N·mm)。

⑦ 验算轴的直径

$$d\geqslant \sqrt[3]{\frac{M_{eC}}{0.1[\sigma_{-1}]_b}}=\sqrt[3]{\frac{435354}{0.1\times 55}}=42.94 \text{ (mm)}$$

因为 C 截面有一键槽,所以需要将直径加大 5%,则 $d=42.94\times 105\%=45.1\text{mm}$,而 C 截面的设计直径为 53mm,所以强度足够。

⑧ 绘制轴的零件图,如图 13-17 所示。

(5) 分析轴的结构及轴上零件的固定

如图 13-10 所示的减速器输出轴,中间大、两端小,便于装拆轴上零件;在轴端、轴颈与轴肩的过渡部位都有倒角或过渡圆角;在与齿轮孔配合的轴头还设计出了导向锥面。

① 轴上零件的轴向固定

图 13-10 减速器输出轴上的各传动件均进行了轴向固定。其中,右端轴承采用了轴肩和轴承盖固定;齿轮采用了轴环和轴套固定;左端轴承采用了轴套和轴承盖固定;联轴器采用了轴肩和轴端挡圈固定。

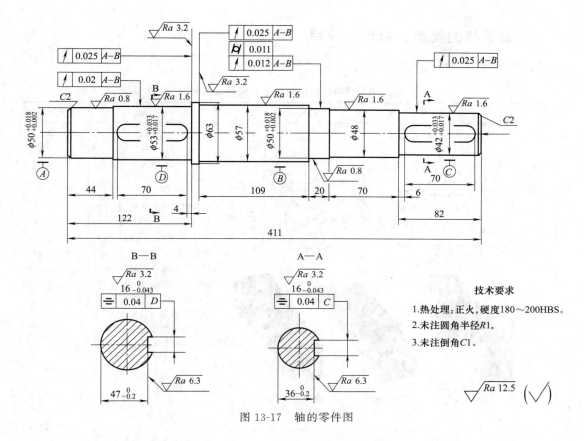

图 13-17 轴的零件图

② 轴上零件的周向固定

图 13-10 减速器输出轴上的各传动件在轴向固定的同时,也进行了相应的周向固定。其中,滚动轴承与减速器输出轴采用了过盈配合连接;齿轮、联轴器与轴均采用了键连接。

思考与练习

1. 分析并说明自行车的前轴、中轴、后轴分别是什么类型的轴。
2. 轴的结构应满足哪些要求?
3. 轴上零件的周向固定、轴向固定有哪些方法?试举例说明。
4. 拆装减速器的齿轮轴,指出轴结构的各部分名称及作用,并说明轴上零件是如何安装、定位、固定的。
5. 如何确定定位轴肩的圆角半径和轴肩高度?
6. 轴的强度计算公式 $M_e = \sqrt{M^2 + (\alpha T)^2}$ 中 α 的含义是什么?其大小如何确定?
7. 按抗弯扭合成强度验算轴时,危险剖面应取在哪些剖面上?为什么?

第二节 键 连 接

在轴系部件中,为了使齿轮、带轮等轴上回转零件随轴一起转动,通常在齿轮、带轮的轮毂和轴上分别加工出键槽,用键进行连接,起到传递运动和动力的作用。键连接属于可拆连接,在机械中应用很广泛,它具有结构简单、工作可靠、装拆方便及已经标准化等特点。

一、键连接的类型、特点及应用

键连接的类型、特点及应用见表 13-6。

表 13-6 键和键连接的类型、特点及应用

类型		图示	特点	应用
平键连接	普通平键	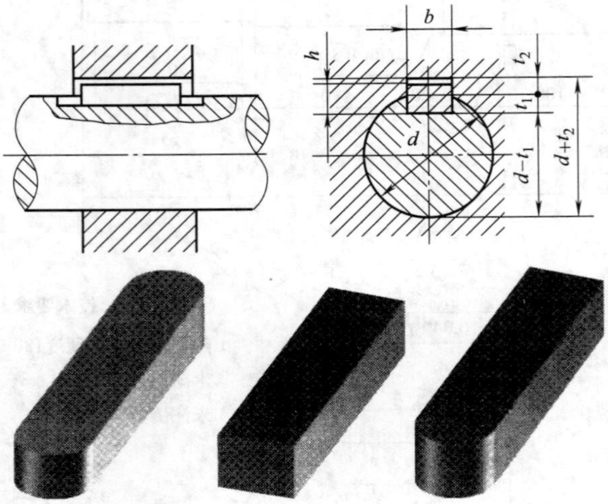 圆头(A型) 平头(B型) 单圆头(C型)	靠侧面传递转矩,对中性好,易拆装,无轴向固定作用,精度较高。端部形状可制成圆头(A型)、平头(B型)、单圆头(C型)。圆头键轴槽用指形铣刀加工,键在槽中固定良好,但轴上键槽端部的应力集中较大;平头键轴槽用盘形铣刀加工,应力集中较小	单圆头键常用于轴端。普通平键应用最广
	导向平键	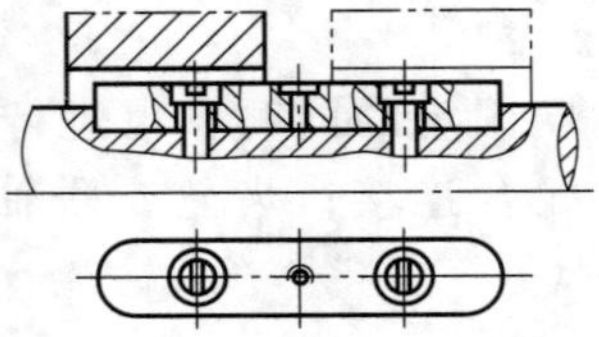	键较长,需用螺钉固定在轴槽中,为了便于装拆,在键上加工了起键螺纹孔。可能实现轴上零件的轴向移动,构成动连接	如变速箱的滑移齿轮即可采用导向平键
	滑键	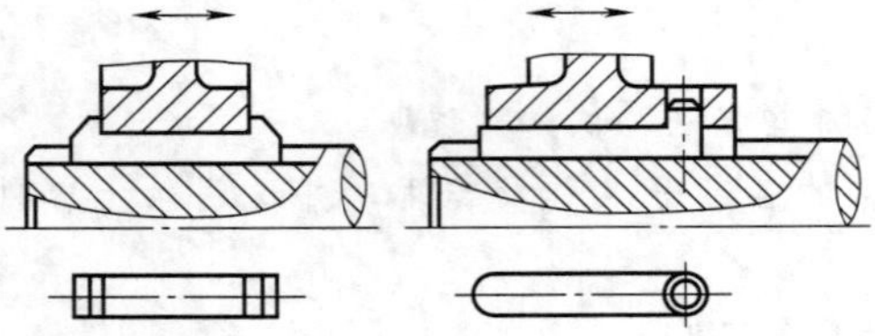	靠侧面传递转矩,对中性好,易拆装,滑键固定在轮毂上,轮毂带动滑键在轴上的键槽中作轴向滑移	用与轴上零件轴向移动量较大的结构
半圆键连接		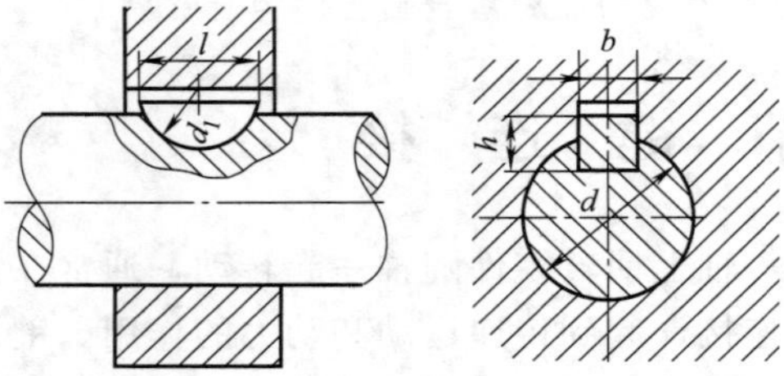	半圆键的两侧面为工作面。轴上的键槽用盘铣刀铣出,键在槽中能绕键的几何中心摆动,可以自动适应轮毂上键槽的斜度。半圆键连接制造简单,装拆方便,缺点是轴上键槽较深,对轴的削弱较大	适用于载荷较小的连接或锥形轴与轮毂的连接

续表

类型	图示	特点	应用
楔键连接	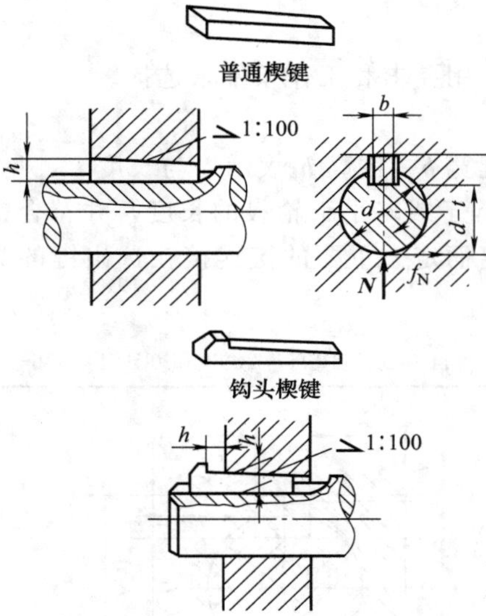 普通楔键 / 钩头楔键	键的上表面有1∶100的斜度,轮毂键槽的底面也有1∶100的斜度,装配时将键打入轴和毂槽内,其工作面上产生很大的预紧力,工作时靠键、轴、轮毂之间产生的摩擦力传递转矩,并能承受单方向的轴向力	由于楔键打入时,迫使轴和轮毂产生偏心,因此楔键仅适用于定心精度要求不高、载荷平稳和低速的连接。钩头是为了拆卸方便设计的,应注意加保护罩
切向键连接	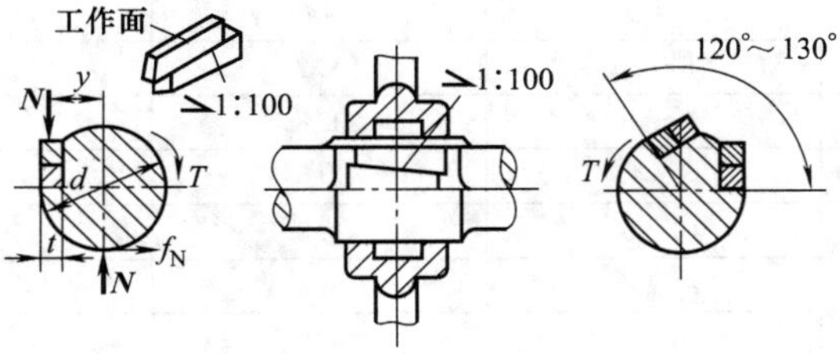 工作面	由一对楔键组成,装配时,将两键楔紧。键的两个窄面是工作面,其中一个面在通过轴线的平面内,工作面上的压力沿轴的切方向作用,能传递很大的转矩。当双向传递转矩时,需用两对切向键并分布成120°~130°	切向键对轴的强度削弱大,轴与轮毂的对中性不好,故主要用于轴径大于100mm,对中性要求不高,载荷较大的重型机械中,如大型带轮及飞轮、矿用大型绞车的卷筒及齿轮等与轴的连接
花键连接	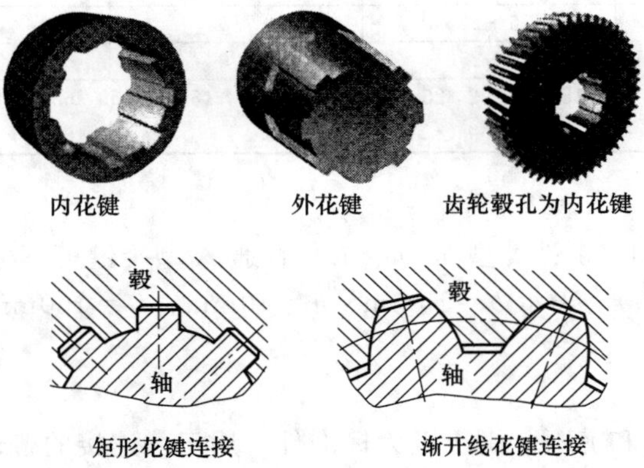 内花键 外花键 齿轮毂孔为内花键 / 矩形花键连接 渐开线花键连接	轴和毂孔周向均布多个键齿构成的连接称为花键连接,由内花键和外花键组成。齿的侧面是工作面。由于是多齿传递载荷,所以承载能力较强,对轴的强度削弱小,具有定心精度高和导向性能好等优点。按齿形不同可分为矩形花键连接和渐开线花键连接	适用于定心精度要求高、载荷大或经常滑移的连接

二、平键连接的选择、标记和强度计算

1. 平键连接的选择

（1）键的类型选择

键的类型应根据键连接的结构特点、使用要求和工作条件来选择。

（2）键的尺寸选择

键的主要尺寸为其截面尺寸（一般以键宽 b×键高 h 表示）与长度 L，见表 13-7。键的长度 L 一般可按轮毂的长度而定，即键长等于或略小于轮毂的长度，并符合键的长度系列。而导向平键的长度则按零件所需滑动的距离而定。重要的键连接在选出键的类型和尺寸后，还应进行强度校核计算。

表 13-7　普通平键和键槽的剖面尺寸（摘自 GB/T 1095—2003 和 GB/T 1096—2003）

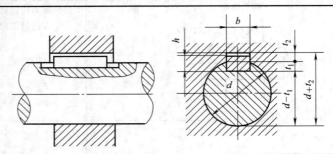

轴的直径 d	键		键　槽	
	$b×h$	L	轴 t_1	毂 t_2
自 6～8	2×2	6～20	1.2	1
>8～10	3×3	6～36	1.8	1.4
>10～12	4×4	8～45	2.5	1.8
>12～17	5×5	10～56	3.0	2.3
>17～22	6×6	14～70	3.5	2.8
>22～30	8×7	18～90	4.0	3.3
>30～38	10×8	22～110	5.0	3.3
>38～44	12×8	28～140	5.0	3.3
>44～50	14×9	36～160	5.5	3.8
>50～58	16×10	45～180	6.0	4.3
>58～65	18×11	50～200	7.0	4.4
>65～75	20×12	56～220	7.5	4.9
>75～85	22×14	63～250	9.0	5.4
键长标准系列	6,8,10,12,14,16,18,20,22,25,28,32,36,40,45,50,56,63,70,80,90,100,110,125,140,160,…			

2. 平键的标记

平键标记的基本形式是：GB/T 1096 键类型 $b×h×L$，普通 A 型平键可不标出类型。

例：GB/T 1096 键 B16×10×100　表示 $b=16$mm、$h=10$mm、$L=100$mm 的普通 B 型平键。

3. 平键的强度计算

键连接的失效形式有压溃、磨损和剪断。由于键为标准件，用于静连接的普通平键，主要失效形式是工作面被压溃；对于滑键、导向平键的动连接，主要失效形式是工作面的磨

损。因此，通常按工作面上的最大挤压应力（动连接用最大压强）进行强度校核计算，如图 13-18 所示。

由平键连接的受力分析可知，静连接的最大挤压应力：

$$\sigma_p = \frac{4T}{dhl} \leqslant [\sigma_p] \quad (13-5)$$

对于导向平键、滑键组成的动连接，计算依据是磨损，应限制压强 p，即：

$$p = \frac{4T}{dhl} \leqslant [p] \quad (13-6)$$

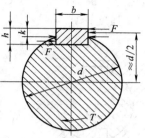

图 13-18 平键受力分析

式中　T——转矩，N·mm；

　　　d——轴的直径，mm；

　　　h——键的高度，mm；

　　　l——键的工作长度，mm，A 型键 $l=L-b$，B 型键 $l=L$，C 型键 $l=(L-b)/2$；

　　　$[\sigma_p]$——许用挤压应力，MPa，见表 13-8；

　　　$[p]$——许用压强，MPa，见表 13-8。

表 13-8　键连接的许用挤压应力和许用压强　　　　　　　　　　　MPa

许用值	连接工作方式	键或毂、轴的材料	载荷性质		
			静载荷	轻微冲击	冲击
$[\sigma_p]$	静连接	钢	125～150	100～120	60～90
		铸铁	70～80	50～60	30～45
$[p]$	动连接	钢	50	40	30

【例 13-2】　选择如图 13-19 所示的减速器输出轴与齿轮间的平键连接。已知传递的转矩 $T=300$ N·m，齿轮的材料为铸钢，载荷有轻微冲击。

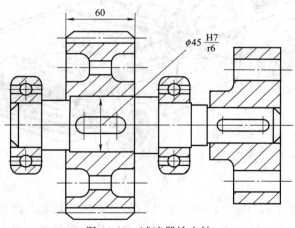

图 13-19　减速器输出轴

解　① 确定键的类型与尺寸

齿轮传动要求齿轮与轴对中性要好，以免啮合不良，该连接属于静连接，因此选用普通平键（A 型）。

根据轴的直径 $d=45$ mm，轮毂宽度为 60 mm，查表 13-7 得 $b=14$ mm，$h=9$ mm，$L=56$ mm，标记为：GB/T 1096 键 14×9×56（一般 A 型键可不标出"A"，对于 B 型或 C 型

键须标为"键B"或"键C")。

2. 强度计算

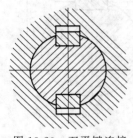

图 13-20 双平键连接

由表 13-8 查得，$[\sigma_p]=100\text{MPa}$，键的工作长度 $l=56-14=42\text{（mm）}$，则：

$$\sigma_p=\frac{4T}{dhl}=\frac{4\times300\times10^3}{45\times9\times42}=70.5\text{（MPa）}<[\sigma_p]$$

故此平键连接满足强度要求。

如果键连接计算不能满足强度要求，可采用以下措施。

① 适当增加轮毂及键的长度。

② 可采用两个键按 180°布置，如图 13-20 所示。考虑到载荷分布的不均匀性，在强度校核中可按 1.5 个键计算。

思考与练习

1. 键的类型有哪些？它的作用是什么？
2. 与平键连接相比，花键连接有哪些特点？

第三节 联轴器和离合器

如图 13-21 所示的汽车，发动机在车头的位置，而该车是后轮驱动，前后距离较长，且前后的位置高度不同，要想实现将动力由发动机传递到后轮驱动，就必须找一个中间环节来实现发动机的输出与后轮毂（差速器）的输入连接，这就是本节要解决的问题。

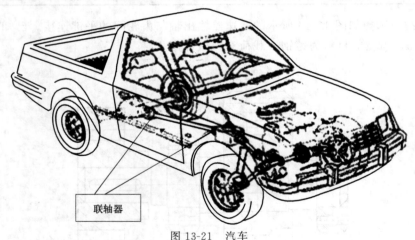

图 13-21 汽车

要想实现上面所说的动力传递，中间的连接环节有传动轴和联轴器。联轴器是用来连接两轴，使其一同转动并传递转矩的装置。用联轴器连接的两根轴，只有在机器停止运转后将其拆卸，才能使两轴分开；有的联轴器和离合器还可以作为安全装置，当轴传递的转矩超过规定值时，即自行断开或滑脱，以保证机器中的主要零件不致因过载而损坏。

一、联轴器

① 联轴器的作用：联轴器用来连接两根轴或轴和回转件，使它们一起回转，传递转矩和运动。

② 联轴器的类型、结构特点及应用见表 13-9。

表 13-9　常用联轴器的类型、结构特点及应用

类型		图　示	结　构　特　点	应　用
刚性联轴器	固定式	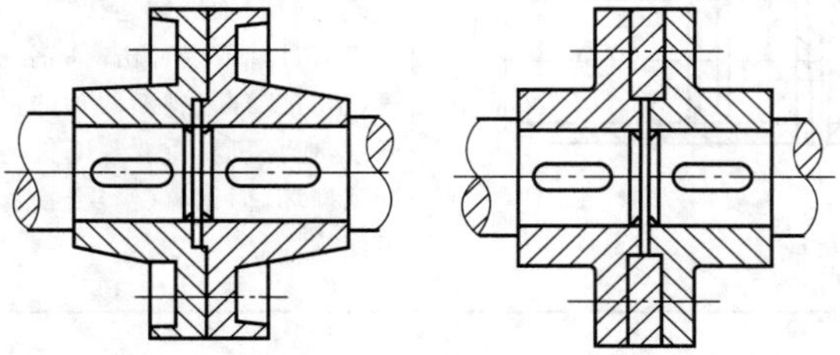	利用两个半联轴器上的凸肩与凹槽相嵌合而对中，结构简单、维护方便，能传递较大的转矩，但两轴的对中性要求很高，全部零件都是刚性的，不能缓冲和减振	广泛用于低速、大转矩、载荷平稳、短而刚性好的轴的连接
	可移式	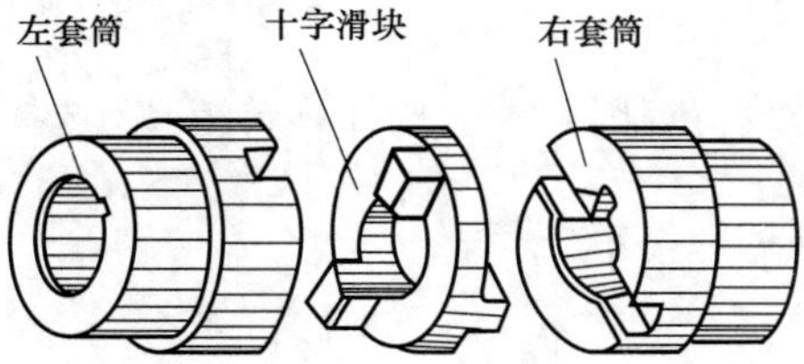 十字滑块联轴器	利用十字滑块与两半联轴器端面的径向槽配合以实现两轴的连接。滑块沿径向滑动可补偿两轴径向偏移；还能补偿角位移。结构简单、径向尺寸小，但耐冲击性差，易磨损，转速较高时会产生较大的离心力	常用于径向位移较大、冲击小、转速低、传递转矩较大的两轴连接
		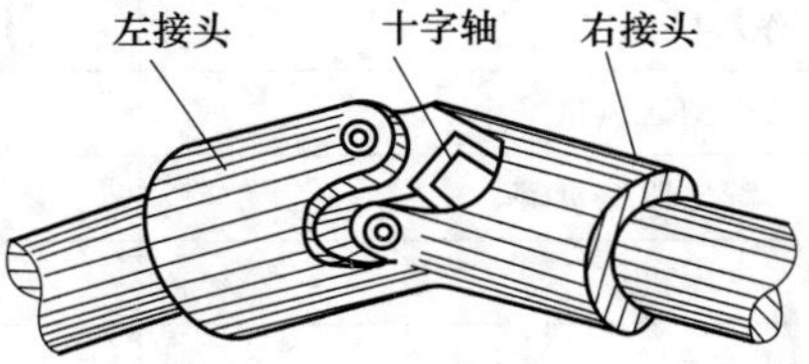 万向联轴器	利用十字轴式中间件连接两边的万向接头，而万向接头与两轴连接，两轴间夹角可达 35°～45°。允许在较大角位移时传递转矩，为使两轴同步转动，万向联轴器一般成对使用	主要用于轴线相交的两轴连接
弹性联轴器		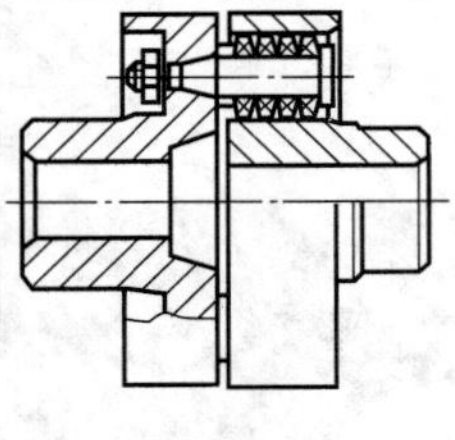 弹性套柱销联轴器	利用一端带有弹性套的柱销装在两半联轴器凸缘孔中，实现两半联轴器的连接，结构与凸缘联轴器相似。利用弹性套的弹性可补偿两轴的相对位移并能缓冲和减振	主要用于传递小转矩、高转速、启动频繁和回转方向需经常改变的两轴连接
		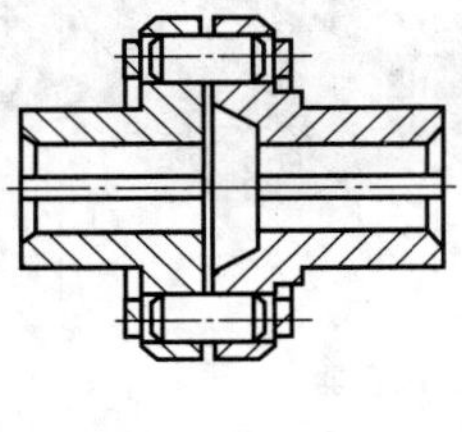 弹性柱销联轴器	利用非金属材料制成的柱销置于两半联轴器凸缘孔中，实现两半联轴器的连接。可允许较大的轴向窜动，但径向位移和偏角位移的补偿量不大。结构简单，制造容易，维护方便	一般用于轻载的场合

续表

类型	图示	结构特点	应用
安全联轴器	钢棒安全联轴器	钢棒（销）用作凸缘联轴器或套筒联轴器的连接件，当机器过载或受冲击时，钢棒（销）被剪断，中断两轴的联系，避免机器重要零部件受到损坏，但钢棒（销）更换不便	主要用于偶然性过载的机器设备中

③ 选择联轴器的型号、尺寸。选择联轴器类型后，再根据转矩、轴径和转速，从手册或标准中选择联轴器的型号及尺寸。

考虑机器启动变速时的惯性力和冲击载荷等因素，应按计算转矩 T_c 选择联轴器。

计算转矩和工作转矩之间的关系为：

$$T_c = KT$$

式中　T_c——计算转矩，N·m；

　　　K——工作系数，见表 13-10；

　　　T——工作转矩，N·m。

表 13-10　工作情况系数 K

原动机	工 作 机	K
电动机	转速变化很小的机械，如发动机、小型通风机等	1.3
	转速变化较小的机械，如运输机、汽轮压缩机等	1.5
	转速变化中等的机械，如搅拌机、增压机等	1.7
	转矩变化和冲击载荷中等的机械，如织布机、拖拉机等	1.9
	转矩变化和冲击载荷较大的机械，如挖掘机、起重机等	2.0

二、离合器

1. 离合器的作用

在机器运转过程中，因联轴器连接的两轴不能分开，所以在实际应用中受到制约。如汽车从启动到正常行驶过程中，要经常换挡变速。为保持换挡时的平稳，减少冲击和振动，需要暂时断开发动机与变速箱的连接，待换挡变速后再逐渐接合。显然，联轴器不适用于这种要求。若采用离合器即可解决这个问题，离合器类似开关，能方便地接合或断开动力的传递，如图 13-22 所示。

2. 离合器的类型、结构特点及

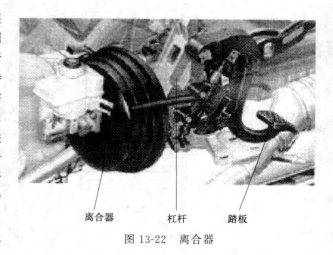

图 13-22　离合器

应用

（1）牙嵌式离合器

如图 13-23 所示牙嵌式离合器，是用爪牙状零件组成嵌合副的离合器。其常用牙型有正三角形、正梯形、锯齿形、矩形。

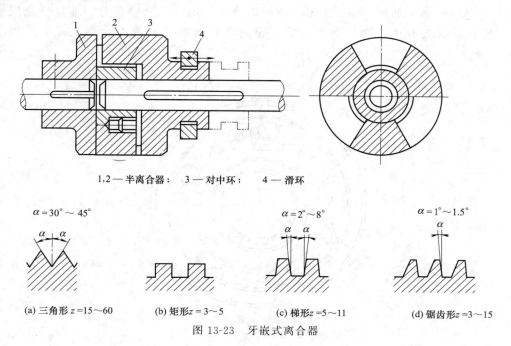

1,2—半离合器； 3—对中环； 4—滑环

图 13-23 牙嵌式离合器

牙嵌式离合器结构简单，外廓尺寸小，两轴接合后不会发生相对移动，但接合时有冲击，只能在低速或停车时接合，否则凸牙容易损坏。

（2）摩擦式离合器

如图 13-24 所示，摩擦式离合器通过操纵机构可使摩擦片紧紧贴合在一起，利用摩擦力的作用，使主从动轴连接。这种离合器需要较大的轴向力，传递的转矩较小，但在任何转速

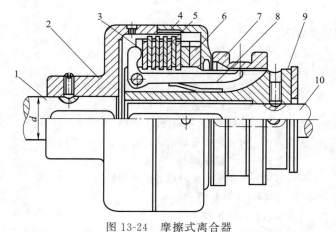

图 13-24 摩擦式离合器

1—主动轴；2—外壳；3—压板；4—外摩擦片；5—内摩擦片；6—螺母；7—滑环；
8—杠杆；9—套筒；10—从动轴

条件下，两轴均可以分离或接合，且接合平稳，冲击和振动小，过载时摩擦片之间打滑，起保护作用。为了提高离合器传递转矩的能力，可适当增加摩擦片的数量。

（3）特殊功用离合器

① 安全离合器　如上述摩擦式离合器在过载时，摩擦片打滑可以起到安全保护作用。

② 超越离合器　如图13-25所示，超越离合器是通过主从动部分的速度变化或旋转方向的变化，而具有离合功能的离合器。超越离合器属于自控离合器，有单向和双向之分。

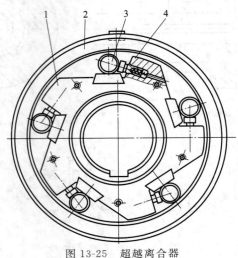

图 13-25　超越离合器
1—星轮；2—外环；3—滚柱；4—弹簧

思考与练习

1. 联轴器、离合器的功能有什么不同？举例说明。
2. 选择联轴器的类型时要考虑哪些因素？确定联轴器的型号应根据什么原则？

小　结

1. 轴系各零部件的类型

① 轴
- 按承受载荷分
  - 心轴——只承受弯矩而不传递转矩
  - 转轴——既承受弯矩又传递转矩
  - 传动轴——只传递转矩而不承受弯矩或承受很小的弯矩
- 按轴的形状分
  - 直轴——中心线在一条直线上的轴
  - 曲轴——中心线不在一条直线上的轴
  - 挠性轴——可将回转运动灵活地传递到所需要的位置

② 联轴器
- 刚性联轴器
  - 固定式——凸缘联轴器
  - 可移式——十字滑块联轴器、万向联轴器
- 安全联轴器——钢棒安全联轴器
- 弹性联轴器
  - 弹性套柱销联轴器
  - 弹性柱销联轴器

③ 离合器——牙嵌式离合器、摩擦式离合器、超越离合器。

2. 轴系各零部件的结构特点

① 轴的结构形式取决于轴上零件的装配方案。轴的结构应尽量满足以下条件：轴上零件定位准确、牢固、可靠；轴上零件便于装拆和调整；良好的制造工艺性；减小应力集中。在满足以上条件的基础上，以轴的结构简单、轴上零件较少为佳。

② 联轴器、离合器的结构特点。

3. 轴系各零部件的应用

① 轴上零件的轴向固定和周向固定的设计应用。

② 联轴器、离合器的选择应用。

综 合 练 习

13-1 试述轴的功用。

13-2 轴有哪几种类型？各有何特点？

13-3 分析自行车的前轴、中轴、后轴的受力情况，它们都是什么轴？

13-4 对轴的材料有什么要求？轴常用的材料有哪些？各用于什么场合？

13-5 为什么转轴一般都做成阶梯轴？阶梯轴的各段轴径和长度根据什么条件确定？

13-6 在进行轴的结构设计时应考虑哪些问题？

13-7 轴上零件的轴向固定和周向固定的目的是什么？各有哪些方法？

13-8 提高轴的疲劳强度有哪些措施？

13-9 试判断题图 13-1 中轴的结构有哪些错误和不合理的地方？应如何改进？

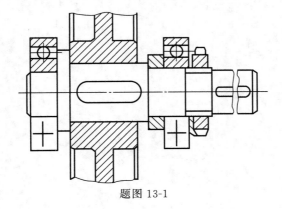

题图 13-1

13-10 键连接有哪些主要类型？各有何主要特点？

13-11 普通平键、楔键和切向键各是靠哪个面工作的？其中何种键可以传递轴向力？

13-12 为什么采用两个平键时，一般相隔 180°布置？

13-13 平键的失效形式和计算准则是什么？

13-14 比较花键连接和平键连接的优缺点。

13-15 联轴器、离合器的主要作用分别是什么？

13-16 常用的联轴器有哪些类型？各有何特点？

13-17 下列情况下，分别选用何种类型的联轴器较为合适：

(1) 刚性大、对中性好的两轴；

(2) 轴线相交的两轴间的连接；

(3) 正反转多变、启动频繁、冲击大的两轴间的连接；

(4) 轴间径向位移大、转速低、无冲击的两轴间的连接。

13-18 已知轴和带轮的材料分别为钢和铸铁,带轮与轴配合直径 $d=40$mm,轮毂长度 $l=80$mm,传递的功率为 $P=10$kW,转速 $n=1000$r/min,载荷性质为轻微冲击。

(1) 试选择带轮与轴连接用的 A 型普通平键;

(2) 按比例绘制连接剖视图,并注出键的规格和键槽尺寸。

13-19 试分析自行车在下述各处采用什么连接:

(1) 大链轮与小轴;

(2) 曲拐与小轴;

(3) 后轮轴和车架;

(4) 曲拐与脚踏轴。

第十四章 轴 承

轴承是支承轴颈的部件,有时也用来支承轴上的回转零件。按照承受载荷的方向不同,轴承可分为径向轴承和推力轴承两类。轴承上的反作用力与轴线垂直的称为径向轴承,与轴线方向一致的称为推力轴承。根据轴承工作的摩擦性质不同,轴承又可分为滑动摩擦轴承(简称滑动轴承)和滚动摩擦轴承(简称滚动轴承)两类。本章将分别介绍这两类轴承的结构特点、类型代号、轴承的设计计算与应用选择。

第一节 滑动轴承

一、滑动轴承的分类

滑动轴承按照所承受的载荷方向分为径向滑动轴承和推力滑动轴承。当滑动轴承主要承受径向载荷时,应以径向滑动轴承的设计为主;当滑动轴承主要承受轴向载荷时,设计滑动轴承应以推力滑动轴承的设计为主。

1. 径向滑动轴承

(1) 整体式滑动轴承

如图 14-1 所示是一种常见的整体式径向滑动轴承。该种轴承最常用的轴承座材料为铸铁,轴承座 1 用螺栓与机座连接,顶部有装油杯的螺纹孔 4,轴承孔内压入耐磨材料(如黄铜)制成的轴套 2,轴套上开有油孔 3 和油槽,用来输送润滑油。整体式滑动轴承的特点是构造简单,常用于低速、载荷不大的间歇工作的设备上。缺点是:当工作表面磨损而导致间隙过大时,无法调整轴承的间隙;轴颈只能从端部装入,对于大直径、粗重的轴安装不方便。

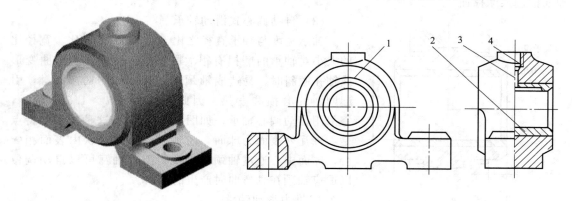

图 14-1 整体式径向滑动轴承
1—轴承座;2—轴套;3—油孔;4—油杯螺纹孔

(2) 剖分式滑动轴承

图 14-2 是剖分式径向滑动轴承。它是由轴承座、轴承盖、上下轴瓦及螺栓等组成。有

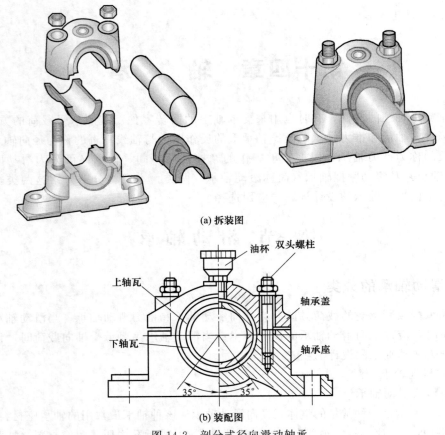

图 14-2 剖分式径向滑动轴承

时为了节省贵重的金属材料或有其他的需要,常在轴瓦内表面贴附一层轴承衬。不重要的轴承也可以不装轴瓦,只装轴承衬。在轴瓦内壁不负担载荷的表面上开油槽,润滑油通过油孔和油槽进入摩擦面。

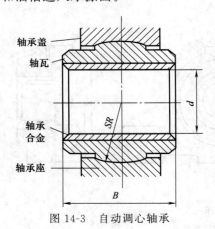

图 14-3 自动调心轴承

(3) 自动调心式滑动轴承

轴承宽度与轴承直径之比 B/d 称为宽径比。宽径比的大小对轴承的磨损有很大的影响。当轴发生弯曲变形或轴孔倾斜时,易造成轴颈与轴瓦端部的局部接触,引起剧烈的磨损和发热。因此,对于 $B/d>1.5$ 的轴承,宜采用自动调心轴承,如图 14-3 所示。这种轴承的特点是:轴瓦外表面为球面,与轴承座孔的球状内表面相配合,球面中心通过轴颈的轴线,因此轴瓦可以自动调位以适应轴颈在轴弯曲时产生的偏斜。

2. 推力滑动轴承

推力滑动轴承用来承受轴向载荷,如图 14-4 所示。按轴颈支承面的形式分为实心式、空心式和环形式三种。

图 14-4(a) 为实心止推轴颈,当轴旋转时,由于端面上不同半径处的线速度不相等,使得端面中心部的磨损很小,而边缘的磨损很大,结果造成轴颈端面中心处压强极高,使得端面压

力分布不均。实际结构中多采用空心轴颈,如图 14-4(b) 所示,可使其端面上压力的分布得到明显改善,并有利于储存润滑油。图 14-4(c) 为单环形推力轴颈;图 14-4(d) 为多环形推力轴颈,一般为 2～5 个推力环,可承受双向载荷,由于支承面较多,可承受较大的载荷。

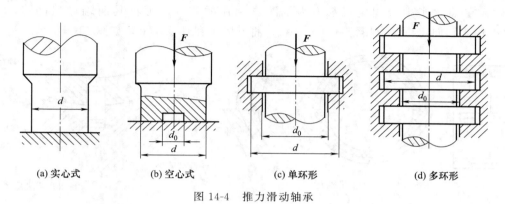

图 14-4 推力滑动轴承

二、轴瓦的结构

轴瓦的形状和结构尺寸应保证润滑良好,散热容易,并具有一定的强度和刚度,且装拆方便。轴瓦的外径和内径之比一般为 1.15～1.2。

滑动轴承轴瓦的结构可分为整体式和剖分式两种。整体式轴瓦是套筒形结构,一般称为

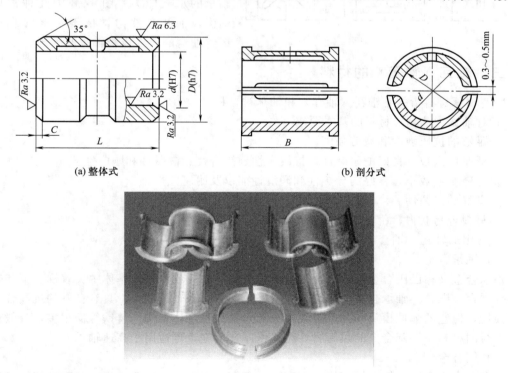

图 14-5 轴瓦结构

轴套，如图 14-5(a) 所示。剖分式轴瓦多由两半组成，如图 14-5(b) 所示，拆装比较方便。为了改善轴瓦表面的摩擦性质，常在其内表面上浇铸一层或两层减摩材料，称为轴承衬，即轴瓦做成双金属结构或三金属结构，如图 14-6 所示。

轴瓦在轴承座中应固定可靠。为了防止轴瓦的移动，可将其两端做出凸缘，如图 14-5(b)用于轴向定位，或用销钉（或螺钉）将其固定在轴承座上，如图 14-7 所示。

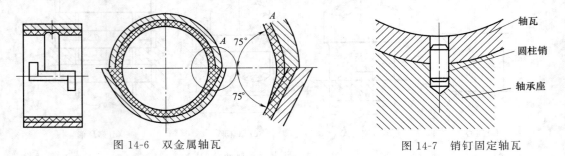

图 14-6　双金属轴瓦　　　　　　　图 14-7　销钉固定轴瓦

为了使滑动轴承获得良好的润滑，轴瓦或轴套上需开设油孔及油沟，油孔用于供应润滑油，油沟用于输送和分布润滑油。油孔和油沟的位置和形状对轴承的承载能力和寿命影响很大。通常，油孔应当设置在油膜压力最小的地方；油沟应开在轴承不受力或油膜压力较小的区域，要求既便于供油又不降低轴承的承载能力。图 14-8 为几种常见的油沟，油孔和油沟均位于轴承的非承载区，油沟的长度应较轴承宽度短。

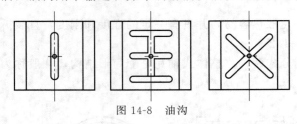

图 14-8　油沟

三、轴瓦（轴套）的材料

所谓轴承材料指的是轴瓦（轴套）和轴承衬材料。

1. 对轴瓦（轴套）材料的基本要求

① 足够的抗压强度和疲劳强度。

② 低摩擦因数，良好的耐磨性、抗胶合性、跑合性、嵌藏性和顺应性。

③ 热膨胀系数小，良好的导热性和润滑性能以及耐腐蚀性。

④ 良好的工艺性。

⑤ 材料容易获得，价格比较低廉。

2. 常用的轴瓦（轴套）材料

（1）轴承合金

轴承合金又称巴氏合金或白合金，其金相组织是在锡或铅的软基体中夹着锑、铜和碱土金属等硬合金颗粒。轴承合金的减摩性能最好，很容易和轴颈跑合，具有良好的抗胶合性和耐腐蚀性，但它的弹性模量和弹性极限都很低，机械强度比青铜、铸铁等低很多，一般只用作轴承衬的材料。锡基合金的热膨胀性能比铅基合金好，更适用于高速轴承。

（2）铜合金

铜合金有锡青铜、铝青铜和铅青铜三种。青铜有很好的抗疲劳强度，减摩性好，工作温度可达 250℃，但可塑性差，不易跑合，与之相配的轴颈必须淬硬，适用于中速重载或低速重载的轴承。

（3）粉末冶金

将不同的金属粉末经压制烧结而成的多孔结构材料，称为粉末冶金材料，其孔隙占体积的10%～35%，可储存润滑油，故又称为含油轴承。运转时，轴瓦温度升高，因油的膨胀系数比金属大，故自动进入摩擦表面润滑轴承。停车时，因毛细管作用润滑油又被吸回孔隙中。含油轴承加一次油便可工作较长时间，若能定期加油，则效果更好。但由于其韧性差，故常用于载荷平稳、低速和加油不方便的场合。

(4) 非金属材料

非金属轴瓦材料以塑料用得最多。其优点是摩擦因数小，可承受冲击载荷，可塑性、跑合性良好，耐磨、耐腐蚀，可用水、油及化学溶液润滑。但其导热性差（只有青铜的1/5000～1/2000），耐热性低（120～150℃时焦化），膨胀系数大，易变形。为改善此缺陷，可将薄层塑料作为轴承衬黏附在金属轴瓦上使用。塑料轴承一般用于温度不高、载荷不大的场合。

尼龙轴承的自润性、耐腐蚀性、耐磨性、减振性等都较好，但导热性较差，吸水性大，线胀系数大，尺寸稳定性差，适用于速度不高或散热条件较好的场合。

橡胶轴承弹性大，能减轻振动，使运转平稳，可以用于润滑，常用于离心水泵、水轮机等。

常用轴瓦（轴套）材料的性能及用途见表14-1。

3. 滑动轴承（轴瓦）材料的选用

滑动轴承材料主要是根据滑动轴承的载荷、轴颈的滑动速度来选用。

(1) 径向滑动轴承的验算

此验算包括压强 p 的验算、pv 值的验算和滑动速度 v 的验算。验算公式如下：

① 压强 p 的验算式：

$$p_{max}=\frac{P_{max}}{dB}\leqslant [p] \quad (\text{MPa}) \tag{14-1}$$

② pv 值的验算式：

$$pv=\frac{Pn}{19100B}\leqslant [pv] \quad (\text{MPa}\cdot\text{m/s}) \tag{14-2}$$

③ 滑动速度 v 的验算式：

$$v=\frac{\pi dn}{60\times 1000}\leqslant [v] \quad (\text{m/s}) \tag{14-3}$$

式中 P_{max}——轴承所受的最大径向载荷，N；

d——轴承直径，mm；

B——轴承宽度，mm；

P——轴承所受的平均径向载荷，N；

n——轴与轴瓦的相对转速，r/min；

$[p]$——许用压强，MPa；

$[pv]$——许用 pv 值，MPa·m/s；

$[v]$——许用滑动速度，m/s。

(2) 推力滑动轴承的验算

此验算包括压强 p 的验算和 pv 值的验算。验算公式如下。

表 14-1 常用轴瓦材料的性能及用途

名称	代号	许用值[1] [p]/MPa	[v]/m·s⁻¹	[pv]/MPa·m·s⁻¹	最高工作温度/℃	硬度[2]	性能比较[3] 抗咬合性	顺嵌应藏性、性[4]	耐蚀性	耐疲劳性	适用范围
铸造铜合金	ZCuSn10Pb1	15	10	15(25)	280	5~100 (200)	5	3	1	1	用于中速中重载及受变载荷的轴承
	ZCuSn5Pb5Zn5	8	3	15							用于中速中载的轴承
	ZCuPb10Sn10、ZCuPb30	25	12	30(90)	280	40~280 (300)	3	4	4	2	用于高速重载轴承,能受变载和冲击载荷
	ZCuAl10Fe5Ni5	15(30)	4(10)	12(60)	280	100~120 (200)	5	5	5	2	最宜用于润滑充分的低速重载轴承
	ZCuAl10Fe3	30	8	12							
	ZCuAl10Fe3Mn2	20	5	15							
铅基轴承合金	ZPbSb16Sn16Cu4	12	12	10(60)	150	15~30 (150)	1	1	3	5	用于中速中载轴承,不宜用于受显著冲击载荷的轴承,可为锡基轴承合金的代用品
	ZPbSb15Sn5Cu	5	8	5							
	ZPbSb15Sn10	20	15	15							
锡基轴承合金	ZSnSb12Pb10Cu4	平稳载荷 25(40)	80	20(100)	150	20~30 (150)	1	1	1	5	用于高速重载下工作的重要轴承,变载下易疲劳,价格较贵
	ZSnSb11Cu6										
	ZSnSb8Cu4	冲击载荷 20	60	15							
	ZSnSb4Cu4										
铝基轴承合金	20 高锡铝合金	28~35	14	15	140	45~50 (300)	4	5	1	2	用于高速中载的变载荷轴承
黄铜	ZCuZn38Mn2Pb2	10	1	10	200	80~150 (200)	3	5	1	1	用于低速中载轴承,耐蚀耐热
铸铁	HT150、HT200、HT250	2~4	0.5~1	1~4	150	160~180 (200~250)	4	5	1	1	用于低速轻载,不重要的轴承,价低廉

① 括号内的数值为极限值,其余为一般值(润滑良好)。对于液体动压滑动轴承极限值没有意义。
② 括号外的数值为轴承合金硬度,括号内的数值为轴颈的最小硬度。
③ 性能比较:1—最佳,2—良好,3—较好,4—一般,5—最差。
④ 顺应性是指轴承材料补偿对中误差和其他几何形状误差的能力。若顺应性良好,一般嵌藏性也好。嵌藏性是指轴承材料嵌藏外来微粒和污物使之不外露,防止磨损的能力。对轴承材料,弹性模量小和塑性好的材料具有良好的顺应性。

① 压强 p 的验算公式：

$$p_{\max}=\frac{F_a}{\frac{\pi}{4}(d_2^2-d_1^2)}\leqslant[p]\quad(\text{MPa})\tag{14-4}$$

② pv 值的验算公式：

$$pv_m\leqslant[pv]\quad(\text{MPa}\cdot\text{m/s})\tag{14-5}$$

$$v_m=\frac{\pi d_m n}{60\times1000}\leqslant[v]\quad(\text{m/s})\tag{14-6}$$

$$d_m=\frac{1}{2}(d_2+d_1)\quad(\text{mm})\tag{14-7}$$

式中 F_a——轴承所受的最大径向载荷，N；

d_1，d_2——端面的外径、内径，mm；

v_m——平均速度，m/s；

d_m——平均直径，mm；

$[p]$——许用压强，MPa；

$[pv]$——许用 pv 值，MPa·m/s；

$[v]$——许用滑动速度，m/s。

四、滑动轴承的润滑

滑动轴承润滑的主要目的是减少摩擦和磨损，以提高轴承的工作能力和使用寿命，同时起冷却、防尘、防锈和吸振的作用。设计滑动轴承时，必须恰当地选择润滑剂和润滑装置。

1. 润滑油

润滑油的内摩擦因数小，流动性好，是滑动轴承中应用最广的一种润滑剂。工业用润滑油有合成油和矿物油两类，其中矿物油资源丰富，价格便宜，应用范围广泛。

（1）润滑油的指标及常用润滑油

润滑油的主要性能指标是黏度，它表示润滑油流动时内部摩擦阻力的大小，是选用润滑油的主要依据。工业中常用运动黏度作为润滑油的性能指标，常用单位为 mm^2/s。

润滑油的牌号是以 40℃ 时油的运动黏度中心值来划分的。例如牌号为 L-HL32 的液压油是指温度在 40℃ 时运动黏度为 $28.8\sim35.2\text{mm}^2/\text{s}$（中心值为 $32\text{mm}^2/\text{s}$）的液压油。牌号越大的润滑油，黏度值越大，油越稠。

工业常用润滑油的性能和用途见表 14-2。

表 14-2 工业常用润滑油的性能和用途

名　称	牌号	主要质量指标				主要性能和用途
		运动黏度 /$\text{mm}^2\cdot\text{s}^{-1}$	凝点① /℃ ≤	倾点② /℃ ≤	闪点③ /℃ ≥	黏度指数	
L-AN 全损耗系统用油 (GB 443—1989)	15	13.5～16.5	−15		150		适用于对润滑油无特殊要求的轴承、齿轮和其他低负荷机械部件的润滑，不适用于循环系统
	22	19.8～24.2	−15		150		
	32	28.8～35.2	−15		150		
	46	41.4～50.6	−10		160		
	68	61.2～74.8	−10		160		

续表

名　称	牌号	主要质量指标					主要性能和用途
		运动黏度 /mm^2·s^{-1}	凝点① /℃ ≤	倾点② /℃ ≤	闪点③ /℃ ≥	黏度指数	
L-HL 液压油 (GB 11118.1—1994)	32	28.8～35.2		−6	175	90	抗氧化、防锈、抗浮化等性能优于普通机油，适用于一般机床主轴箱、齿轮箱和液压系统及类似机械设备的润滑
	46	41.4～50.6		−6	185	90	
	68	61.2～74.8		−6	195	90	
	100	90.0～100		−6	205	90	
L-CKB 工业闭式齿轮油 (GB 5903—1995)	100	90～110		−8	180	90	具有抗氧防锈性能，适用于正常油温下运转的轻载荷工业闭式齿轮润滑
	150	135～165		−8	200	90	
	220	198～242		−8	200	90	

① 凝点用来表示油的低温流动性，将油面倾斜成45°保持60s，油面不流动的最高温度，称为该油的凝点。它是润滑油低温条件下工作的重要指标。一般应使油的工作温度比凝点高出10～20℃。

② 倾点指在规定条件下，被冷却的润滑油开始连续流动的最低温度。由于倾点更能反映油在低温下的流动性能，因此，常用倾点表示低温流动性。

③ 闪点是润滑油的安全性能指标。在规定的条件下，加热润滑油，当温度够高时，润滑油的蒸气和周围空气的混合气一旦与火焰接触即发生闪火现象，最低的闪火温度称为闪点，它是衡量润滑油高温性能的指标。一般应使油的工作温度比闪点低30～40℃。

(2) 油润滑方式和润滑装置

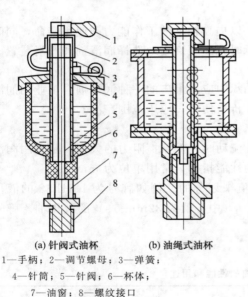

(a) 针阀式油杯　　(b) 油绳式油杯

1—手柄；2—调节螺母；3—弹簧；
4—针筒；5—针阀；6—杯体；
7—油窗；8—螺纹接口

图 14-9　滴油润滑

① 手工加油润滑。用油壶或油枪将油注入设备的油孔、油嘴或油杯中，使油流至需要润滑的部位。手工加油润滑方法简单，属于间歇式注油，适用于轻载、低速和不重要的场合。

② 滴油润滑。滴油润滑用油杯供油，利用油的自重滴入或流至摩擦表面，属于连续润滑方式。常用的油杯有以下几种。

a. 针阀式油杯如图14-9(a)所示。当手柄1处于水平位置时，针阀5因弹簧3推压而堵住底部的油孔。当手柄处于垂直位置时，针阀被提起使油孔打开，润滑油经油孔自动滴入轴承中。供油量的大小由螺母2调节针阀的开启高度来控制，用于要求供油可靠的轴承。

b. 油绳式油杯如图14-9(b) 所示。油绳用棉线或毛线做成，一端浸在油中，利用毛细管作用吸油滴入轴承，油绳滴油自动、连续，但供油量少，不易调节，适用于低速轻载的轴承。

③ 油环润滑。如图14-10所示，在轴颈上套一油环，油环下部浸在油中，当轴颈旋转时，靠摩擦力带动油环旋转，把油带到轴颈上润滑。适用于转速为500～3000r/min水平放置的轴。

④ 飞溅润滑。利用齿轮、曲轴等转动件，将润滑油由油池溅到轴承中进行润滑。该方法简单可靠，连续均匀，但有搅油损失，易使油发热和氧化变质。适用于转速不高的齿轮传动、蜗杆传动等装置。

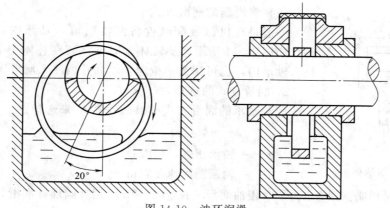

图 14-10 油环润滑

⑤ 压力循环润滑。利用油泵将润滑油经油管送到各轴承中润滑,润滑效果好,润滑油可以循环使用,但装置复杂,成本高。适用于高速、重载或变载的重要轴承。

2. 润滑脂

润滑脂是由润滑油、稠化剂等制成的膏状材料。润滑脂流动性小,不易流失,轴承的密封简单,但需经常补充润滑脂。这种润滑由于内摩擦因数较大、效率较低,不宜用于高速旋转的轴承。

(1) 润滑脂的指标及常用润滑脂

润滑脂的主要性能指标是针入度和滴点。

① 针入度。即润滑脂的稠度,将重力为 1.5N 的标准圆锥体放入 25℃ 的润滑脂试样中,经 5s 后所沉入的深度称为该润滑脂的针入度,以 0.1mm 为单位。润滑脂按针入度自大至小分为 0~9 号共 10 种,号数越大,针入度越小,润滑脂越稠。常用润滑脂为 0~4 号。

② 滴点。在规定条件下加热,当开始滴下第一滴油时的温度为滴点,滴点决定润滑脂的最高使用温度。

常用润滑脂的性能及用途见表 14-3。

表 14-3 常用润滑脂的性能及用途

名称	代号	滴点(不低于)/℃	针入度/10^{-1}mm	性能和主要用途
钙基润滑脂 (GB 491—1987)	1 2 3	80 85 90	310~340 265~295 220~250	耐水性好,但耐热性差,用于各种工农业、交通运输设备的中速中低载荷轴承润滑,特别是有水、潮湿处
钠基润滑脂 (GB 492—1989)	2 3	160 160	265~295 220~250	耐热性很好,但不耐水,用于工作温度为 -10~110℃ 的一般中等载荷机械设备轴承的润滑
通用锂基润滑脂 (GB 7324—1994)	1 2 3	170 175 180	310~340 265~295 220~250	多效通用润滑脂,适用于各种机械设备的滚动轴承和滑动轴承及其他摩擦部位的润滑,使用温度为 -20~120℃
7407 号齿轮润滑脂 (SY 4036—1984)		160	75~90	用于各种低速、中高载荷齿轮、链和联轴器的润滑,使用温度小于 120℃
滚珠轴承润滑脂 (SH 0386—1992)	2	120	250~290	具有良好的润滑性能,用于汽车、电动机、机车及其他机械中滚珠轴承的润滑

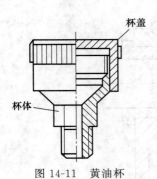

图 14-11 黄油杯

(2) 润滑脂的润滑方式

一般是在机械装配时就将润滑脂填入轴承内，或采用黄油杯，如图 14-11 所示，旋转杯盖即可将装在杯体中的润滑脂定期挤入轴承内，也可用黄油枪向轴承油孔内注入润滑脂。

3. 润滑方式的选择

滑动轴承的润滑方式可根据系数 K 来选择：

$$K=\sqrt{pv^3} \tag{14-8}$$

式中　p——轴承压强，MPa；
　　　v——轴颈圆周速度，m/s。

当 $K \leqslant 2$ 时用脂润滑；$K>2$ 时用油润滑。K 为 2~15 时用针阀油杯润滑，K 为 15~30 时采用油环、飞溅或压力润滑，$K>30$ 时采用压力循环润滑。

【例 14-1】 试设计一蜗轮轴上的滑动轴承，确定滑动轴承的类型、材料、结构和润滑方法。已知该轴承的轴颈直径 $d=100\mathrm{mm}$，轴承宽度 $B=60\mathrm{mm}$，承受径向平均载荷 $P=42000\mathrm{N}$，最大载荷 $P_{max}=47500\mathrm{N}$，轴在正常工作时的转速 $n=350\mathrm{r/min}$，工作温度区间为 5~90℃，非间歇性工作，不承受弯曲变形。轴颈硬度值经淬火后达到 220HBS。

解 (1) 选择轴承类型

任务描述中要设计的滑动轴承主要承受的是径向载荷，且载荷较大，非间歇工作，轴在工作时不产生弯曲变形，故选用径向剖分式滑动轴承。

(2) 选取径向滑动轴承的材料

一般是根据已知条件分别对压强 p、pv 值和滑动速度 v 进行计算，并根据计算结果，查阅轴承材料，使被选用材料的压强 p、pv 值和滑动速度 v 分别大于计算的结果，这样来确定轴承的材料。

① 压强 p 的验算　　$p_{max}=\dfrac{P_{max}}{dB}=\dfrac{47500}{100\times 60}=7.92$（MPa）

② pv 的验算

$$pv=\frac{Pn}{19100B}=\frac{42000\times 350}{19100\times 60}=12.83 \quad (\mathrm{MPa\cdot m/s})$$

③ 滑动速度 v 的验算

$$v=\frac{\pi dn}{60\times 1000}=\frac{3.14\times 100\times 350}{60\times 1000}=1.83 \quad (\mathrm{m/s})$$

通过计算，查表 14-1 可知，铸造铜合金 ZCuSn5Pb5Zn5 的许用值 $[p]=8>7.92$，$[pv]=15>12.83$，$[v]=3>1.83$，均大于验算值，且最贴近设计要求，其最小轴径硬度为 200HBS，也符合设计要求，故选用材料为铸造铜合金 ZCuSn5Pb5Zn5。

(3) 确定润滑材料及方式

由 $K=\sqrt{pv^3}=\sqrt{7.92\times 1.83^3}=6.9>2$，所以选用润滑油润滑。因为工作温度区间为 5~90℃，根据工作温度及用途，查表 14-2 选取牌号为 5 号 L-AN 全损耗系统用油。又因为 $2<K<15$，所以采用针阀油环润滑。

思考与练习

1. 滑动轴承有哪几种？其各自特点是什么？
2. 对轴瓦材料的性能要求是什么？
3. 滑动轴承的润滑特点和方式是什么？

第二节　滚动轴承的代号

滚动轴承的结构如图 14-12 所示，由外圈 1、内圈 2、保持架 3 和滚动体 4 组成，内外圈分别与轴颈、轴承座孔装配在一起。当内、外圈相对转动时滚动体即在内外圈的滚道间滚动。保持架使滚动体分布均匀，减少滚动体的摩擦和磨损。

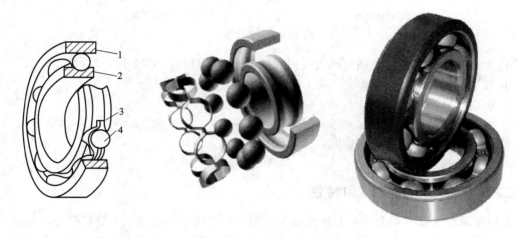

图 14-12　滚动轴承的结构
1—外圈；2—内圈；3—保持架；4—滚动体

滚动轴承的内外圈和滚动体一般由轴承钢（如 GCr9、GCr15，G 表示专用的滚动轴承钢）制造，工作表面经过磨削和抛光，其硬度不低于 60HRC。保持架的作用是将滚动体均匀地隔开，一般用低碳钢板冲压制成，也可用有色金属、塑料制成。常见的滚动体形状有球、圆柱滚子、螺旋滚子、圆锥滚子、球面滚子和滚针等，如图 14-13(a) 所示。

滚动轴承是标准件，由轴承厂家大批量生产，在机械设备中广泛应用。所以，国家标准（GB/T 272—1993）对滚动轴承的类型、尺寸、精度和结构特点等都作了规定，用轴承代号来表示，压在滚动轴承的外圈端面上。

一、滚动轴承的工作特点

与滑动轴承相比，滚动轴承具有下列特点。

1. 优点

① 应用设计简单，产品已标准化，并由专业生产厂家进行大批量生产，具有优良的互换性和通用性。

② 启动摩擦力矩低，功率损耗小，滚动轴承效率（0.98～0.99）比滑动轴承高。

③ 负荷、转速和工作温度的适应范围宽，工况条件的少量变化对轴的性能影响不大。

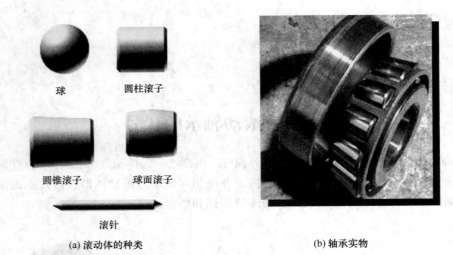

图 14-13 滚动轴承

④ 大多数类型的轴承能同时承受径向和轴向载荷,轴向尺寸较小。
⑤ 易于润滑、维护及保养。
2. 缺点
① 大多数滚动轴承径向尺寸较大。
② 在高速、重载条件下工作时,寿命较短。
③ 振动及噪声较大。

二、滚动轴承的类型和特性

滚动轴承按受载方向分为向心轴承和推力轴承两大类。向心轴承主要承受径向载荷,推力轴承主要承受轴向载荷。按滚动体形状,滚动轴承又可分为球轴承与滚子轴承两大类。滚动轴承的基本类型包括 0~8、N、U、QJ 12 种,但滚针轴承不在其中。常见的滚动轴承类型代号及特性见表 14-4。

三、滚动轴承的代号

滚动轴承代号由基本代号、前置代号和后置代号三部分构成。
1. 前置代号
在基本代号左侧用字母表示成套轴承的分部件,如 L 表示分离轴承的分离内圈或外圈,K 表示滚子和保持架组件。

表 14-4 常用滚动轴承的类型、代号及特性

轴承类型	轴承类型简图	类型代号	标准号	特 性
调心球轴承		1	GB/T 281	主要承受径向载荷,也可同时承受少量的双向轴向载荷。外圈滚道为球面,具有自动调心性能,适用于弯曲刚度小的轴

续表

轴承类型	轴承类型简图	类型代号	标准号	特 性
调心滚子轴承	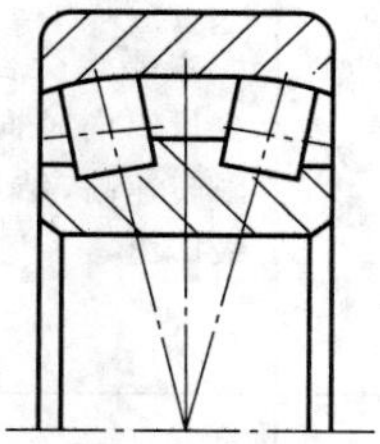	2	GB/T 288	用于承受径向载荷,其承载能力比调心球轴承大,也能承受少量的双向轴向载荷。具有调心性能,适用于弯曲刚度小的轴
圆锥滚子轴承	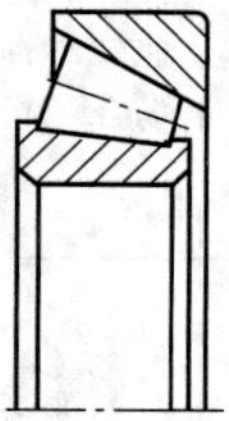	3	GB/T 297	能承受较大的径向载荷和轴向载荷。内外圈可分离,故轴承游隙可在安装时调整,通常成对使用,对称安装
双列深沟球轴承	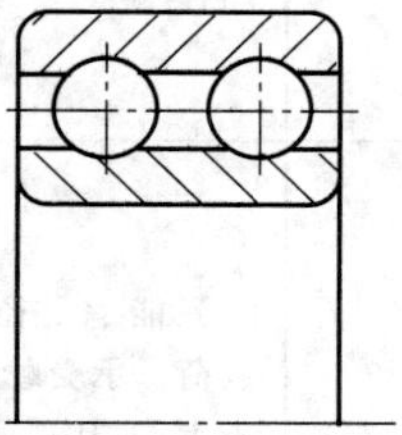	4	—	主要承受径向载荷,也能承受一定的双向轴向载荷。它比深沟球轴承具有更大的承载能力
推力球轴承 单向	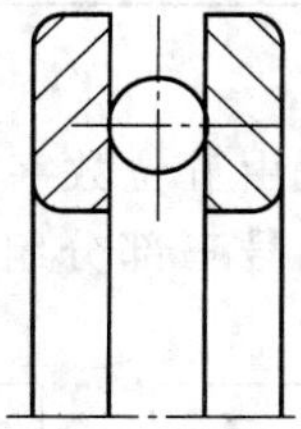	5（5100）	GB/T 301	只能承受单向轴向载荷,适用于轴向力大而转速较低的场合
推力球轴承 双向	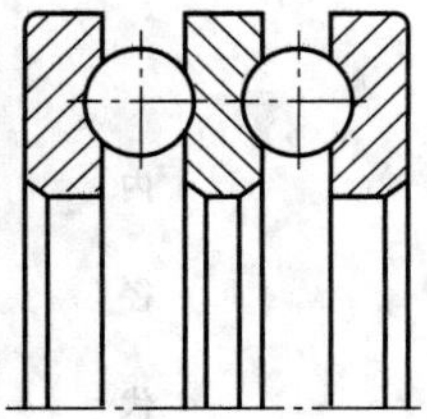	5（5200）	GB/T 301	可承受双向轴向载荷,常用于轴向载荷大、转速不高处

续表

轴承类型	轴承类型简图	类型代号	标准号	特　性
深沟球轴承	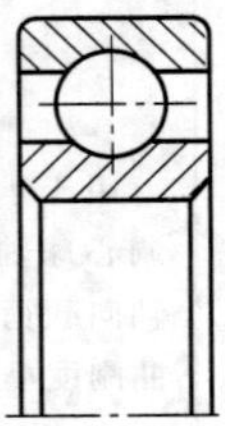	6	GB/T 276	主要承受径向载荷，也可同时承受少量双向轴向载荷。摩擦阻力小，极限转速高，结构简单，价格便宜，应用最广泛
角接触球轴承	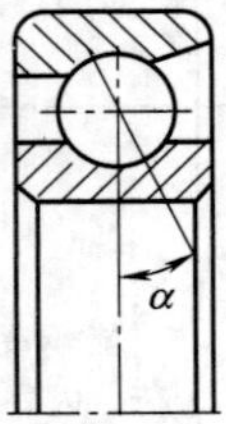	7	GB/T 292	能同时承受径向载荷与轴向载荷，接触角有15°、25°、40°三种。适用于转速较高、同时承受径向和轴向载荷的场合
推力圆柱滚子轴承	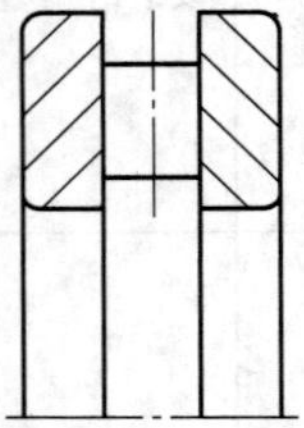	8	GB/T 4663	只能承受单向轴向载荷，承载能力比推力球轴承大得多，不允许轴线偏移。适用于轴向载荷大而不需调心的场合
圆柱滚子轴承	外圈无挡边圆柱滚子轴承 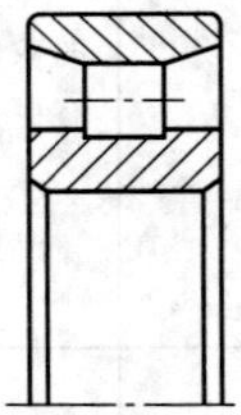	N	GB/T 283	只能承受径向载荷，不能承受轴向载荷。承受载荷能力比同尺寸的球轴承大，尤其是承受冲击载荷能力大

2. 基本代号

基本代号表示滚动轴承的类型、结构和尺寸。一般由五位数字或字母加四位数字表示。自右向左，代号由内径代号、尺寸系列代号和类型代号三部分组成。各代号的意义见表14-5。

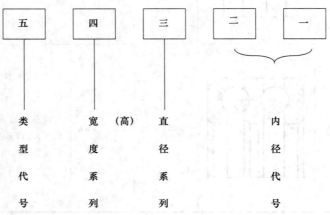

表 14-5 基本代号

类型代号	宽(高)度系列代号	直径系列代号	内径代号
用一位数字或一至两个字母表示,见表 14-4	指内径(d)相同的轴承,对向心轴承配有不同宽度(B)的尺寸系列,代号有 8、0、1、2、3、4、5、6,尺寸依次递增;对推力轴承配有不同高度(T)的尺寸系列,代号有 7、9、1、2,尺寸依次递增	指内径(d)相同的轴承,配有不同外径(D)的尺寸,其代号有 7、8、9、0、1、2、3、4、5,尺寸依次递增	轴承公称内径为 0.6~10(非整数),用公称内径毫米数直接表示,在其尺寸系列代号之间用"/"分开
			轴承公称内径为 1~9(整数),用公称内径毫米数直接表示,对深沟球轴承 7、8、9 直径系列代号之间用"/"分开
			轴承公称内径为 10~17,10 用 00 表示,12 用 01 表示,15 用 02 表示,17 用 03 表示
			轴承公称内径为 20~480(22、28、32 除外),公称内径除以 5 的商数,商数为个位数时需要在商数左边加"0"
	两代号连用,当宽(高)度系列代表为 0 时可省略		轴承公称内径大于和等于 500 以及 22、28、32,用公称毫米数直接表示,但在与尺寸系列代号之间用"/"分开

(1) 内径代号

用右起第一、二位数字表示。内径代号表示轴承的内径尺寸,见表 14-5。

(2) 尺寸系列代号

由直径系列代号和宽(高)度系列代号组成。直径系列表示内径相同、外径不同的系列,用右起第三位数字表示。宽度系列表示内径相同、宽(高)度不同的系列,用右起第四位数字表示。当宽(高)度系列代号为 0 时可省略,但对调心轴承和圆锥滚子轴承不可省略。尺寸系列代号的表示方法见表 14-6。

(3) 类型代号

用数字或大写拉丁字母表示,见表 14-4。

表 14-6 尺寸系列代号的表示方法

项目			向心轴承								推力轴承			
			宽度系列								高度系列			
			宽度尺寸依次递增								高度尺寸依次递增			
			8	0	1	2	3	4	5	6	7	9	1	2
直径系列	外径尺寸依次递增	7			17		37							
		8	—	08	18	28	38	48	58	68	—	—	—	—
		9		09	19	29	39	49	59	69				
		0		00	10	20	30	40	50	60	70	90	10	
		1		01	11	21	31	41	51	61	71	91	10	
		2	82	02	12	22	32	42	52	62	72	92	12	22
		3	83	03	13	23	33				73	93	13	23
		4	—	04	—	24	—	—	—	—	74	94	14	24
		5										95		

3. 后置代号

后置代号为补充代号,轴承在结构形状、尺寸公差、技术要求等有改变时,在基本代号右侧予以添加,一般用字母(或字母加数字)表示。后置代号共分八组,第一组表示内部结构变化,例如角接触球轴承接触角 $\alpha=40°$ 时,代号为 B;$\alpha=25°$ 时,代号为 AC;$\alpha=15°$ 时,代号为 C。第五组为公差等级，按精度由低到高代号依次为：/P0、/P6、/P6x、/P5、/P4、/P2，共 6 级，其中/P0 为普通级，可省略不标。

四、滚动轴承的选择原则

滚动轴承的选择包括类型选择、精度选择和尺寸选择。

1. 类型选择

选择滚动轴承的类型时，应根据轴承的工作载荷（大小、方向和性质）、转速、轴的刚度及其他要求，并结合各类轴承的特点。通常按如下情况进行选择。

（1）轴承工作载荷的大小、方向及性质

当载荷较小而平稳、转速较高、旋转精度要求较高时，可选用球轴承；载荷较大或有冲击载荷、转速较低时，宜选用滚子轴承。

（2）当轴承同时承受径向及轴向载荷

若以径向载荷为主时可选用深沟球轴承；轴向载荷比径向载荷大很多时，可选用推力轴承或向心轴承；径向载荷和轴向载荷均较大时可选用向心角接触球轴承。

（3）对轴承的特殊要求

跨距较大或难以保证两轴承孔同轴度的轴及多支点轴，宜选用调心轴承。为便于安装、拆卸和调整轴承游隙，宜选用内外圈可分离的圆锥滚子轴承。

（4）经济性

一般球轴承比滚子轴承便宜；有特殊结构的轴承比普通结构的轴承贵。

2. 精度选择

同型号的轴承，精度越高，价格也越高，一般机械传动宜选用普通级（P0）精度。

3. 尺寸选择

根据轴颈直径，初步选择适当的轴承型号，然后进行轴承的寿命计算或强度计算。

【例 14-2】 在滚动轴承的外圈端面上，一般压有这样的标记：6208、71210B、LN312/P5，它们分别代表什么含义？

解 ① 识读轴承代号 6208

第一位数字 6 为类型代号，查表 14-4 知为深沟球轴承，尺寸系列（0）2（宽度系列 0，直径系列 2），8 为内径代号。根据表 14-5 可知：内径尺寸为 $5 \times 8 = 40$ mm，因为精度 P0 级省略不标注，故精度为 P0 级。

② 识读轴承代号 71210B

7 表示为角接触球轴承，尺寸系列 12（宽度系列 1，直径系列 2），内径 50mm，接触角 $\alpha = 40°$，精度为 P0 级。

③ 识读轴承代号 LN312/P5

L 表示为可分离外圈，N 为单列圆柱滚子轴承，尺寸系列（0）3（宽度系列 0，直径系列 3），内径 60mm，精度为 P5 级。

思考与练习

1. 解释下列轴承的代号
① 轴承 6208-2Z/P6，② LN308/P6X。
2. 滚动轴承的工作特点有哪些？滚动轴承的类型有哪些？
3. 滚动轴承的精度等级共分为几级？如何表示？

第三节 滚动轴承的选用

一、滚动轴承的受载情况分析

如图 14-14 所示,轴承承受径向载荷 F_r 作用时,各滚动体承受载荷的大小不同,最下方位置的滚动体承受的载荷最大。轴承内、外圈和滚动体承受的载荷呈周期性变化,各元件受交变接触应力作用。

二、滚动轴承的失效形式及计算准则

1. 滚动轴承的主要失效形式

（1）疲劳点蚀

在交变接触应力作用下,滚动轴承内外圈的滚道及滚动体的表面会出现许多小的凹坑,产生疲劳点蚀。疲劳点蚀是滚动轴承的主要失效形式。原因是过载、装配时配合过紧,内外圈位置不正和润滑不良。疲劳点蚀使轴承产生振动和噪声,运转精度降低,温度升高。为防止出现疲劳点蚀,需对轴承进行疲劳寿命计算。

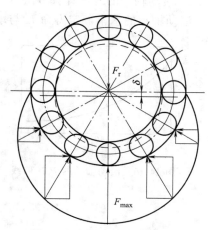

图 14-14　滚动轴承受载情况

（2）塑性变形

在过大的静载荷或冲击载荷作用下,滚动体和套圈滚道上出现不均匀的塑性变形凹坑,从而导致轴承的运转精度降低,产生冲击和振动。为避免塑性变形,需对轴承进行静强度计算。

（3）磨损

轴承在多尘或密封不可靠、润滑不良的工作条件下,滚道表面、滚动体与保持架接触部位发生磨损,引起内部松动。为防止和减轻磨损,应限制轴承的工作转速,并保证良好的润滑和密封条件。

2. 计算准则

① 一般转速时,若轴承只承受径向载荷 F_r 作用,由于各元件的弹性变形,轴承上半圈的滚动体将不受力,而下半圈各滚动体受力的大小则与其所处的位置有关。故轴承运转时,轴承套圈滚道和滚动体受力的作用（见图 14-14）,滚动轴承的主要失效形式是疲劳点蚀。为防止疲劳点蚀现象的发生,滚动轴承应按额定动载进行寿命计算。

② 转速较低的滚动轴承,可能因静载荷或冲击载荷,使内、外圈滚道与滚动体接触处产生过大的塑性变形。因此,低速重载的滚动轴承应进行静强度计算。

③ 高速转动的轴承,可能因润滑不良等原因引起磨损甚至胶合。因此,除进行寿命计算外,还要校核极限转速。

由上述可知,影响滚动轴承寿命的主要因素为载荷情况、润滑情况、装配情况、环境条件及材质或制造精度等。

三、滚动轴承的寿命计算

1. 滚动轴承的寿命

滚动轴承中任一滚动体或内、外圈滚道上出现疲劳点蚀时轴承的总转数或在一定转速下的工作时数，称为轴承寿命。

一批相同型号、尺寸的轴承，因材料、热处理、加工工艺等差异，即使在完全相同的条件下运转，其寿命也差异很大，最长寿命和最短寿命可能差几倍，所以滚动轴承的疲劳寿命是相当离散的。因此，计算轴承寿命时应与一定的破坏率（可靠度）相联系。一般用10%破坏率的轴承寿命作为滚动轴承的基本额定寿命，用L表示，单位为$10^6 r$（10^6转）。

2. 滚动轴承的寿命计算方法

滚动轴承的基本额定寿命L与承受的载荷P有关，载荷越大，轴承中产生的接触应力越大，因而发生疲劳点蚀破坏前所能经受的应力变化次数就越少，即轴承的寿命越短。图14-15所示为试验得出的载荷P与寿命L的关系曲线，也称为轴承的疲劳曲线。该曲线可用下面的方程表示。

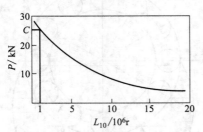

图14-15 滚动轴承的P-L曲线

$$P^\varepsilon L = 常数$$

标准规定：基本额定寿命$L = 1$（$10^6 r$）时，轴承所承受的载荷称为基本额定动载荷，用C表示，单位为N。C值可由轴承标准查出，于是有：

$$P^\varepsilon L = C^\varepsilon \times 1 = 常数$$
$$L = (C/P)^\varepsilon 10^6 \quad (r) \tag{14-9}$$

实际计算时常用小时（h）表示寿命（L_h）。将上式整理后可得：

$$L_h = \frac{10^6}{60n}\left(\frac{C}{P}\right)^\varepsilon = \frac{16667}{n}\left(\frac{C}{P}\right)^\varepsilon \tag{14-10}$$

式中　P——当量动载荷，N；
　　　ε——寿命指数，球轴承$\varepsilon = 3$，滚子轴承$\varepsilon = 10/3$；
　　　n——轴承转速，r/min。

若已知当量动载荷P和转速n，工作使用寿命L_h'，则由式（14-10）可求出待选轴承所需的额定动载荷C'，从而选择轴承并使轴承的额定动载荷$C \geqslant C'$。轴承工作寿命L_h'的推荐值见表14-7。

3. 当量动载荷P的计算

滚动轴承的基本额定动载荷C是在特定试验条件下得出的，而在实际工作中，作用在

表14-7 滚动轴承预期寿命推荐值

机器种类		预期寿命/h
不常使用的仪器和设备		500
航空发动机		500~2000
间断使用的机器	中断使用不致引起严重后果的手动机械、农业机械等	4000~8000
	中断使用会引起严重后果，如升降机、运输机、吊车等	8000~12000
每天工作8h的机器	利用率不高的齿轮传动、电动机等	12000~20000
	利用率较高的通信设备、机床等	20000~30000
24h连续工作的机器	一般可靠性的空气压缩机、电动机、水泵等	50000~60000
	高可靠性的电站设备、给排水装置等	>100000

轴承上的实际载荷往往与试验条件不一样，必须将实际载荷折算成试验条件下的载荷，在此载荷作用下，轴承的寿命与实际载荷作用下的寿命相同，这种折算后的载荷是假定的载荷，称为当量动载荷，用 P 表示。计算为：

$$P = K_p(XF_r + YF_a)$$

式中　F_r——轴承所承受的径向载荷，N；

　　　F_a——轴承所承受的轴向载荷，N；

　　X，Y——径向载荷系数和轴向载荷系数，见表 14-8；

　　　K_p——载荷系数，见表 14-9。

表 14-8　（单列）向心轴承的 X、Y 系数

轴承类型	F_a/C_{or}	e	$F_a/F_r > e$		$F_a/F_r \leqslant e$	
			X	Y	X	Y
深沟球轴承	0.014	0.19	0.56	2.30	1	0
	0.028	0.22		1.99		
	0.056	0.26		1.71		
	0.084	0.28		1.55		
	0.11	0.30		1.45		
	0.17	0.34		1.31		
	0.28	0.38		1.15		
	0.42	0.42		1.04		
	0.56	0.44		1.00		
接触球轴承	70000C ($\alpha=15°$) 0.015	0.38	0.44	1.47	1	0
	0.029	0.40		1.40		
	0.058	0.43		1.30		
	0.087	0.46		1.23		
	0.12	0.47		1.19		
	0.17	0.50		1.12		
	0.29	0.55		1.02		
	0.44	0.56		1.00		
	0.58	0.56		1.00		
70000AC($\alpha=25°$)	—	0.68	0.41	0.87	1	0
70000B($\alpha=45°$)	—	1.14	0.35	0.54	1	0
圆锥滚子轴承	—	$1.5\tan\alpha$	0.4	$1.5\cot\alpha$	1	0

注：具体数值按轴承型号查附表或有关手册；α 为公称接触角。

表 14-9　载荷系数 K_p

载荷性质	K_p	应用举例
无冲击或轻微冲击	1.0～1.2	电动机、汽轮机、通风机、水泵等
中等冲击或中等惯性力	1.2～1.8	车辆、动力机械、起重机、造纸机、冶金机械、选矿、水力机械、卷扬机、木材加工机、机床等
强大冲击	1.8～3.0	破碎机、轧钢机、石油钻机、振动筛等

4．向心角接触球轴承轴向载荷 F_a 的计算

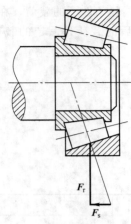

图 14-16 派生轴向力

角接触球轴承和圆锥滚子轴承在受径向载荷 F_r 作用时,由于结构的特点,将在轴承内派生出一内部轴向力 F_s,方向由轴承外圈的宽边指向窄边,如图 14-16 所示,其大小可按表 14-10 中所列公式计算。为保证正常工作,角接触球轴承一般应成对使用,图 14-17 所示为两种安装方式,图 14-17(a) 为两外圈窄边相对,称为正安装,可使两支反力作用点靠近,缩短轴的跨距;图 14-17(b) 为窄边相背,称为反安装,使轴的跨距加长。

在计算角接触球轴承的轴向载荷时,要根据所有作用在轴上的轴向外载荷 F_k 和内部轴向力 F_s 之间的平衡关系来计算,下面以图 14-17(a) 为例计算以下两种情况两轴承的轴向载荷 F_{a1} 和 F_{a2}。

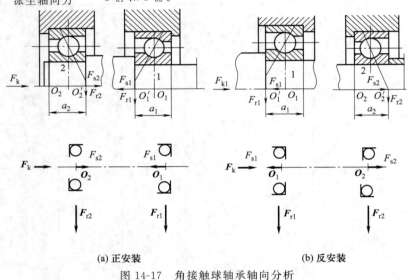

(a) 正安装　　(b) 反安装

图 14-17 角接触球轴承轴向分析

表 14-10 角接触球轴承的内部轴向力 F_s

	角接触球轴承		圆锥滚子轴承
70000C	70000AC	70000B	3 类
$F_s = 0.4 F_r$	$F_s = 0.68 F_r$	$F_s = 1.14 F_r$	$F_s = F_r/(2Y)$

① 若 $F_{s2} + F_k > F_{s1}$,则轴有向右移动的趋势,由于在结构上右端轴承的外圈受轴承端盖的轴向约束,故使右端轴承被"压紧",而左端被"放松",右轴承的外圈上必有平衡力 F'_{s1}。由此得出两轴承上的轴向载荷分别为

$$F_{a1} = F_{s1} + F'_{s1} = F_{s2} + F_k \quad F_{a2} = F_{s2}$$

② 若 $F_{s2} + F_k < F_{s1}$,轴有向左移动的趋势,左端轴承被"压紧",其外圈上必有平衡力 $F_{s2'}$,而右端被"放松"。由此得两轴承上的轴向载荷分别为:

$$F_{a1} = F_{s1} \quad F_{a2} = F_{s2} + F'_{s2} = F_{s1} - F_k$$

5. 滚动轴承的静强度计算

对于转速很低($n \leqslant 10 \text{r/min}$)或缓慢转动的轴承,其主要失效形式是塑性变形,设计

时应进行静强度计算。对非低速运转的轴承,若承受的载荷变化太大时,在按寿命计算选择出轴承型号后,还应按静载荷能力进行验算。基本额定静载荷计算公式为:

$$C_o \geqslant S_o P_o$$

式中 C_o——基本额定静载荷,N;
S_o——安全系数,见表14-11;
P_o——当量静载荷,N,为承受最大载荷的滚动体及内、外圈滚道的接触应力等于某一定值时的假想静载荷。

表 14-11 静强度安全系数 S_o

工 作 条 件	S_o
旋转精度和平衡性要求高或受强烈冲击载荷	1.2～2.5
一般情况	0.8～1.2
旋转精度低,允许摩擦力较大,没有冲击振动	0.5～0.8

对于向心轴承指径向额定静载荷,对于推力轴承指轴向额定静载荷,可从轴承手册中查得。

当量静载荷是一个假想的载荷,其计算公式为:

$$P_o = X_o F_r + Y_o F_a$$

式中 X_o——径向静载荷系数,见表14-12;
Y_o——轴向静载荷系数,见表14-12。

表 14-12 径向静载荷系数 X_o 和轴向静载荷系数 Y_o

轴承类型		单列轴承	
		X_o	Y_o
深沟球轴承		0.6	0.5
角接触球轴承	15°	0.5	0.46
	25°	0.5	0.38
	40°	0.5	0.26
圆锥滚子轴承		0.5	$0.22\cot\alpha$,一般取 $\alpha = 15°\sim20°$

若计算出当量静载荷 $P_o <$ 径向载荷 F_r,则应取 $P_o = F_r$。

四、滚动轴承的组合设计

在确定了轴承的类型和型号以后,还要正确地进行滚动轴承的组织结构设计,才能保证轴承的正常工作。轴承的组合结构设计包括轴系支承端结构、轴承与相关零件的配合、提高轴承系统的刚度、轴承的润滑与密封。

1. 支承端结构形式

为保证滚动轴承轴系能正常传递轴向力且不发生窜动,在轴上零件定位固定的基础上,必须合理地设计轴系支点的轴向固定结构,典型的结构形式有以下三类。

(1) 两端单向固定

普通工作温度下的短轴(跨距 $L < 400\text{mm}$),支点常采用两端单向固定方式,每个轴承分别承受一个方向的轴向力,如图14-18所示。为允许轴工作时有少量热膨胀,轴承安装时应留有 $0.25\sim0.4\text{mm}$ 的轴向间隙(间隙很小,结构图上不必画出),间隙量常用垫片或调

整螺钉调节。

(2) 一端双向固定、一端游动

当轴较长或工作温度较高时，轴的热膨胀收缩量较大，宜采用一端双向固定、一端游动的支点结构，如图14-19所示。固定端由单个轴承或轴承组承受双向轴向力，而游动端则保证轴伸缩时能自由游动。为避免松脱，游动轴承内圈应与轴作轴向固定（常采用弹性挡圈）。用圆柱滚子轴承作为游动支点时，轴承外圈要与机座作轴向固定，靠滚子与套圈间的游动来保证轴的自由伸缩。

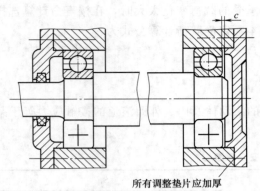

所有调整垫片应加厚

图 14-18 两端单向固定的轴系结构

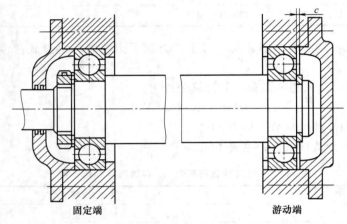

固定端　　　　　　　游动端

图 14-19 一端双向固定、一端游动的轴系结构

(3) 两端游动

要求能左右双向游动的轴，可采用两端游动的轴系结构，如图14-20所示，该图为人字齿轮传动的高速主动轴。为了自动补偿人字齿两侧螺旋角的误差，使轮齿受力均匀，采用允许轴系少量轴向游动的结构，故两端都选用圆柱滚子轴承。与其相啮合的低速齿轮轴系必须两端固定，以便两轴都得到轴向定位。

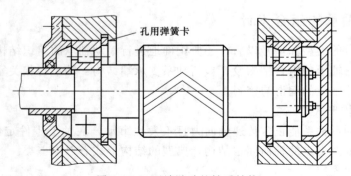

孔用弹簧卡

图 14-20 两端游动的轴系结构

轴承在轴上一般用轴肩或套筒定位，定位端面与轴线保持良好的垂直度。为保证可靠定位，轴肩圆角半径 r_1 必须小于轴承的圆角半径 r。轴肩的高度通常不大于内圈高度的 3/4，

过高不便于轴承拆卸。

轴承内圈的轴向固定应根据轴向载荷的大小选用轴端挡圈、圆螺母、轴用弹性挡圈等结构；外圈则采用机座孔端面、孔用弹性挡圈、压板、端盖等形式固定，如图 14-21 所示。

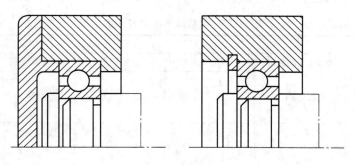

(a) 轴承外圈的轴向固定

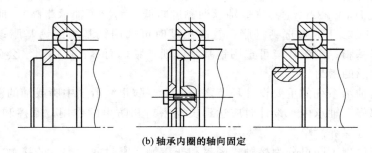

(b) 轴承内圈的轴向固定

图 14-21　轴承内、外圈的轴向固定

2. 轴承的配合

轴承与轴或轴承座配合的目的是把内、外圈牢固地固定于轴或轴承座上，使之相互不发生有害的滑动。如配合面产生滑动，则会产生不正常的发热和磨损，磨损产生的粉末会进入轴承内而引起早期损坏和振动等，导致轴承不能充分发挥其功能。此外，轴承的配合可影响轴承的径向游隙，径向游隙不仅关系到轴承的运转精度，还影响轴承的寿命。

滚动轴承是标准组件，所以相关零件配合时其内孔和外径分别是基准孔和基准轴，在配合中不必标出。决定配合最主要的因素是轴承内、外圈所承受的载荷状态。

一般来说，尺寸大、载荷小、振动大、转速高或工作温度高等情况下应选紧一些的配合，而经常拆卸或有游动套圈时则采用较松的配合。

3. 轴承座的刚度与同轴度

轴和轴承座必须有足够的刚度，以免因过大的变形使滚动体受力不均。因此轴承座孔壁应有足够的厚度，并常设置加强肋以增加刚度。此外，轴承座的悬臂应尽可能缩短。

两轴承孔必须保证同轴度，以免轴承内、外圈轴线倾斜过大。为此，两端轴承外径尺寸应力求相同，以便一次镗孔完成两轴承孔的加工，可以减小其同轴度的误差。当同一轴上装有不同外径尺寸的轴承时，可采用套环结构来安装尺寸较小的轴承，使轴承孔能一次镗出。

4. 润滑与密封

(1) 滚动轴承的润滑

滚动轴承的润滑主要是为了降低摩擦阻力和减轻磨损，同时也有吸振、冷却、防锈和密封等作用。合理的润滑对提高轴承性能、延长轴承的使用寿命有着重要意义。

滚动轴承的润滑材料有润滑油、润滑脂及固体润滑剂，具体润滑方式可根据速度因素 dn 值，参考表 14-13 选择。d 为轴颈直径（mm）；n 为工作转速（r/min）。

表 14-13　滚动轴承润滑方式的选择

轴承类型	$dn/(\text{mm} \cdot \text{r/min})$				
	浸油/飞溅润滑	滴油润滑	喷油润滑	油雾润滑	脂润滑
深沟球轴承 角接触球轴承 圆柱滚子轴承	$\leq 2.5 \times 10^5$	$\leq 4 \times 10^5$	$\leq 6 \times 10^5$	$\leq 6 \times 10^5$	$\leq (2 \sim 3) \times 10^5$
圆锥滚子轴承	$\leq 1.6 \times 10^5$	$\leq 2.3 \times 10^5$	$\leq 3 \times 10^5$	—	
推力轴承	$\leq 0.6 \times 10^5$	$\leq 1.2 \times 10^5$	$\leq 1.5 \times 10^5$	—	

滚动轴承润滑剂的选择主要取决于速度、载荷、温度等工作条件。一般情况下，采用的润滑油黏度不低于 $13 \sim 32 \text{mm}^2/\text{s}$（球轴承油黏度略低，而滚子轴承略高）。脂润滑轴承在低速、工作温度 65℃ 以下时可选钙基脂；较高温度时可选用钠基脂或钙基脂；高速或载荷工况复杂时可选锂基脂；潮湿环境可选用铝基脂或钡基脂，而不宜选用遇水会分解的钠基脂。

（2）滚动轴承的密封

密封装置是轴承系统的重要设计环节之一，主要防止润滑剂中脂或油的泄漏，还要防止有害异物从外部侵入轴承内。设计时应达到长期密封和防尘的作用，摩擦和安装误差要小，拆卸、装配方便且保养简单。

密封按照其原理不同可分为接触式密封和非接触式密封两大类。非接触式密封不受速度限制。接触式密封只能用在线速度较低的场合，为保证密封的性能及减少轴的磨损，轴接触部分的硬度应在 40HRC 以上，表面粗糙度 Ra 值宜小于 $1.60 \sim 0.80 \mu\text{m}$。常见密封装置的结构和特点及应用见表 14-14。

表 14-14　常用滚动轴承的密封形式

密封类型		图例	适用场合	说明
接触式密封	毛毡圈密封		脂润滑。要求环境清洁，轴颈圆周速度不大于 $4 \sim 5\text{m/s}$，工作温度不大于 90℃	矩形断面的毛毡圈被安装在梯形槽内，它对轴产生一定的压力而起到密封作用
	皮碗密封		脂或油润滑。圆周速度 $< 7\text{m/s}$，工作温度不大于 100℃	皮碗是标准件。密封唇朝里，目的是防漏油；密封唇朝外，防灰尘、杂质进入

续表

密封类型	图例	适用场合	说　明
非接触式密封	油沟式密封	脂润滑。干燥清洁环境	靠轴与盖间的细小环形间隙密封,间隙愈小愈长,效果愈好,间隙 0.1～0.3mm
	迷宫式密封	脂或油润滑。密封效果可靠	将旋转件与静止件之间间隙做成迷宫形式,在间隙中充填润滑油或润滑脂以加强密封效果
组合密封		脂或油润滑	这是组合密封的一种形式,毛毡加迷宫,可充分发挥各自优点,提高密封效果。组合方式很多,不一一列举

5. 滚动轴承的拆装

对轴承进行组合设计时,必须考虑轴承的拆装。轴承的安装、拆卸方法,应根据轴承的结构、尺寸及配合性质来决定。安装与拆卸轴承的作用力应直接加在紧配合套圈端面上,不允许通过滚动体传递装拆压力,以免在轴承工作表面出现压痕,影响其正常工作。轴承内圈通常与轴颈配合较紧,对于小型轴承一般可用压力法,直接将轴承的内圈压入轴颈,如图 14-22 所示为用手锤安装。对于尺寸较大的轴承,可先将轴承放在 80～100℃ 的热油中预热,然后进行安装。拆卸轴承一般可用压力机或拆卸工具,如图 14-23 所示。为拆卸方便,设计时

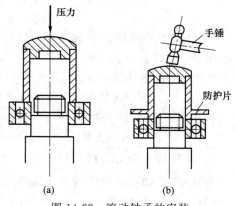

图 14-22　滚动轴承的安装

应留拆卸高度,或在轴肩上预先开槽,以便安装拆卸工具,使钩爪能钩住内圈。

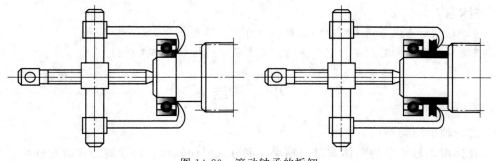

图 14-23　滚动轴承的拆卸

【例 14-3】 某工程机械传动中的轴承组合形式如图 14-24 所示。轴的直径为 50mm,轴向力 $F_k=2000N$,径向力 $F_{r1}=4000N$,$F_{r2}=5000N$,转速 $n=1500r/min$。中等冲击,工

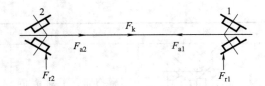

图 14-24 轴承组合形式

作温度低于 100℃，要求轴承使用寿命 $L_h=500h$。30310 轴承是否适用？

解 ① 首先根据轴的尺寸来选择确定轴承的尺寸和轴承的基本类型。

因为轴的直径为 50mm，30310 轴承符合尺寸要求，又因为轴承的径向载荷、轴向载荷较大，且有冲击，所以选用代号类型为 3 的圆锥滚子轴承，符合题目描述中的要求。

② 计算两端轴承所受轴向载荷 F。

查设计手册表得：30310 轴承 $C=122000N$，$Y=1.7$，$e=0.35$

由表 14-10 得轴承 1 的内部轴向力为：$F_{s1}=F_{r1}/(2Y)=4000/(2\times1.7)=1176.5$（N）

轴承 2 的内部轴向力为：$F_{s2}=F_{r2}/(2Y)=5000/(2\times1.7)=1470.6$（N）

$$F_{s2}+F_k=1470.6+2000=3470.6 (N)>F_{s1}$$

可知轴承 1 被"压紧"，轴承 2 被"放松"，故：

$$F_{a1}=F_{s2}+F_k=1470.6+2000=3470.6 \quad (N);$$

$$F_{a2}=F_{s2}=1470.6 \quad (N)$$

③ 分别计算两端轴承的当量动载荷 P。

轴承 1：$F_{a1}/F_{r1}=3470.6/4000=0.8677>e$，查表 14-8 得 $X=0.4$，由载荷中等冲击，查表 14-9 得 $K_p=1.6$，故：

$$P_1=K_p(XF_{r1}+YF_{a1})=1.6\times(0.4\times4000+1.7\times3470.6)=12000(N)$$

轴承 2：$F_{a2}/F_{r2}=1470.6/5000=0.294<e$，查表 14-8 得 $X=1$、$Y=0$，故：

$$P_2=K_p(XF_{r2}+YF_{a2})=1.6\times(1\times5000+0\times1470.6)=8000(N)$$

④ 验算基本额定动载荷 C。

按式（14-10）得所需的基本额定动载荷 $C'=P\sqrt[\varepsilon]{60n\times L_h/10^6}$，因 $P_1>P_2$，所以按 P_1 计算，则：

$$C'=12000\times\sqrt[\frac{10}{3}]{60\times1500\times500/10^6}=75014(N)<C=122000N$$

由此可知采用一对 30310 圆锥滚子轴承，寿命是足够的。

> **思考与练习**
>
> 1. 滚动轴承的选取原则有哪些？滚动轴承的失效形式有哪些？
> 2. 滚动轴承润滑的目的是什么？滚动轴承支承端结构形式有几种？

小 结

1. 滑动轴承的类型

① 径向滑动轴承分为整体式滑动轴承、剖分式滑动轴承、自动调心式滑动轴承三类。

② 止推滑动轴承按轴颈支承面的形式不同，可分为实心式、空心式、环形式三种。

2. 对轴瓦（轴套）材料的基本要求及常用轴瓦（轴套）材料

① 足够的抗压强度和疲劳强度。

② 低摩擦因数，良好耐磨性、抗胶合性、跑合性、嵌藏性和顺应性。
③ 热膨胀系数小，良好的导热性和润滑性以及耐腐蚀性。
④ 良好的工艺性。
⑤ 材料容易获得，价格比较低兼。

常用的轴瓦（轴套）材料有铸铁、铸造青铜、锌铝合金、锡基轴承合金、铅基轴承合金、铁质陶瓷、尼龙、橡胶等。

3. 滑动轴承的润滑

滑动轴承润滑是为了减少摩擦和磨损，以提高轴承的工作能力和使用寿命，同时起冷却、防尘、防锈和吸振作用。常用的油润滑方式有手工加油润滑、滴油润滑、油环润滑、飞溅润滑、压力循环润滑。

4. 滚动轴承的特点

滚动轴承的优点：应用设计简单，具有优良的互换性和通用性；启动摩擦力矩低，功率损耗小；负荷、转速和工作温度的适应范围宽；大多数滚动轴承能同时承受径向和轴向载荷，轴向尺寸较小；易润滑、维护及保养。缺点：径向尺寸较大；在高速、重载条件下工作时寿命短；振动及噪声较大。

5. 滚动轴承的类型

滚动轴承的基本类型包括 0~8、N、U、QJ 12 种，但滚针轴承不在其中。

6. 滚动轴承的选择

滚动轴承的选择包括类型的选择、精度的选择、尺寸的选择。其中类型的选择应根据轴承的工作载荷（大小、方向和性质）、转速、轴的刚度及其他要求，结合各类轴承的特点进行。轴承的精度一般选用普通级（P0）精度。尺寸的选择应根据轴颈直径，初步选择适当的轴承型号，然后进行轴承的寿命计算或强度计算。

7. 滚动轴承的主要失效形式

滚动轴承的主要失效形式有点蚀、磨粒磨损、黏着磨损、断裂、塑性变形。

8. 滚动轴承寿命计算

① 滚动轴承寿命计算：

$$L_h = \frac{10^6}{60n}\left(\frac{C}{P}\right)^\varepsilon = \frac{16667}{n}\left(\frac{C}{P}\right)^\varepsilon$$

② 当量动载荷 P 的计算：

$$P = K_p(XF_r + YF_a)$$

③ 滚动轴承的静强度计算：

$$C_0 \geqslant S_0 P_0$$

④ 当量静载荷 P_0 的计算：

$$P_0 = X_0 F_r + Y_0 F_a$$

若计算出 $P_0 < F_r$，则应取 $P_0 = F_r$。

9. 滚动轴承的组合设计

主要包括轴系支承端结构、轴承与相关零件的配合、轴承的润滑与密封、提高轴承系统的刚度。

综 合 练 习

14-1 试比较滑动轴承和滚动轴承的特点及应用范围。

14-2 试比较球轴承和滚子轴承的优缺点。

14-3 滑动轴承的类型有哪些？试分别叙述各种类型的特点。

14-4 对轴瓦材料有何要求？常用轴瓦材料有哪几种？各自的特点是什么？

14-5 滑动轴承的润滑方式有哪些？各自的特点是什么？

14-6 如何选择润滑油及润滑脂？

14-7 滚动轴承的精度有几级？其代号是什么？

14-8 解释下列轴承的代号：轴承23224、轴承6203、轴承72211AC。

14-9 解释概念：滚动轴承的寿命、基本额定寿命、当量动载荷。

14-10 滚动轴承的选取原则有哪些？滚动轴承的失效形式有哪些？

14-11 根据工作条件，某机械传动装置中轴的两端各采用一个深沟球轴承支承，轴颈 $d=35\text{mm}$，转速 $n=2000\text{r/min}$，每个轴承径向载荷 $R=2000\text{N}$，常温下工作，载荷平稳，预期寿命为8000h，试选择轴承。

14-12 一深沟球轴承6304承受一径向力 $R=4\text{kN}$，载荷平稳，转速 $n=960\text{r/min}$，室温下工作，试求该轴承的基本额定寿命。若载荷变为 $R=2\text{kN}$，轴承的基本额定寿命是多少？

14-13 滚动轴承润滑的目的是什么？滚动轴承的支承结构形式有几种？

附　录

附录1　常用向心轴承的径向基本额定动载荷 C_r 和径向额定静载荷 C_{or}　　kN

轴承内径 /mm	深沟球轴承(60000 型)								圆柱滚子轴承 (N0000 型 / NF0000 型)							
	(1)0[①]		(0)2		(0)3		(0)4		10		(0)2		(0)3		(0)4	
	C_r	C_{or}	C_r	C_{or}	C_r	C_{or}	C_r	C_{or}	C_r	C_{or}	C_r	C_{or}	C_r	C_{or}	C_r	C_{or}
10	4.58	1.98	5.10	2.38	7.65	3.48										
12	5.10	2.38	6.82	3.05	9.72	5.08										
15	5.58	2.85	7.65	3.72	11.5	5.42					7.98	5.5				
17	6.00	3.25	9.58	4.78	13.5	6.58	22.5	10.8			9.12	7.0				
20	9.38	5.02	12.8	6.65	15.8	7.88	31.0	15.2	10.5	8.0	12.5	11.0	18.0	15.0		
25	10.0	5.85	14.0	7.88	22.2	11.5	38.2	19.2	11.0	10.2	14.2	12.8	25.5	22.5		
30	13.2	8.30	19.5	11.5	27.0	15.2	47.5	24.5			19.5	18.2	33.5	31.5	57.2	53.0
35	16.2	10.5	25.5	15.2	33.2	19.2	56.8	29.5			28.0	28.0	41.0	39.2	70.8	68.2
40	17.0	11.8	29.5	18.0	40.8	24.0	65.5	37.5	21.2	22.0	37.5	38.2	48.8	47.5	90.5	89.8
45	21.0	14.8	31.5	20.5	52.8	31.8	77.5	45.5			39.8	41.0	66.8	66.8	102	100
50	22.0	16.2	35.0	23.2	61.8	38.0	92.2	55.2	25.0	27.5	43.2	48.5	76.0	79.5	120	120
55	30.2	21.8	43.2	29.2	71.5	44.8	100	62.5	35.8	40.0	52.8	60.2	97.8	105	128	132
60	31.5	24.2	47.8	32.8	81.8	51.8	108	70.0	38.5	45.0	62.8	73.5	118	128	155	162

[①] 尺寸系列代号括号中的数字通常省略。

附录2　常用角接触球轴承的径向基本额定动载荷 C_r 和径向额定静载荷 C_{or}　　kN

轴承内径 /mm	70000C 型($\alpha=15°$)				70000AC 型($\alpha=25°$)				70000B 型($\alpha=40°$)			
	(1)0[①]		(0)2		(1)0		(0)2		(0)2		(0)3	
	C_r	C_{or}	C_r	C_{or}	C_r	C_{or}	C_r	C_{or}	C_r	C_{or}	C_r	C_{or}
10	4.92	2.25	5.82	2.95	4.75	2.12	5.58	2.82	14.0	7.85	26.2	15.2
12	5.42	2.65	7.35	3.52	5.20	2.55	7.10	3.35	15.8	9.45	31.0	19.2
15	6.25	3.42	8.68	4.62	5.95	3.25	8.35	4.40	20.5	13.8	38.2	24.5
17	6.60	3.85	10.8	5.95	6.30	3.68	10.5	5.65	27.0	23.8	46.2	30.5
20	10.5	6.08	14.5	8.22	10.0	5.78	14.0	7.82	32.5	26.2	59.5	39.8
25	11.5	7.45	16.5	10.5	11.2	7.08	15.8	9.88	36.0	29.0	68.2	48.0
30	15.2	10.2	23.0	15.0	14.5	9.85	22.0	14.2	37.5	36.0	78.8	56.5
35	19.5	14.2	30.5	20.0	18.5	13.5	29.0	19.2	46.2	44.5	90.0	66.3
40	20.0	15.2	36.8	25.8	19.0	14.5	35.2	24.5	56.0			
45	25.8	20.5	38.5	28.5	25.8	19.5	36.8	27.2				
50	26.5	22.0	42.8	32.0	25.2	21.0	40.8	30.5				
55	37.2	30.5	52.8	40.5	35.2	29.2	50.5	38.5				
60	38.2	32.8	61.0	48.5	36.2	31.5	58.2	46.2				

[①] 尺寸系列代号括号中的数字通常省略。

附录3　常用圆锥滚子轴承的径向基本额定动载荷 C_r 和径向额定静载荷 C_{or}　　kN

轴承代号	轴承内径/mm	C_r	C_{or}	α	轴承代号	轴承内径/mm	C_r	C_{or}	α
30203	17	20.8	21.8	12°57′10″	30303	17	28.2	27.2	10°45′29″
30204	20	28.2	30.5	12°57′10″	30304	20	33.0	33.2	11°18′36″
30205	25	32.2	37.0	14°02′10″	30305	25	46.8	48.0	11°18′36″
30206	30	43.2	50.5	14°02′10″	30306	30	59.0	63.0	11°51′35″
30207	35	54.2	63.5	14°02′10″	30307	35	75.2	82.5	11°51′35″
30208	40	63.0	74.0	14°02′10″	30308	40	90.8	108	12°57′10″
30209	45	67.8	83.5	15°06′34″	30309	45	108	130	12°57′10″
30210	50	73.2	92.0	15°38′32″	30310	50	130	158	12°57′10″
30211	55	90.8	115	15°06′34″	30311	55	152	188	12°57′10″
30212	60	102	130	15°06′34″	30312	60	170	210	12°57′10″

参 考 文 献

［1］ 隋明阳. 机械设计基础. 北京：机械工业出版社，2008.
［2］ 黄杉，吕天玉. 机械设计基础. 大连：大连理工大学出版社，2008.
［3］ 丁步温，张丽. 机械设计基础. 北京：中国劳动社会保障出版社，2009.
［4］ 曾宗福. 机械基础. 北京：化学工业出版社，2016.
［5］ 于晗，孙刚. 金属材料及热处理. 北京：冶金工业出版社，2008.
［6］ 姜敏凤. 金属材料及热处理知识. 北京：机械工业出版社，2015.
［7］ 兰青. 机械基础. 北京：中国劳动社会保障出版社，2009.
［8］ 张萍. 机械设计基础. 北京：化学工业出版社，2011.